R 기반의 통계분석 기초부터 활용까지

강 봉 주 지음

자유아카데미

머리말

이 책은 필자가 R 프로젝트의 경험과 SAS코리아에서 'R 사용자를 위한 SAS 프로그래밍'을 강의하면서 준비했던 자료들을 기반으로 하여 작성하였다.

강의나 프로젝트를 할 때 협업 대상은 주로 각 업체에서 데이터 분석을 담당하는 데이터과학자, 비즈니스 분석가, IT 담당자들이다. 이들 담당자들의 공통적인 어려움은 주로 구현 언어에 대해 알고 있어야 한다는 것이다. 여기에 통계적인 지식도 요구되며 직접 데이터베이스에 접속하여 필요한 데이터를 구성할 경우도 있다는 것이다.

과거 SAS 기반으로 데이터를 분석하는 경우에는 이 모든 과정이 하나의 언어로 처리되었고 프로시저도 잘 정리되었으며 그 종류도 많지 않았다. 그런데 이제는 담당자들이 필요한 프로그램도 직접 설치해야 하고 필요한 분석 패키지도 찾아야 하며 실제 사용하는 예를 확인하고 직접 코드도 구성해야 한다. 물론 통계적인 지식도 갖추어야 한다.

이러한 어려움을 가까이에서 지켜보면서, 기초를 탄탄히 익히는 동시에 실전에 응용할 수 있는 교재가 필요하다는 것을 절실히 느꼈다. 기초통계는 패키지의 함수를 사용하기보다는 자신이 직접 구현해서 공부해야 하고, 심화된 통계는 그 기저를 이해한 후 함수의 결과를 알 수 있어야 하는데 이를 함께 다룬 책이 필요한 것이다. 여기에 무조건 수식을 배제하기보다는 적절한 수식을 통해 개념을 설명하는 방식을 더하면 더욱 유용하리라고 생각했다. 이 책은 이러한 필요에 의해 집필하게 되었다.

이에 따라 이 책은 통계적인 측면에서는 기초통계에서 회귀분석까지의 영역을, 수학적인 측면에서는 벡터, 행렬 그리고 행렬 미분을, 언어적인 측면에서는 R 언어의 기초를 다루고 있다. 어느 하나 치우침 없이 한 권의 책으로 통계분석에 필요한 통계, 수학, 언어의 기초를 확립하고 R을 통해 구체적인 활용에 도움이 될 수 있도록 하였다.

이 책은 한 권의 책으로 R 기반의 통계분석을 이해하고자 하는 입문자와 조금은 더 나아가고자 하는 중급 수준의 독자를 대상으로 한다. 또한 필자의 프로젝트 경험이 투영되어 있기 때문에 실무적으로 R을 접하고자 하는 독자들에게도 나름대로 기초 입문서가 될 것이다.

이 책은 통계청의 마이크로 데이터에서 서비스하고 있는 데이터도 일부 사용하였다. 드디어 우리나라에서도 공공 데이터에 대한 개방이 어느 정도 이루어져 이러한 서비스를 제공할 수 있게 된 것이다. 따라서 독자들이 적극적으로 데이터 서비스를 받고 분석 훈련을 했으면 하는 바람이다.

이 책의 1~12장은 가급적 순서를 지켜서 읽고, 15장과 18장은 서로 병행하여 읽기를 권장한다. 16~18장은 순수하게 R 언어의 기초를 다루고 있으므로 독립적으로 읽어도 무방하다.

좋은 책을 위해 최선을 다했지만 오류나 부족한 부분이 있을 수 있다. 이에 대한 독자 여러분의 많은 조언을 구하며, 출간 후에라도 수정사항이 있을 경우에는 자유아카데미 홈페이지(http://www.freeaca.com) 자료실에 제공할 예정이니 참조하길 바란다.

끝으로 나의 가족인 진영, 한솔, 두솔에게 고마움을 전한다.

1장

통계학이란?

통계학이란 단어는 라틴어의 'statisticum collegium(국가평의회)'과 이탈리아어인 'statista(정치가)'로부터 도출되었다고 한다. 18세기 중반에 독일의 갓프라이드 에이큰월(Gottfried Aschenwall)이 처음으로 'statistik'이라는 단어를 사용하였으며 이를 국가의 과학(science of state), 즉 국가에 대한 데이터를 분석하는 것이라고 정의하였다. 이후 19세기 초까지는 일반적으로 데이터의 수집과 분류의 의미로 사용되었으며 영어로는 18세기 후반에 존 싱클레어 경의 『Statistical Account of Scotland』 책에서 등장하였다. 위키피디아에서는 통계학을 다음과 같이 정의하고 있다.

"Statistics is a branch of mathematics working with data collection, organization, analysis, interpretation and presentation"

"통계학은 수학의 한 분야로서 데이터 수집, 정리, 분석, 해석 및 표현을 연구하는 분야이다."

통계학의 유명한 학자인 R.A. Fisher의 [SMRW]의 문헌에서는 "통계학은 응용수학의 한 분야이며 관측 데이터에 적용하는 수학이다"라고 정의하고 있다. 더 나아가 통계학은 모집단(population), 변동(variation), 데이터 축소(reduction) 방법에 대한 연구라고도 정의하고 있다.

통계학의 정의에서 보면 공통적으로 관측된 데이터를 기반으로 하고 있다. 이때 관측된 데이터는 어떤 것을 의미하는 것일까? 데이터를 관측한다는 것은 특정한 목적하에 이루어진다. 통계청에서 실시하는 인구 주택 총조사는 인구와 가구수를 전수조사하는 일이다. 이 조사는 5년마다 실시하며 목적은 각종 경제, 사회발전계획의 수립 및 평가와 학술연구, 민간부문의 경영 계획수립에 중요한 기초자료를 생성 및 제공하는 것이다. 일반적으로 많이 접하는 관측된 데이터는 여론조사이다. **|그림 1.1|**을 보면 여론조사명칭에서 여론조사의 목적을 엿볼 수 있다.

등록번호	조사기관명	조사의뢰자	여론조사명칭	등록일	지역	결정사항
5975	케이에스오아이 주식회사(한국사회여론연구소)	한국사회여론연구소(KSO) 자체 조사	전국 전체 정기(정례)조사 정당 지지도 국회의원선거, 국정운영 평가 및 주요 현안 등	2019-06-22	전국	-
5974	(주)리얼미터	YTN	전국 정기(정례)조사 정당 지지도 6월 3주차 주간집계	2019-06-21	전국	-
5973	(주)한국갤럽조사연구소	한국갤럽 자체 조사	전국 정기(정례)조사 정당 지지도 2019년 6월 3주	2019-06-20	전국	-
5972	(주)리얼미터	TBS	전국 정기(정례)조사 정당 지지도 6월 3주차 주중집계	2019-06-19	전국	-
5971	(주)모노커뮤니케이션즈	경북 매일신문	대구광역시 전체 국회의원 선거 정당 지지도	2019-06-19	대구광역시	-
5970	(주)모노커뮤니케이션즈	경북 매일신문	경상북도 전체 국회의원 선거 정당 지지도	2019-06-19	경상북도	-
5969	(주)조원씨엔아이	쿠키뉴스	전국 정기(정례)조사 정당 지지도 대통령 선거 차기 대선 지지도	2019-06-17	전국	-
5968	(주)피플네트웍스	창원일보, 미래한국연구소	경상남도 창원시 마산회원구 국회의원 서거 정당 지지도	2019-06-17	경상남도	-
5967	(주)리얼미터	YTN	전국 정기(정례)조사 정당 지지도 6월 2주차 주간집계	2019-06-14	전국	-
5966	(주)한국갤럽조사연구소	한국갤럽 자체 조사	전국 정기(정례)조사 정당 지지도 2019년 6월 2주	2019-06-13	전국	-

|그림 1.1| 중앙선거관리위원회 여론조사결과 현황

트윗(tweet) 데이터는 초당 6,000개의 트윗이 발생한다고 한다. 만약 트윗 데이터를 분석하여 현재 시점에서 주요한 키워드가 무엇인지를 알기 위해 모든 트윗 데이터를 분석하는 것은 많은 자원을 낭비하는 일이다. 이때 적절한 데이터를 추출하는, 즉 수집하는 절차가 필요하다.

예를 들어 삼성전자에서 하나의 칩(chip)을 생산하는 과정은 무한히 많은 공정을 거쳐야 한다. 이때 최종적으로 칩 불량이 발생한 경우에 어느 공정에서 발생했는지를 파악하고 관련 제조방법(recipe) 중 일부를 실험계획(experimental design)에 의하여 실험을 하고 데이터를 생성하게 된다. 이 또한 하나의 데이터를 생성하고 수집하는 과정이 되는 것이다.

앞의 예의 공통점은 하나의 관측값, 즉 데이터를 만들어 내기 위해서는 효율적이고 효과적인 수집 절차가 필요하다는 것이다.

통계학의 출발점은 데이터 수집에 있으며, 데이터를 수집하는 목적은 명확해야 한다. 데이터를 수집하는 목적은 대상이 되는 한 줄의 데이터인 관측값들을 수집하였을 때 얻고자 하는 그 무엇이다. 즉, 우리가 모르는 모집단의 특성을 기술(description)하거나 추론(inference)하고자 하는 것이다.

모집단(population)은 이미 존재하는 객체들의 집합이거나 경험으로부터 상상할 수 있는 무한 객체 집합, 예를 들어 동전 던지기를 무한히 반복할 때 앞면과 뒷면이 생길 수 있는 조합과 같이 정의할 수 있다. 무한 객체 집합의 예로는 삼성전자 주가의 3년 후 금액에 대한 예상 가능한 결과 집합 등을 들 수 있다.

이러한 모집단을 전수조사하지 않는다면 일종의 특정 시점의 관측된 데이터로부터, 즉 표본(sample)으로부터 모집단의 특성을 추론할 수밖에 없다. 예를 들어 **|그림 1.2|**와 같이 삼성전자의 주가가 미래에 어떻게 변할지는 특정 기간의 삼성전자 주가 데이터로부터 예측할 수밖에 없다.

이때 표본은 관심 대상인 모집단의 특성을 반영하도록 추출 또는 생성해야 한다.

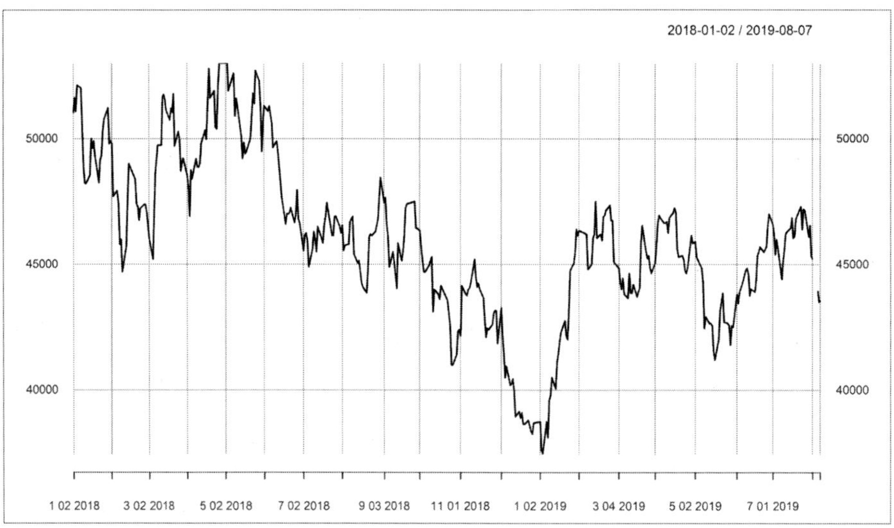

|그림 1.2| 삼성전자 주가

이러한 과정을 통계적 표본추출 또는 표집(statistical sampling)이라고 한다. 표본추출의 대표적인 방법은 임의 표본추출(random sampling) 방법이다.

보험사에서는 보험사기(fraud)를 알아내기 위하여 많은 전산 자원 및 인력을 투입한다. 매년 엄청난 보험사기로 인하여 선량한 대다수의 보험계약자들이 손해를 보기 때문이다. 이때 어떠한 방식으로 데이터를 준비하고 추출해야 할까? 보험사기로 판정된 데이터는 매우 작으며 이것조차도 명확하지 않은 예가 많기 때문에 보험사 내부적으로는 보험사기에 준하는 경우까지 보험사기라고 생각하며, 이런 경우 보험사기 청구 건에서는 거의 100% 데이터를 추출하고 나머지 선량한 보험 청구(클레임) 건에서는 일부만 추출하게 된다. 일종의 같은 성격의 집단을 정의하고 각 집단별로 표본을 추출하는 것이다. 이런 경우를 층화추출(stratified random sampling)이라고 한다. 이와 같이 분석하고자 하는 데이터에 맞는 추출법을 통해서 통계분석을 하게 된다.

1.1 데이터의 기술

데이터가 추출되고 나면 제일 먼저 데이터가 갖고 있는 기본 특성인 기술적인 정보(descriptive information)를 파악하게 된다. 이러한 과정을 기술통계분석(descriptive statistics)이라고 한다. 기술통계분석은 데이터가 표본이나 모집단을 가리지 않고 할 수 있는 기본적인 방법이다.

기술통계분석은 데이터를 구성하고 있는 객체의 특성, 즉 관측값 하나의 측정된 항목(변수 또는 특징)에 따라 중심적인 경향과 산포(dispersion)를 중점적으로 살피게 된다. 이때 뭔지 모를 이유에 의해서 상식적으로 나올 수 없는 값이 있거나 또는 아예 값이 없는 경우에 대한 분석도 하게 된다. 이런 의미에서 기술통계분석은 데이터 프로파일 분석 또는 데이터 품질분석이라고도 한다.

금액, 건수 등의 데이터 항목이 있는 경우에 어떤 값이 크게 벗어난 값이라고 판정할 수 있을까? 그리고 왜 그러한 비정상적인 값을 갖는 데이터에 보다 더 관심을 갖는 것일까? 이런 부분에 대한 보다 정교한 판정은 통계분포(statistical distribution)와 확률 등에서 해답을 주고 있다. 예를 들어 학생 대부분의 수학 점수가 50점 근처인데, 어떤 학생만 100점이라면 누구라도 뛰어난 학생이라고 생각할 것이고 더 관심을 가질 수밖에 없다. 즉 일종의 좋은 의미에서 이상값(outlier)인 것이다.

분포(distribution)는 중심적인 경향인 평균(mean) 또는 중간값(median) 등과 데이터가 퍼져 있는 정도인 산포를 표현하는 것이다.

가입한 상품, 트위터의 명사(noun) 키워드, 유튜브에서 클릭한 컨텐츠 등은 일종의 범주(categorical) 데이터이다. 이런 데이터에서는 각 범주별로 건수로 데이터를 기술하는 것이 일반적인 방법이다. 이때 낱개의 범주로 건수를 기술하는 측면도 있지만 주민등록번호인 경우는 111111-1111111과 같은 구성으로 표현할 수 있다. 즉, 숫자는 1, 문자는 A(대문자인 경우), a(소문자인 경우), AA(한글인 경우) 등으로 표현하면 아주 많은 데이터, 즉 빅데이터 등에서는 유형(pattern) 분석이 되는 것이다.

이러한 분석을 그래프로 표현하게 되면 보다 함축적으로 기술통계분석이 가능하다. 대표적인 통계그래프(statistical graph)는 막대도표(bar chart), 파이도표(pie chart), 선도표(line chart, line graph), 히스토그램(histogram), 산점도(scatter plot), 색깔지도(color map, heat map), 상자그림(boxplot) 등이 있다. **|그림 1.3|**~**|그림 1.11|**은 각 통계 그래프에 대한 예시이다.

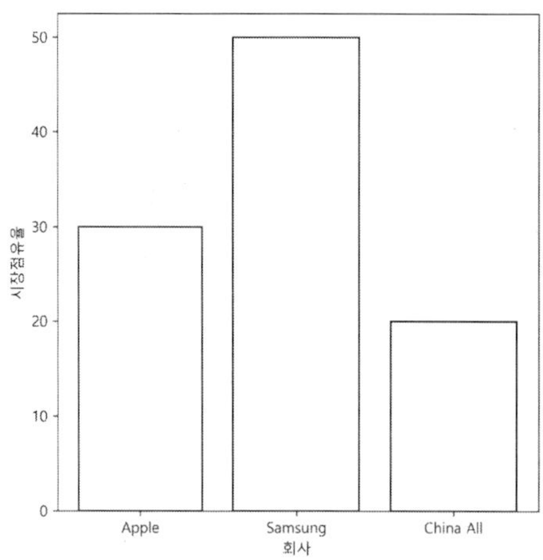

|그림 1.3| 단순 막대도표

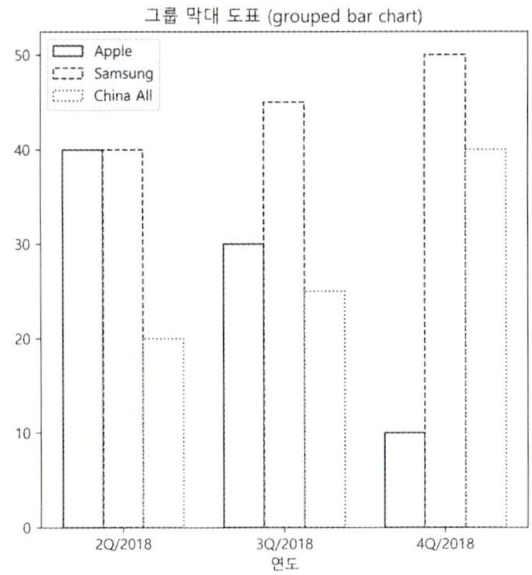

|그림 1.4| 그룹 막대도표

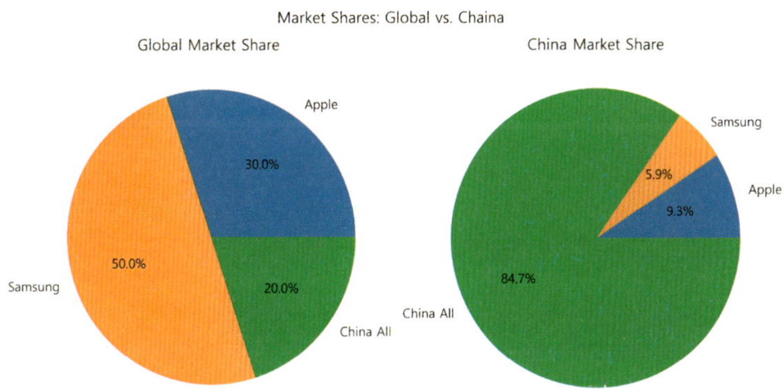

|그림 1.5| 단순 파이도표

|그림 1.6| 선도표

|그림 1.7| 비교 선도표

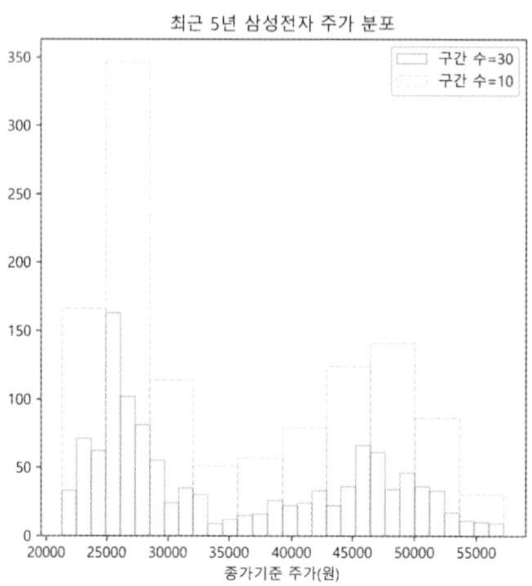

|그림 1.8| 히스토그램

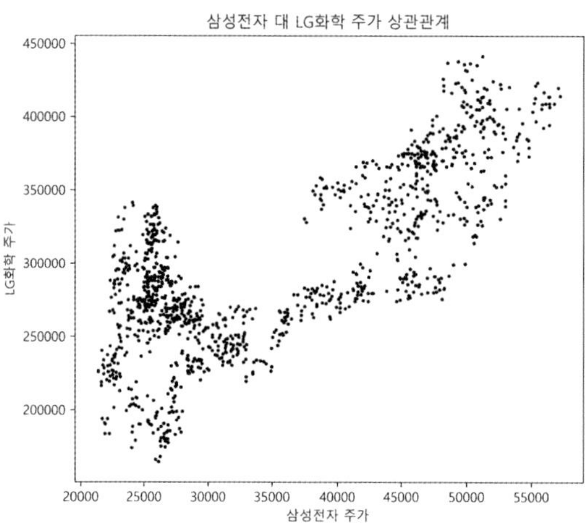

|그림 1.9| 산점도

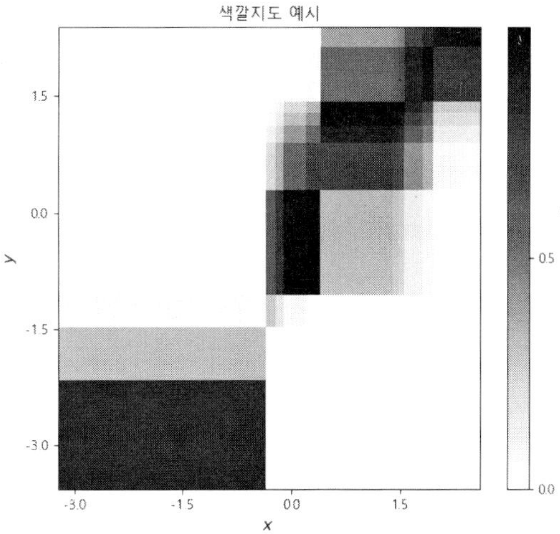

|그림 1.10| 색깔지도

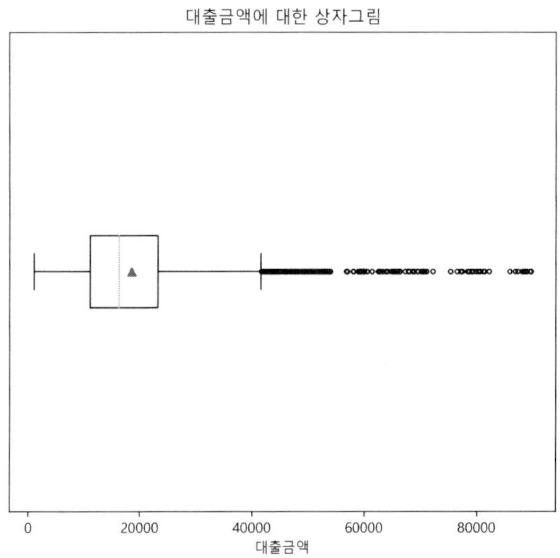

|그림 1.11| 상자그림

이러한 그래프는 데이터 분석이 끝나고 해석 및 표현(presentation)하는 과정에서도 많이 활용된다. 왜냐하면 통계적 분석이 다분히 수학적이고 통계량의 분포에 근거한 숫자들이기 때문에 이를 업무적으로 재해석하고 표현하여 이해를 시켜야 하는 경우가 많기 때문이다.

1.2 통계분석기법

데이터, 즉 표본에 대한 이해를 하고 난 후 모집단의 특성, 구체적으로는 분포에 대한 추론(inference)을 하게 되는데 어떠한 통계적인 기법들이 적용될 수 있을까? 저자에 따라서 통계방법(통계기법)들은 기술통계분석, 추론통계분석 그리고 탐색적 데이터 분석 등으로 구분하여 제시하기도 한다.

모집단의 분포에 대한 추론을 하기 위해서는 통계 용어에 대한 이해가 필수적이다. 대표적인 통계 용어는 통계량(statistics), 추정량(estimator), 가설(hypothesis), 검정(test), 유의수준(significance level), 오경보(false positive) 등이다. 이러한 용어들은 이후 전개되는 장에서 살펴보기로 한다.

대표적인 통계기법 중 하나인 회귀분석(regression analysis)은 바로 이러한 분포를 이해해야만 모수(parameter)의 추정(estimation) 결과에 대하여 유의미한 통계적인 의사결정을 할 수 있다. 회귀분석은 이후 장에서 보다 세밀하게 살펴보도록 하자. 회귀분석 중 특히 선형회귀모형(linear regression model)은 머신러닝의 한 분야인 해석가능 머신러닝(interpretable machine learning)의 핵심 툴이다.

필자가 볼 때 회귀분석에 대한 정확한 이해는 이후 AI와 빅데이터 분석에 매우 중요하다고 생각한다. 이 책에서도 통계분석의 핵심적인 용어와 기법에 초점을 맞추어 진행하고자 한다.

1.3 데이터 목록

이 책에서는 다음의 데이터를 사용하였다.

데이터 이름	데이터 원천
[BANK]	https://archive.ics.uci.edu/ml/machine-learning-databases/00222/bank.zip
[HOUSING]	https://archive.ics.uci.edu/ml/machine-learning-databases/housing/housing.data
[HAS]	통계청 마이크로 데이터: 가계자산조사 > 연간자료(제공)[2006년 가계자산조사]
[HFWS]	통계청 마이크로 데이터: 가계금융복지조사(2017년 이후) > 가구마스터(제공)[2018가구금융복지조사]

통계청 데이터는 통계청 마이크로 데이터 서비스(https://mdis.kostat.go.kr/index.do)에 접속한 후 다운로드할 수 있다.

다음은 분석에 사용할 있도록 각 데이터를 가져오는 프로그램이다.

```
> # 데이터 경로
> data_path <- c("D:/BANENE/R/KM/data")
>
> #
> # [BANK] 데이터
> #
>
> # 데이터 내려받기
> url <- c("https://archive.ics.uci.edu/ml/machine-learning-databases/00222/bank.zip")
> zipfile <- paste0(data_path, "bank.zip")
> download.file(url, dest=zipfile, mode="wb")
trying URL 'https://archive.ics.uci.edu/ml/machine-learning-databases/00222/bank.zip'
Content type 'application/x-httpd-php' length 579043 bytes (565 KB)
downloaded 565 KB


>
> # 데이터 풀기
> unzip(zipfile, exdir=paste0(data_path, '/tmp'))
>
> # 데이터 가져오기
> df <- read.table(paste0(data_path, '/tmp/bank.csv'), header = T, sep = ';')
> str(df)
'data.frame': 4521 obs. of 17 variables:
 $ age      : int  30 33 35 30 59 35 36 39 41 43 ...
 $ job      : Factor w/ 12 levels "admin.","blue-collar",..: 11 8 5 5 2 5 7 10 3 8 ...
 $ marital  : Factor w/ 3 levels "divorced","married",..: 2 2 3 2 2 3 2 2 2 2 ...
 $ education: Factor w/ 4 levels "primary","secondary",..: 1 2 3 3 2 3 3 2 3 1 ...
 $ default  : Factor w/ 2 levels "no","yes": 1 1 1 1 1 1 1 1 1 1 ...
 $ balance  : int  1787 4789 1350 1476 0 747 307 147 221 -88 ...
 $ housing  : Factor w/ 2 levels "no","yes": 1 2 2 2 2 1 2 2 2 2 ...
 $ loan     : Factor w/ 2 levels "no","yes": 1 2 1 2 1 1 1 1 1 2 ...
 $ contact  : Factor w/ 3 levels "cellular","telephone",..: 1 1 1 3 3 1 1 1 3 1 ...
 $ day      : int  19 11 16 3 5 23 14 6 14 17 ...
 $ month    : Factor w/ 12 levels "apr","aug","dec",..: 11 9 1 7 9 4 9 9 9 1 ...
 $ duration : int  79 220 185 199 226 141 341 151 57 313 ...
 $ campaign : int  1 1 1 4 1 2 1 2 2 1 ...
 $ pdays    : int  -1 339 330 -1 -1 176 330 -1 -1 147 ...
 $ previous : int  0 4 1 0 0 3 2 0 0 2 ...
 $ poutcome : Factor w/ 4 levels "failure","other",..: 4 1 1 4 4 1 2 4 4 1 ...
 $ y        : Factor w/ 2 levels "no","yes": 1 1 1 1 1 1 1 1 1 1 ...
```

```
>
> #
> # [HOUSING] 데이터
> #
>
> # 데이터 가져오기
> url <- c("https://archive.ics.uci.edu/ml/machine-learning-databases/housing/housing.data")
> df <- read.table(url)
> str(df)
'data.frame': 506 obs. Of 14 variables:
 $ V1 : num   0.00632 0.02731 0.02729 0.03237 0.06905 ...
 $ V2 : num   18 0 0 0 0 0 12.5 12.5 12.5 12.5 ...
 $ V3 : num   2.31 7.07 7.07 2.18 2.18 2.18 7.87 7.87 7.87 7.87 ...
 $ V4 : int   0 0 0 0 0 0 0 0 0 0 ...
 $ V5 : num   0.538 0.469 0.469 0.458 0.458 0.458 0.524 0.524 0.524 0.524 ...
 $ V6 : num   6.58 6.42 7.18 7 7.15 ...
 $ V7 : num   65.2 78.9 61.1 45.8 54.2 58.7 66.6 96.1 100 85.9 ...
 $ V8 : num   4.09 4.97 4.97 6.06 6.06 ...
 $ V9 : int   1 2 2 3 3 3 5 5 5 5 ...
 $ V10: num   296 242 242 222 222 222 311 311 311 311 ...
 $ V11: num   15.3 17.8 17.8 18.7 18.7 18.7 15.2 15.2 15.2 15.2 ...
 $ V12: num   397 397 393 395 397 ...
 $ V13: num   4.98 9.14 4.03 2.94 5.33 ...
 $ V14: num   24 21.6 34.7 33.4 36.2 28.7 22.9 27.1 16.5 18.9 ...
> names(df) <- tolower(c('CRIM','ZN','INDUS','CHAS','NOX','RM','AGE','DIS','RAD','TAX','PTRATIO','B','LSTAT','MEDV'))
>
>
> #
> # [HAS] 데이터
> # 통계청 마이크로데이터
> # 가계자산조사 > 연간자료(제공)[2006 년 가계자산조사]
>
> # 데이터 가져오기
> filename <- c("2006_household_asset_survey.txt")
> file <- paste0(data_path, '/', filename)
> df <- read.table(file, header = F, sep=',')
> str(df)
'data.frame': 8275 obs. of 71 variables:
 $ V1 : int   1 10 100 1000 1001 1002 1003 1004 1005 1006 ...
 $ V2 : int   2 2 2 2 1 3 1 1 1 1 ...
 $ V3 : int   4 2 2 2 2 2 2 2 2 2 ...
 $ V4 : int   20 26 48 25 25 25 25 25 25 15 ...
 $ V5 : int   2 4 5 4 2 1 4 2 2 3 ...
 $ V6 : int   5 1 1 1 1 1 1 1 1 2 ...
 $ V7 : int   1 1 1 1 2 2 1 1 2 1 ...
 $ V8 : int   64 51 44 67 35 69 37 58 45 34 ...
```

```
$ V9 : int  3 3 5 3 3 4 6 5 3 5 ...
$ V10: int  3 1 1 1 1 3 1 1 1 1 ...
$ V11: int  2 2 2 2 1 4 2 2 4 2 ...
$ V12: int  3 2 2 3 1 6 1 1 1 1 ...
$ V13: Factor w/ 21 levels "","A","B","C",..: 2 8 8 14 8 1 14 5 15 15 ...
$ V14: Factor w/ 12 levels "","0","1","2",..: 8 2 4 11 5 1 4 5 5 4 ...
$ V15: int  1811 4444 5500 4474 891 998 3437 1725 1995 3109 ...
$ V16: int  1294 3879 5417 4443 767 802 3200 1685 1670 3063 ...
$ V17: int  517 565 83 31 124 196 237 40 325 46 ...
$ V18: int  27933 61462 257366 8751 9206 28816 14896 16300 34097 5348 ...
$ V19: int  12433 53017 245098 6103 7696 21384 11618 14190 29369 3497 ...
$ V20: int  2433 20462 8966 686 1116 9 4426 7050 397 5348 ...
$ V21: int  2433 20462 8966 686 1116 9 4426 7050 397 2212 ...
$ V22: int  2408 7462 7966 686 816 9 4426 50 397 2212 ...
$ V23: int  2400 351 1770 86 540 9 130 50 37 78 ...
$ V24: int  0 546 1480 600 150 0 3600 0 0 1274 ...
$ V25: int  8 6565 4716 0 126 0 696 0 360 860 ...
$ V26: int  25 3000 1000 0 0 0 0 7000 0 0 ...
$ V27: int  0 3000 1000 0 0 0 0 7000 0 0 ...
$ V28: int  0 0 0 0 0 0 0 0 0 0 ...
$ V29: int  25 0 0 0 0 0 0 0 0 0 ...
$ V30: int  0 10000 0 0 300 0 0 0 0 0 ...
$ V31: int  0 0 0 0 0 0 0 0 0 0 ...
$ V32: int  0 10000 0 0 300 0 0 0 0 0 ...
$ V33: int  0 0 0 0 0 0 0 0 0 3136 ...
$ V34: int  0 0 0 0 0 0 0 0 0 0 ...
$ V35: int  15500 8445 12268 2648 1510 7432 3278 2110 4728 1851 ...
$ V36: int  1500 6445 12268 2648 1510 2882 3278 2110 4728 1851 ...
$ V37: int  0 6445 12268 2648 1510 2882 3278 2110 4728 1851 ...
$ V38: int  0 6000 12138 2638 1500 2742 3178 2050 4500 1812 ...
$ V39: int  0 350 0 0 0 0 0 0 100 0 ...
$ V40: int  0 0 0 0 0 100 0 0 0 0 ...
$ V41: int  0 95 130 10 10 40 100 60 128 39 ...
$ V42: int  1500 0 0 0 0 0 0 0 0 0 ...
$ V43: int  0 0 0 0 0 0 0 0 0 0 ...
$ V44: int  1500 0 0 0 0 0 0 0 0 0 ...
$ V45: int  14000 2000 0 0 0 4550 0 0 0 0 ...
$ V46: int  900 6000 12138 2638 500 2742 3178 2050 4500 0 ...
$ V47: int  0 0 0 0 0 0 0 0 0 1812 ...
$ V48: int  0 0 0 0 0 0 0 0 0 0 ...
$ V49: int  0 0 0 0 0 0 0 0 0 0 ...
$ V50: int  0 0 0 0 0 0 0 0 0 0 ...
$ V51: int  0 0 0 0 0 0 0 0 0 0 ...
$ V52: int  0 0 0 0 0 0 0 0 0 0 ...
$ V53: int  0 0 0 0 1000 0 0 0 0 0 ...
$ V54: int  600 445 130 10 0 140 20 30 228 39 ...
$ V55: int  0 0 0 0 10 0 80 30 0 0 ...
```

```
 $ V56: int  25000 37000 245000 8000 8000 28797 9700 9000 33000 0 ...
 $ V57: int  25000 37000 135000 8000 8000 12500 8500 9000 9000 0 ...
 $ V58: int  0 25000 135000 8000 8000 8500 8500 9000 9000 0 ...
 $ V59: int  25000 12000 0 0 0 4000 0 0 0 0 ...
 $ V60: int  0 0 110000 0 0 16297 1200 0 24000 0 ...
 $ V61: int  0 0 110000 0 0 297 0 0 24000 0 ...
 $ V62: int  0 0 0 0 0 16000 0 0 0 0 ...
 $ V63: int  0 0 0 0 0 0 1200 0 0 0 ...
 $ V64: int  500 4000 3400 65 90 10 770 250 700 0 ...
 $ V65: int  500 2800 1400 0 0 0 600 70 0 0 ...
 $ V66: int  0 1200 2000 65 90 10 170 180 700 0 ...
 $ V67: int  0 200 0 0 0 0 0 0 0 0 ...
 $ V68: int  0 1000 2000 65 90 10 170 180 700 0 ...
 $ V69: int  0 0 0 0 0 0 0 0 0 0 ...
 $ V70: int  0 0 0 0 0 0 0 0 0 0 ...
 $ V71: int  2428 5735 1159 1502 1502 3827 1502 1502 1502 1502 ...
>
> #
> # [HFWS]
> #
> # 통계청 마이크로데이터 2018 년 가계금융조사 데이터
> # 자료명: 가계금융복지조사( 2017 년 이후) > 가구마스터(제공)[2018 가구금융복지조사]
>
> # 데이터 가져오기
> filename <- c("MDIS_2018_HFWS.txt")
> file <- paste0(data_path, '/', filename)
> df <- read.table(file, header = F, sep=',')
> dim(df)
[1] 18640   161
> str(df)
'data.frame': 18640 obs. of  161 variables:
 $ V1  : int  2018 2018 2018 2018 2018 2018 2018 2018 2018 2018 ...
 $ V2  : int  10200261 10200371 10201191 10201211 10201241 10201331 10201361 10202191 10202311
10203171 ...
 $ V3  : Factor w/ 2 levels "F","P": 2 2 2 2 2 2 2 2 2 2 ...
 $ V4  : num  1128 2224 701 1140 1437 ...
 $ V5  : int  NA NA NA NA NA NA NA NA NA NA ...
 $ V6  : int  2255 4515 1424 2280 2872 4861 4821 4977 3179 3271 ...
 $ V7  : Factor w/ 2 levels "G1","G2": 2 1 1 2 2 1 1 1 1 1 ...
 $ V8  : int  1 1 1 2 1 1 2 1 2 2 ...
 $ V9  : int  2 4 4 1 4 4 2 4 3 1 ...
 $ V10 : Factor w/ 2 levels "G1","G2": 1 2 2 1 2 2 2 2 2 1 ...
 $ V11 : Factor w/ 2 levels "G1","G2": 2 2 2 2 2 2 2 2 2 2 ...
 $ V12 : Factor w/ 2 levels "G1","G2": 2 2 2 2 2 2 2 2 1 2 ...
 $ V13 : Factor w/ 2 levels "G1","G2": 2 2 2 2 2 2 2 2 2 2 ...
 $ V14 : Factor w/ 2 levels "G1","G2": 1 2 2 2 2 2 1 2 2 2 ...
 $ V15 : int  4 5 6 1 6 6 5 4 4 3 ...
```

```
$ V16 : int  1 1 1 NA 1 1 1 1 1 1 ...
$ V17 : Factor w/ 4 levels "G1","G2","G3",..: 3 4 4 1 4 4 4 3 3 2 ...
$ V18 : int  2 2 2 1 2 2 2 2 2 1 ...
$ V19 : Factor w/ 22 levels "","A","B","C",..: 8 8 12 1 4 11 17 1 14 8 ...
$ V20 : Factor w/ 11 levels "","1","2","3",..: 10 8 2 1 6 3 5 1 4 6 ...
$ V21 : int  79 55 54 83 41 46 65 53 46 70 ...
$ V22 : Factor w/ 5 levels "G01","G02","G03",..: 5 4 4 5 3 3 5 4 3 5 ...
$ V23 : int  2 3 1 7 1 1 3 7 1 3 ...
$ V24 : Factor w/ 4 levels "G1","G2","G3",..: 2 3 1 4 1 1 3 4 1 3 ...
$ V25 : int  2 2 2 3 2 2 3 2 4 3 ...
$ V26 : int  5 1 1 2 1 1 3 1 3 1 ...
$ V27 : Factor w/ 4 levels "G1","G2","G3",..: 4 1 1 2 1 1 3 1 3 1 ...
$ V28 : int  60 60 112 50 85 84 40 56 36 126 ...
$ V29 : int  1 2 2 1 2 2 2 1 2 1 ...
$ V30 : Factor w/ 2 levels "G1","G2": 2 1 1 2 1 1 1 1 1 1 ...
$ V31 : Factor w/ 5 levels "Q1","Q2","Q3",..: 1 5 5 1 4 5 2 4 1 2 ...
$ V32 : Factor w/ 6 levels "G1","G2","G3",..: 1 6 6 1 5 6 2 4 2 3 ...
$ V33 : Factor w/ 5 levels "Q1","Q2","Q3",..: 1 4 5 1 5 5 4 3 1 5 ...
$ V34 : Factor w/ 5 levels "Q1","Q2","Q3",..: 1 5 5 1 5 5 3 3 1 5 ...
$ V35 : Factor w/ 6 levels "","Q1","Q2","Q3",..: 1 1 1 1 1 1 1 1 1 1 ...
$ V36 : Factor w/ 6 levels "","Q1","Q2","Q3",..: 1 1 1 1 1 1 1 1 1 1 ...
$ V37 : Factor w/ 6 levels "","Q1","Q2","Q3",..: 1 1 1 1 1 1 1 1 1 1 ...
$ V38 : Factor w/ 6 levels "","Q1","Q2","Q3",..: 2 6 6 2 5 6 3 5 2 3 ...
$ V39 : Factor w/ 6 levels "","Q1","Q2","Q3",..: 2 5 6 2 6 6 5 4 2 6 ...
$ V40 : Factor w/ 6 levels "","Q1","Q2","Q3",..: 2 6 6 3 6 6 4 4 2 6 ...
$ V41 : int  2 59022 222550 4516 79011 105752 50000 27540 1657 64304 ...
$ V42 : int  2 8082 6050 4516 13911 6502 10900 2690 1657 3304 ...
$ V43 : int  2 8082 6050 16 13911 6502 8900 2690 182 3304 ...
$ V44 : int  2 7082 6050 16 13911 6502 3900 2690 182 3304 ...
$ V45 : int  0 1000 0 0 0 0 5000 0 0 0 ...
$ V46 : int  0 0 0 4500 0 0 2000 0 1475 0 ...
$ V47 : int  0 50940 216500 0 65100 99250 39100 24850 0 61000 ...
$ V48 : int  0 50000 216000 0 62500 99000 37000 24600 0 61000 ...
$ V49 : int  0 23000 80000 0 50000 44000 0 24600 0 61000 ...
$ V50 : int  0 27000 136000 0 12500 43000 37000 0 0 0 ...
$ V51 : int  0 0 0 0 0 12000 0 0 0 0 ...
$ V52 : int  0 940 500 0 2600 250 2100 250 0 0 ...
$ V53 : int  0 940 500 0 2500 200 600 250 0 0 ...
$ V54 : int  0 0 0 0 100 50 1500 0 0 0 ...
$ V55 : int  0 500 121200 0 450 43200 30200 10250 50 2800 ...
$ V56 : int  0 500 16200 0 200 41000 200 250 50 0 ...
$ V57 : int  0 0 15000 0 0 38000 0 0 0 0 ...
$ V58 : int  0 0 15000 0 0 0 0 0 0 0 ...
$ V59 : int  0 0 0 0 0 38000 0 0 0 0 ...
$ V60 : int  0 0 0 0 0 0 0 0 0 0 ...
$ V61 : int  0 0 0 0 0 0 0 0 0 0 ...
$ V62 : int  0 0 0 0 0 0 0 0 0 0 ...
```

```
$ V63 : int  0 0 0 0 0 0 0 0 0 0 ...
$ V64 : int  0 0 0 0 0 0 0 0 0 0 ...
$ V65 : int  0 0 15000 0 0 17000 0 0 0 0 ...
$ V66 : int  0 0 0 0 0 0 0 0 0 0 ...
$ V67 : int  0 0 0 0 0 0 0 0 0 0 ...
$ V68 : int  0 0 0 0 0 21000 0 0 0 0 ...
$ V69 : int  0 0 0 0 0 0 0 0 0 0 ...
$ V70 : int  0 0 0 0 0 0 0 0 0 0 ...
$ V71 : int  0 0 0 0 0 0 0 0 0 0 ...
$ V72 : int  0 0 0 0 0 0 0 0 0 0 ...
$ V73 : int  0 0 0 0 0 0 0 0 0 0 ...
$ V74 : int  0 0 0 0 0 0 0 0 0 0 ...
$ V75 : int  0 0 15000 0 0 21000 0 0 0 0 ...
$ V76 : int  0 0 0 0 0 17000 0 0 0 0 ...
$ V77 : int  0 0 0 0 0 0 0 0 0 0 ...
$ V78 : int  0 0 0 0 0 0 0 0 0 0 ...
$ V79 : int  0 0 15000 0 0 38000 0 0 0 0 ...
$ V80 : int  0 0 0 0 0 0 0 0 0 0 ...
$ V81 : int  0 500 1000 0 0 3000 0 0 0 0 ...
$ V82 : int  0 0 0 0 0 0 0 0 0 0 ...
$ V83 : int  0 0 0 0 0 3000 0 0 0 0 ...
$ V84 : int  0 0 0 0 0 0 0 0 0 0 ...
$ V85 : int  0 0 0 0 0 0 0 0 0 0 ...
$ V86 : int  0 0 0 0 0 0 0 0 0 0 ...
$ V87 : int  0 500 1000 0 0 0 0 0 0 0 ...
$ V88 : int  0 0 0 0 0 0 0 0 0 0 ...
$ V89 : int  0 500 1000 0 0 3000 0 0 0 0 ...
$ V90 : int  0 0 0 0 0 0 0 0 0 0 ...
$ V91 : int  0 0 0 0 0 0 0 0 0 0 ...
$ V92 : int  0 0 0 0 0 0 0 0 0 0 ...
$ V93 : int  0 0 0 0 0 0 0 0 0 0 ...
$ V94 : int  0 0 0 0 0 0 0 0 0 0 ...
$ V95 : int  0 0 0 0 0 0 0 0 0 0 ...
$ V96 : int  0 0 0 0 0 0 0 0 0 0 ...
$ V97 : int  0 0 0 0 0 0 0 0 0 0 ...
$ V98 : int  0 0 0 0 0 0 0 0 0 0 ...
$ V99 : int  0 0 1000 0 0 0 0 0 0 0 ...
 [list output truncated]
```

데이터에 대한 설명은 각 장에서 인용 시 설명하도록 한다.

2장

데이터 기술

2.1 변수 유형

2.2 [BANK] 데이터

2.3 기술통계량

2.1 변수 유형

모집단의 특성에 대한 하나의 측정을 변수(variable)라고 정의하였다. 측정된 값, 즉 변수의 값은 몇 가지 유형으로 분류할 수 있다. 이러한 분류를 측정수준(level of measurement) 또는 측정척도(scale of measurement)라고 한다. 측정척도는 아래와 같이 4개의 척도로 분류한다.

구분	내용	예	비고
명목척도 (nominal scale)	이름으로 객체를 구분할 때, 즉 주로 분류를 위하여 사용	성별, 국적, 주민번호, 인종, 언어, 장르, 품사 등	질적(qualitative) 척도, 수학연산(=, ≠) 적용 가능, 최빈값(mode) 계산 가능
순서척도 (ordinal scale)	순위(rank)를 갖고 있으며 정렬(sorting) 가능하나 객체 간의 차이의 정도를 표현하지 않음	성적(A, …, F), 설문조사 응답(완전 동의, 대부분 동의, …, 완전 비동의) 등	최빈값, 중간값(median) 계산 가능, 수학연산(>, <) 적용 가능
구간척도 (interval scale)	객체 간의 차이의 정도를 표현하지만, 비율은 의미가 없음	기온(섭씨), 성적(0–100), 날짜, 위치(좌표) 등	최빈값, 중간값, 평균, 범위, 표준편차 적용 가능, 수학연산(+, −) 적용 가능
비율척도 (ratio scale)	객체 간의 차이의 정도도 표현하며 비율 또한 의미가 있음. 의미 있는 유일한 0 값을 가지고 있음	질량, 길이, 경과기간, 각도, 충전량 등	기하평균 등 적용 가능, 수학연산(*, /) 적용 가능

실제 분석에서는 이를 엄밀하게 따지지 않고 오히려 범주형(categorical) 또는 이산형(discrete)과 연속형(continuous) 변수로 구분한다. 여기서 구간, 비율은 연속형이며 나머지는 범주형이다.

2.2 [BANK] 데이터

데이터의 출처는 https://archive.ics.uci.edu/ml/machine-learning-databases/00222/bank.zip이며 포르투갈 은행에서 추가 판매를 위한 대상 고객을 추출하는 데 사용되었다.

	변수	유형	설명	비고	한글 설명
1	age	numeric			나이
2	job	categorical	type of job	"admin.","unknown","unemployed","management","housemaid","entrepreneur","student","blue-collar","self-employed","retired","technician","services"	직업
3	marital	categorical	marital status	"married","divorced","single"	결혼상태
4	education	categorical		"unknown","secondary","primary","tertiary"	교육수준
5	default	binary	has credit in default?		채무 불이행 유무
6	balance	numeric	average yearly balance, in euros		년잔액
7	housing	binary	has housing loan?		주택 대출 유무
8	loan	binary	has personal loan?		개인 대출 유무
9	contact	categorical	contact communication type	"unknown","telephone","cellular"	접촉채널
10	day	numeric	last contact day of the month		최근 접촉 일
11	month	categorical	last contact month of year	"jan", "feb", "mar", ..., "nov", "dec"	최근 접촉 월
12	duration	numeric	last contact duration, in seconds		최근 접촉 시간(초)
13	campaign	numeric	number of contacts performed during this campaign and for this client		캠페인 기간 내 접촉 건수
14	pdays	numeric	number of days that passed by after the client was last contacted from a previous campaign		최근 캠페인 후 경과 일수
15	previous	numeric	number of contacts performed before this campaign and for this client		과거 캠페인 접촉 건수
16	poutcome	categorical	outcome of the previous marketing campaign	"unknown","other","failure","success"	최근 캠페인 결과
17	y	binary	has the client subscribed a term deposit?		정기 예금 가입 여부

해당 데이터의 변수는 총 17개로 구성되어 있다. 이때 각 변수가 어떤 척도인지를 살펴보자. 각종 유무 변수와 직업, 결혼상태, 접촉채널 등의 변수는 순서가 없으므로 명목척도(범주)이며, 교육수준 변수는 순서가 있으므로 순서척도(범주)이고, 최근접촉,

경과, ... 등은 구간 또는 비율척도(연속)이다.

```
> library(data.table)
> path <- "D:/BANENE/R/KM/"
> df <- fread(paste0(path, '/Data/bank.csv'))
> str(df)
Classes 'data.table' and 'data.frame':    4521 obs. of  17 variables:
 $ age       : int  30 33 35 30 59 35 36 39 41 43 ...
 $ job       : chr  "unemployed" "services" "management" "management" ...
 $ marital   : chr  "married" "married" "single" "married" ...
 $ education: chr  "primary" "secondary" "tertiary" "tertiary" ...
 $ default   : chr  "no" "no" "no" "no" ...
 $ balance   : int  1787 4789 1350 1476 0 747 307 147 221 -88 ...
 $ housing   : chr  "no" "yes" "yes" "yes" ...
 $ loan      : chr  "no" "yes" "no" "yes" ...
 $ contact   : chr  "cellular" "cellular" "cellular" "unknown" ...
 $ day       : int  19 11 16 3 5 23 14 6 14 17 ...
 $ month     : chr  "oct" "may" "apr" "jun" ...
 $ duration : int  79 220 185 199 226 141 341 151 57 313 ...
 $ campaign : int  1 1 1 4 1 2 1 2 2 1 ...
 $ pdays     : int  -1 339 330 -1 -1 176 330 -1 -1 147 ...
 $ previous : int  0 4 1 0 0 3 2 0 0 2 ...
 $ poutcome : chr  "unknown" "failure" "failure" "unknown" ...
 $ y         : chr  "no" "no" "no" "no" ...
 - attr(*, ".internal.selfref")=<externalptr>
```

위 내용은 R에서 데이터를 그대로 가져온 경우의 데이터 구조이다.

2.3 기술통계량

통계학이 모집단에 대하여 연구하는 학문이라고 했을 때, 모집단의 특성을 몇 가지 숫자로 간단하게 표현하는 방법에 대하여 알아보자. 예를 들어 [BANK] 데이터에서는 기존에 거래하고 있는 고객을 대상으로 하여 추가 판매가 가능할 것 같은 고객을 추출하는 것이 목표이다. 이때 기존에 거래하고 있는 고객 전체를 하나의 모집단이라고 가정한다면 그 모집단의 다양한 특성은 나이, 직업, 결혼상태, …, 최근접촉일 등으로 정의하고 있다. 즉, 다양한 변수로 정의하고 있다. 각 변수의 측정 척도에 맞게 간략하게 정의할 수 있는 통계량은 무엇이 있을까? 즉, 어떻게 간단히 요약할 수 있을까?

2.3.1 범주형 자료의 기술

```
> # 범주형 자료에 대한 요약
> table(df$marital)

divorced  married   single
     528     2797     1196
> print(table(df$marital)/sum(table(df$marital)), digits=4)

divorced  married   single
  0.1168   0.6187   0.2645
```

위 프로그램 내용을 보면, 결혼상태 변수가 범주형 변수이므로 갖고 있는 모든 값에 대하여 전체 데이터에서 어느 정도 차지하는지를 살펴볼 수가 있다. 여기서 결혼상태 변수는 divorce, married, single이라는 값을 가지고 있으며 각각의 빈도(frequency)를 알 수 있고, 추가적으로 상대빈도(relative frequency)를 알 수 있다. 이때 가장 많은 범주(최빈값(mode))는 married이며 전체의 61.86%를 차지함을 알 수가 있다.

변수가 가질 수 있는 값과 이의 빈도 또는 상대빈도로 표현한 것을 분포(distribution)라고 하며, 이와 관련된 표를 분할표(contingency table) 또는 빈도표(frequency table)라고 한다.

위 내용을 시각화하여 표시해보자.

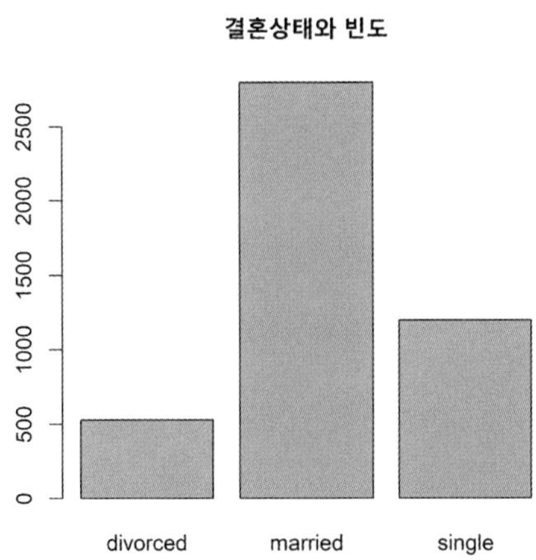

|그림 2.1| 결혼상태 분포

|그림 2.1|은 막대도표(bar chart)라고 한다. 주로 범주형 변수의 분포를 그림으로 표현하는 데 사용된다. 이 그래프와 동일하게 사용되는 그림 중의 하나는 다음과 같은 원도표(pie chart)이다.

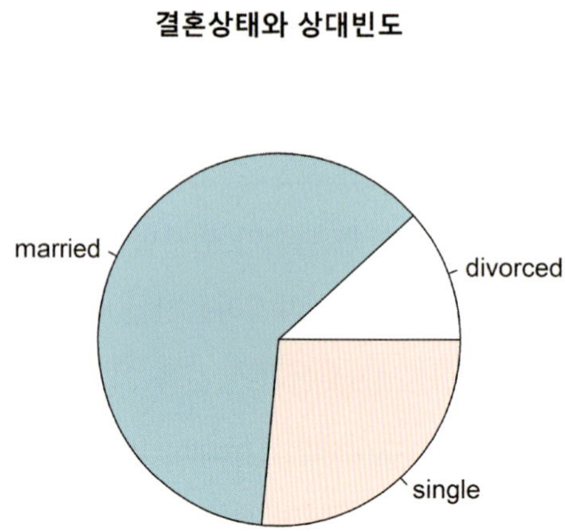

|그림 2.2| 결혼상태 상대빈도 분포

원도표에서는 전체를 1로 하여 각 범주의 상대빈도 만큼을 비율로 표시한 것이다.

실무에서는 분할표와 막대도표는 범주 중에 너무 작은 빈도를 구성하는 몇 가지 범주를 하나로 묶어서 기타 등으로 새롭게 분류하는데, 이는 실제 나올 수 없는 값이 있는지를 확인하는 데이터 품질 등에서 많이 활용된다.

2.3.2 연속형 자료의 기술

[BANK] 데이터의 나이(age) 변수에 대하여 살펴보자. 나이 변수는 연속형 변수이다. 범주형 변수와 마찬가지로 데이터를 기술해보자.

```
> table(df$age)

 19  20  21  22  23  24  25  26  27  28  29  30  31  32  33  34  35  36  37  38  39  40  41  42  43  44  45  46  47  48
  4   3   7   9  20  24  44  77  94 103  97 150 199 224 186 231 180 188 161 159 130 142 135 141 115 105 112 119 108 114

 49  50  51  52  53  54  55  56  57  58  59  60  61  62  63  64  65  66  67  68  69  70  71  72  73  74  75  76  77  78
112 101  91  86  94  71  90  74  91  85  71  47  16   7   8   7   6   9   5   2   6   7   6   4   6   3   6   2   6   3

 79  80  81  83  84  86  87
```

위 데이터를 보면 나이 변수가 가질 수 있는 값은 19에서 87까지이며, 각 값에 대하여 빈도를 표현하였다. 만약 나이가 아니라 보다 연속적인 값을 갖는 변수이면 범주형 자료와 같은 형식의 분할표로는 정리하기가 어렵다. 물론 위의 표에서도 36이 최빈값임을 알 수 있고 어느 정도 분포를 확인할 수 있다.

연속형 변수인 경우에는 다음과 같은 형식으로 자료를 기술한다.

```
> summary(df$age)
   Min. 1st Qu.  Median    Mean 3rd Qu.    Max.
  19.00   33.00   39.00   41.17   49.00   87.00
> stem(df$age)

  The decimal point is 1 digit(s) to the right of the |

  1 | 9999
  2 | 000111111122222222233333333333333333333444444444444444444444444
  2 | 55555555555555555555555555555555555555555555666666666666666666666+3
  3 | 00000000000000000000000000000000000000000000000000000000000000000+9
  3 | 55555555555555555555555555555555555555555555555555555555555555555+7
  4 | 00000000000000000000000000000000000000000000000000000000000000000+5
  4 | 55555555555555555555555555555555555555555555555555555555555555555+4
  5 | 00000000000000000000000000000000000000000000000000000000000000000+3
  5 | 55555555555555555555555555555555555555555555555555555555555555555+3
  6 | 000000000000000000000000000000000000000000000111111111111111122222+5
  6 | 5555556666666667777788999999
  7 | 00000001111112222333333444
  7 | 555555667777778889999
  8 | 000000133334
  8 | 67
```

위 자료에서 나온 값들은 최솟값(minimum), 제1사분위수(1st quartile: Q1), 중간값(median), 평균(mean), 제3사분위수(3rd quartile: Q3), 최댓값(maximum)이다. 사분위수(quartile)는 분위수(quantile)의 일종이다. 먼저 중간값(median: Q2)을 구해보자.

데이터가 1, 2, 3, 4, 5, 6, 7, 8, 9일 때, 즉 홀수 개의 데이터가 있을 때는 정렬을 해서 가장 가운데 있는 값이 중간값이다. 여기서는 5이다. 만약 짝수 개가 있는 경우에는 가운데 있는 2개의 값의 평균으로 정의한다. 예를 들어 1, 2, 3, 4인 경우에는 2.5가 중간값이 된다.

중간값이 정의되고 나면 중간값을 기준으로 하여 만약 데이터의 개수가 홀수이면 중간값을 제외하여 2개의 데이터로 구분되며 각각에서 중간값을 구하면 제1사분위수, 제3사분위수가 된다. 만약 데이터의 개수가 짝수이면 중간값과 관계없이 2개의 데이터로 구분되고 각각에서 중간값을 구하면 된다. 이런 의미에서 제1사분위수를 하위 사분위수(lower quartile), 제3사분위수(upper quartile)를 상위 사분위수라고 한다.

평균은 다음과 같이 정의된다.

$$\bar{x} = \frac{1}{n}(x_1 + \cdots + x_n) = \frac{1}{n}\sum_{i}^{n} x_i$$

여기서 n은 데이터 개수, x_i는 i번째 특성값이다. 이를 시각화하여 표현한 것 중의 하나가 줄기-잎 그림(stem-and-leaf plot)이다. 줄여서 줄기그림(stemplot)이라고도 한다. 데이터가 다음과 같이 있다고 하자.

44, 46, 47, 49, 63, 64, 66, 68, 68, 72, 72, 75, 76, 81, 84, 88, 106

```
> x <- c(44, 46, 47, 49, 63, 64, 66, 68, 68, 72, 72, 75, 76, 81, 84, 88, 106)
> stem(x, scale=2)

  The decimal point is 1 digit(s) to the right of the |

   4 | 4679
   5 |
   6 | 34688
   7 | 2256
   8 | 148
   9 |
  10 | 6
```

줄기그림은 유효숫자 2개를 이용하여, 즉 위 자료에서는 10의 자릿수와 1의 자릿수 2개만을 이용하여 표현한다. 예를 들어 10|6의 의미는 10*10+6의 의미이다. 소수점 이하는 반올림한다. 줄기그림을 이용하면 한눈에 분포 모양을 파악할 수가 있지만, 실무에서는 이보다 히스토그램을 많이 활용한다.

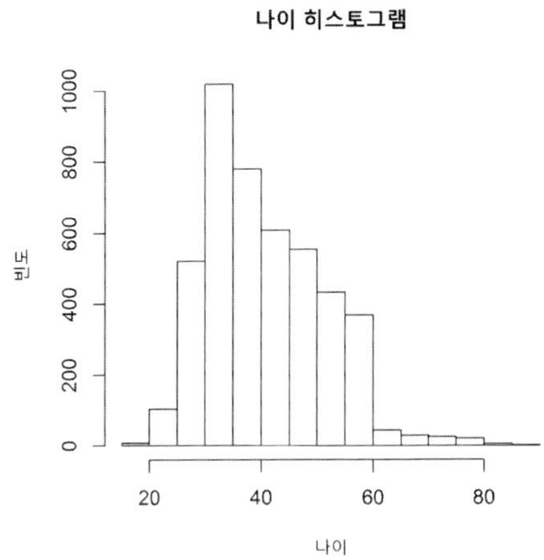

|그림 2.3| 나이 히스토그램

|그림 2.3|은 나이에 대한 히스토그램이다. 히스토그램을 살펴보면 막대기둥들로 구성되어 있다. 즉, 모든 데이터가 하나의 기둥에 들어가기 위해서는 기둥의 폭, 즉 빈(bin) 또는 버킷(bucket)의 폭이 사전에 정의되어야 한다.

```
> # 빈 또는 버킷 구성하기
>
> # 20 등분 구성하기: 나누는 경곗값 생성
> min <- min(df$age)
> max <- max(df$age)
> width <- (max-min)/20 # 20 등분
> width
[1] 3.4
> breaks <- seq(min, max, width)
> breaks
 [1] 19.0 22.4 25.8 29.2 32.6 36.0 39.4 42.8 46.2 49.6 53.0 56.4 59.8 63.2 66.6 70.0 73.4 76.8 80.2
83.6 87.0
>
```

```
> # 20 등분으로 나누기: 경곗값을 기준으로 구간 구성
> # 20 등분으로 나누기: 경곗값을 기준으로 구간 구성
> bins <- table(cut(df$age, breaks=breaks, include.lowest=T))
> bins
 [19,22.4] (22.4,25.8] (25.8,29.2] (29.2,32.6]   (32.6,36]   (36,39.4] (39.4,42.8] (42.8,46.2] (46.2,49.6]   (49.6,53]
        23          88         371         573         785         450         418         451         334         372
 (53,56.4] (56.4,59.8] (59.8,63.2] (63.2,66.6]   (66.6,70]   (70,73.4] (73.4,76.8] (76.8,80.2] (80.2,83.6]   (83.6,87]
       235         247          78          22          20          16          11          19           5           3
> png(paste0(path, 'r_program/png/bank_age_manual.png'))
> plot(bins, main='나이 막대도표(수동 계산)', xlab='나이 구간', ylab='빈도')
> dev.off()
```

빈의 폭은 전체 데이터를 등간격(equal width)으로 나눈다고 가정하고 몇 개의 기둥을 세울 것인가를 정하면 간단히 폭의 길이 = $\frac{\text{최댓값} - \text{최솟값}}{\text{기둥개수}}$ 와 같이 계산할 수 있다. 계산된 폭이 길이에 따라 하나의 데이터를 해당 기둥에 넣기 위하여 최솟값에서 폭의 길이만큼 데이터를 구간화(binning)하게 된다. 구간화한 후의 실제 분포는 '> bins' 수행 결과를 보면 된다. 이를 이용하여 막대도표를 그려보면 **|그림 2.4|**와 같다.

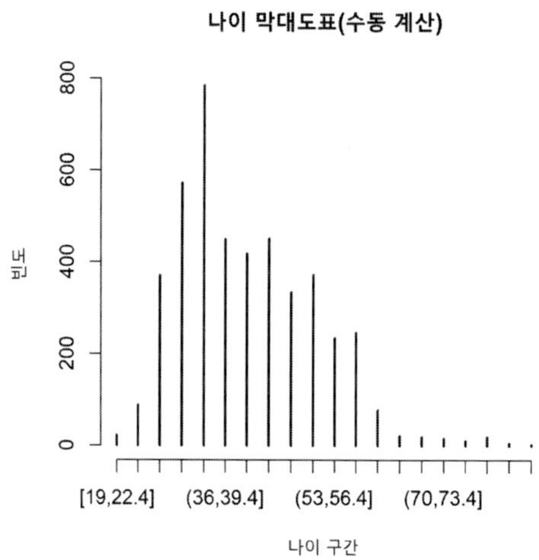

|그림 2.4| 나이 막대도표(수동)

히스토그램을 보면 분포가 어떤 모양인지를 파악할 수 있다. 5장(특별한 분포)에서 배울 이론적인 분포와 실제 데이터의 분포가 어느 정도의 차이가 있는지를 파악할 수 있다. 특히 왼쪽 또는 오른쪽으로 치우쳐 있는지 그리고 필요하면 어떠한 변수변

환을 통해서 원하는 분포 형태를 만들 수 있는지를 알 수 있게 해준다.

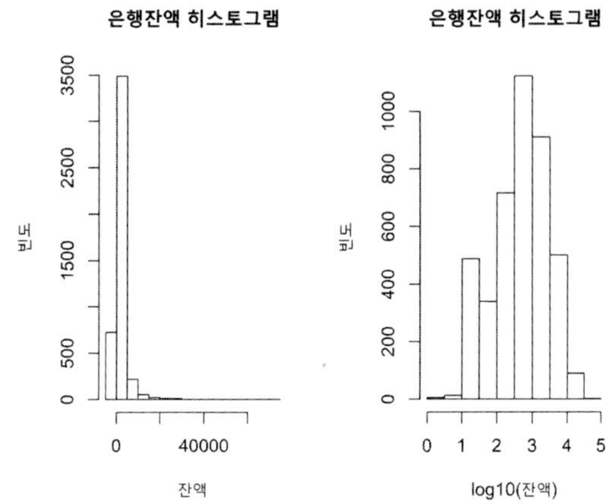

|그림 2.5| 원 데이터와 로그 변환 후 데이터의 히스토그램

|그림 2.5|를 보면, 원 데이터는 오른쪽으로 완만(skewed right)하고 왼쪽으로 치우친 분포이다. 실무에서 보면 일반적으로 금액에 대한 분포는 왼쪽 그림과 같이 분포하는 경우가 많다. 이를 로그 변환하여 보면 원 데이터 분포보다는 훨씬 정상적인 분포 모습을 띠고 있다.

연속 데이터에 대한 또 하나의 시각화 기법인 상자그림(boxplot)에 대하여 알아보자. 나이에 대한 상자그림은 다음과 같다.

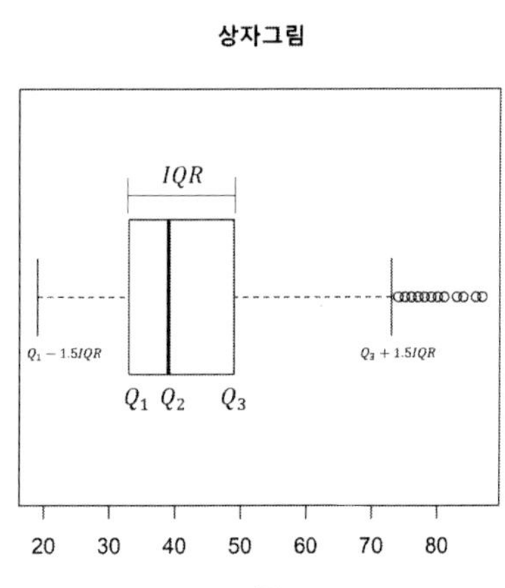

|그림 2.6| 상자그림

상자그림은 제1사분위수(Q1), 중간값, 제3사분위수(Q3)로 상자를 구성한다. 이 때 사분위수 범위(IQR: interquartile range)를 구한 후 그 값의 1.5배를 계산한다. 이 값을 이용하여 데이터의 하한인 Q1−1.5×IQR과 상한인 Q3+1.5×IQR을 표시한다. 이 영역을 벗어나는 점을 이상값(outlier)이라고 정의한다. 사분위수 범위는 IQR=Q3−Q1=49−33=16이다.

```
> q <- quantile(df$age)
> q
  0%   25%   50%   75%   100%
  19    33    39    49    87
> iqr <- q["75%"]-q["25%"]
> iqr
75%
 16
> lower <- q["25%"] - 1.5*iqr
> unname(lower)
[1] 9
> upper <- q["75%"] + 1.5*iqr
> unname(upper)
[1] 73
> dim(df[df$age > upper])
[1] 38 17
```

결과를 보면 이상값의 개수는 38개이다.

연속형 자료의 분포를 숫자로 요약할 때 대표적인 중심 경향을 나타내는 통계량은 평균값과 중간값이다. 데이터의 흩어진 정도를 나타내는 산포(dispersion)로는 범위, 사분위수 범위, 분산이 있다. 주어진 데이터가 모집단 전체를 대표하는 경우에는 모평균, 모분산 등으로 명명하며 만약 모집단에서 임의추출한 데이터라면 표본평균, 표본분산 등으로 명명한다.

유한 모집단의 모평균은 다음과 같이 계산된다.

$$\sigma^2 = \frac{1}{N}\sum_{i=1}^{N}(x_i - \mu)^2 = \left(\frac{1}{N}\sum_{i=1}^{N} x_i^2 \right) - \mu^2$$

여기서 N은 유한(finite) 모집단의 크기이며 $\mu = \frac{1}{N}\sum_{i=1}^{N} x_i$ 인 모평균이다. 모분산의 양의 제곱근을 모표준편차라고 한다.

```
> x <- c(1, 2, 3, 4, 5)
> population_variance = mean((x-mean(x))^2)
> population_variance
[1] 2
```

분산(variance)의 의미를 살펴보면, 데이터와 데이터의 평균값과의 차이, 즉 편차(deviation) 제곱에 대한 평균이다. 분산은 통계학에서 데이터의 산포를 보는 데 중심적인 역할을 한다. 표준편차(standard deviation)는 데이터와 같은 척도(scale)로 표시된다. 즉, 데이터의 단위가 cm이면 표준편차도 cm가 된다.

표본분산은 모집단에서 임의표본을 추출하였을 때 데이터를 $x_1, \cdots, x_n$이라고 하면 다음과 같이 정의된다.

$$s^2 = \frac{1}{n-1}\sum_{i=1}^{n}(x_i - \bar{x})^2, \quad \bar{x} = \frac{1}{n}\sum_{i=1}^{n} x_i$$

여기서 분모를 n으로 나누지 않는 이유는 이후의 장에서 설명하기로 하자.

모집단의 특성을 표현하는 변수들 간에 서로의 관련성을 살펴보기 위한 시각화 기법 중의 하나는 산점도(scarrerplot)이다.

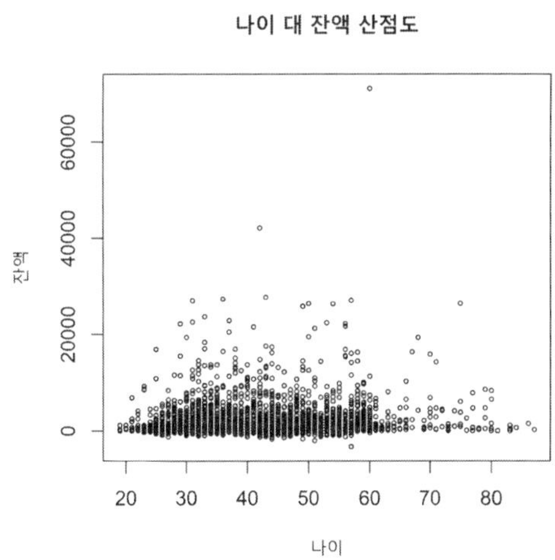

|그림 2.7| 산점도

3장

확률변수의 분포

3.1 확률시행과 표본공간

3.2 사건과 상대도수

3.3 확률변수

3.4 확률밀도함수

3.5 분포함수

3.6 기댓값

3.1 확률시행과 표본공간

확률이론에서 하나의 실험(experiment)이나 시행(trial)은 가능한 모든 결과(outcome)가 정의되어 있고 무한히 반복 가능한 절차(procedure)를 의미한다. 무작위(random) 시행은 가능한 결과가 2개 이상인 시행이다. 무작위 시행을 확률시행이라고 명명하자. 이때 가능한 모든 결과의 집합을 표본공간(sample space)이라고 한다. 예를 들어 동전을 1번 던지는 시행을 한다고 할 때, 무한 반복 가능하며 가능한 모든 결과는 {앞면(H), 뒷면(T)} 중 하나이고 결과는 2개 이상이다. 마찬가지로 동전을 2번 던지는 시행인 경우에는 $\{(H,H),(H,T),(T,H),(T,T)\}$의 결과 중 하나가 나올 것이며 이 또한 확률시행이라고 할 수 있다. 주사위를 1번 던져서 나오는 눈의 수를 관측하는 시행인 경우에는 $\{1,2,3,4,5,6\}$이 표본공간이 된다. 주사위를 2번 던지는 경우에는 $\{(1,1),\cdots,(6,6)\}$이 표본공간이 된다.

3.2 사건과 상대도수

Ω를 표본공간이라고 정의하고 $\omega \subset \Omega$라고 하자. 이때 하나의 시행의 결과가 ω에 속하면 사건(event) ω가 일어났다고 한다. 만약 이러한 시행을 N번 반복했고 그 중 f번만큼 ω가 일어났다고 한다면 $\frac{f}{N}$를 계산할 수 있다. 이 값을 상대도수(relative frequency)라고 한다.

작은 횟수만큼 시행한 경우에는 상대도수가 불규칙하게 나올 수 있지만(예를 들어 주사위를 5번 던져서 1이 나오는 횟수 등) 많은 횟수를 시행하는 경우에는 상대도수 값이 특정 값으로 안정화되는 경향이 있다. 그 값을 p라고 한다면 미래의 시행에서 해당 사건은 그 값만큼 일어날 것이라고 생각할 수 있다. 이 값을 사건 ω에 대한 확률(probability) 또는 확률측도(probability measure)라고 한다. 이러한 방식으로 확률을 정의하는 것을 상대도수 접근 방법이라고 한다.

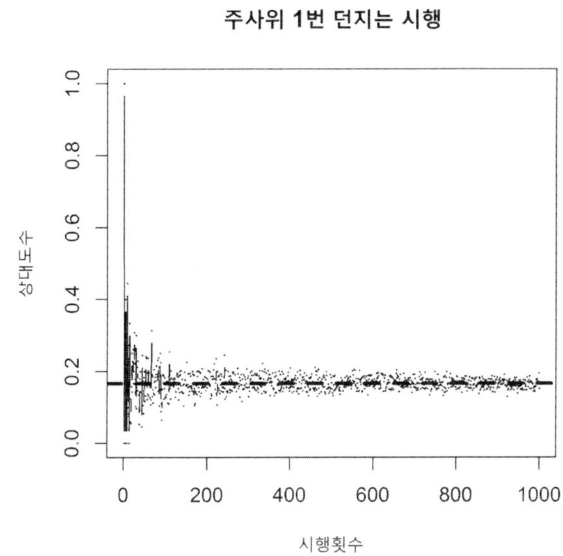

|그림 3.1| 시행횟수에 따른 상대도수

|그림 3.1|은 주사위를 던져서 1이 나올 상대도수를 측정한 것이다. 시행횟수가 많으면 많을수록 $\frac{1}{6} = 0.167$에 근접함을 알 수 있다.

확률의 정의는 집합론(set theory)과 집합함수(set function)에 기반을 두어 보다 엄격하게 접근할 수 있다. 동전을 1번 던지는 시행인 경우에 표본공간은 $\Omega = \{H, T\}$의 집합으로 표현할 수 있고 이의 부분집합은 $\mathcal{F} = \{\emptyset, \{H\}, \{T\}, \{H, T\}\}$이다. 따라서 하나의 사건 ω는 표본공간의 부분집합이면서 이의 모든 가능한 부분집합인 $\mathcal{F}$의 원소이다. 따라서 확률은 $\Pr(\omega) = P(\omega)$인 적절한 집합함수인 P를 찾는 것이다.

집합에 대한 정의를 정확히 명시하지 않더라도 $A = \{1, 2, 3, \cdots, 10\}$인 집합이 있을 때 여기에 속하는 숫자는 원소(element)라고 하고 13은 여기에 속하지 않는다는 것($13 \notin A$)을 이해한다. 최소한의 수학적인 지식으로 이후를 전개하기로 한다.

3.3 확률변수

표본공간(Ω)이 주어져 있을 때, 하나의 함수 X가 모든 $c \in \Omega$에 대하여 딱 한 개의 숫자만을 할당하는 경우, 즉 $X(c) = x$, 이 함수를 확률변수라고 한다. 여기서 X 공간을 $\mathcal{X} = \{x : x = X(c), c \in \Omega\}$라고 정의하자. 따라서 확률변수는 표본공간에서 정의된 함수이며 결과는 항상 실수값이다. 물론 아닌 경우도 있지만 실수값으로 정의하자.

동전을 2번 던지는 경우를 살펴보자. 표본공간은 {(H,H),(H,T),(T,H),(T,T)}이며 각각의 원소에 대하여 유일한 숫자 값을 할당하기만 하면 확률변수가 되는 것이다. 예를 들어 하나의 확률변수를 앞면이 나오는 개수라고 정의한다면 $\mathcal{X} = \{0,1,2\}$가 된다. 이때 $X = 1$의 의미는 $\{c : X(c) = 1\} = \{(H,T),(T,H)\}$가 되는 것이다.

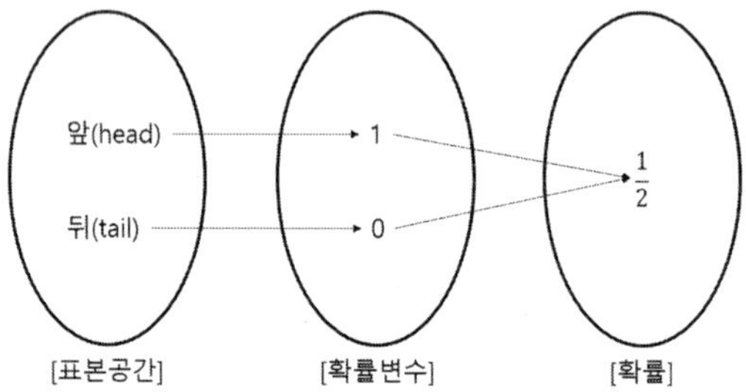

|그림 3.2| 표본공간, 확률변수, 그리고 확률의 예시

따라서 확률을 정의할 때 원래의 표본공간에서 정의하는 것과 확률변수로 변환 후 정의하는 것은 동일하다고 볼 수 있다.

$$\Pr(X=1) = \Pr(\{(\mathrm{H},\mathrm{T}),(\mathrm{T},\mathrm{H})\})$$

이렇게 함으로써 숫자 집합을 정의역으로 하는 확률로 단순하게 표현할 수 있다.

x	0	1	2
$\Pr(X=x)$	$\frac{1}{4}$	$\frac{1}{2}$	$\frac{1}{4}$

만약 표본공간이 유한하지(finite) 않고 무한한(infinite) 경우는 어떻게 되는지 살펴보자.

표본공간이 $\Omega = \{c : 0 < c < 1\}$이라고 한다면, 표본공간은 무한하다. 이때 사건을 $\omega = \{c : \frac{1}{4} < c < \frac{1}{2}\}$라고 정의한다면 확률은 어떻게 정의할 수 있을까? 가장 단순하게는 전체 면적(여기서는 길이)에서 해당 사건이 차지하는 면적의 비로 정의할 수가 있다.

$$P(\omega) = \frac{\int_\omega dx}{\int_\Omega dx} = \int_\omega dx = \int_{\frac{1}{4}}^{\frac{1}{2}} dx = \frac{1}{4}$$

여기서 확률변수는 $X(c) = c$와 같이 정의된 함수이다. 즉, 항등함수이다.

3.4 확률밀도함수

확률변수 X가 공간 $\mathcal{X}$를 갖고, $A \subset \mathcal{X}$라고 하자. 이때 $P(\omega), \omega \subset \Omega$를 계산하는 방법을 안다면 당연히 $P(A) = \Pr(X \in A)$를 계산할 수 있다. 이때 모든 A에 대하여 확률이 어떻게 분포되어 있는지를 파악할 수 있다. 즉, 확률분포를 파악할 수 있다.

확률분포를 파악할 때 모든 A를 생성하고 실제 값을 일일이 계산하는 것이 아니라 어떤 함수를 이용하여 간단히 표현하는 방법이 있다. 이때 이 어떤 함수를 확률밀도함수(probability density function)라고 한다.

확률변수 공간의 성격에 따라 확률변수는 이산형(discrete type) 또는 연속형(continuous type)이라고 한다. 공간이 가산(countable)인 경우는 이산형, 불가산(uncountable)인 경우는 연속형이라고 한다.

3.4.1 이산형 확률밀도함수

이산형 확률밀도함수는 다음과 같이 정의한다. 하나의 함수 $f(x) > 0, \forall x \in \mathcal{X}$가 존재해서 다음을 만족시킨다.

$$\sum_{\mathcal{X}} f(x) = 1$$
$$P(A) = \Pr(X \in A) = \sum_{A} f(x)$$

여기서 A는 $\mathcal{X}$의 부분집합이다. 예를 들어,

$$\mathcal{X} = \{0, 1, 2, 3, 4\}, \qquad A = \{0, 1\}, \qquad f(x) = \frac{4!}{x!\,(4-x)!}\left(\frac{1}{2}\right)^4$$

위와 같이 정의된 경우에 $\sum_{\{0,1,2,3,4\}} f(x) = 1$이며, $P(A) = \sum_{\{0,1\}} f(x) = \frac{4!}{0!4!}\left(\frac{1}{2}\right)^4 + \frac{4!}{1!3!}\left(\frac{1}{2}\right)^4 = \frac{5}{16}$이다. 참고로 위와 같은 확률밀도함수를 갖는 분포를 이항분포(binomial distribution)라고 한다.

3.4.2 연속형 확률밀도함수

연속형 확률밀도함수는 다음과 같이 정의한다. 하나의 함수 $f(x)>0, \forall x \in \mathcal{X}$가 존재해서 다음을 만족시킨다.

$$\int_{\mathcal{X}} f(x)dx = 1$$

$$P(A) = \Pr(\mathrm{X} \in \mathrm{A}) = \int_A f(x)dx$$

여기서 A는 $\mathcal{X}$의 부분집합이다. 예를 들어,

$$\mathcal{X} = \{0 < x < \infty\}, \qquad A = \{0 < x < 1\}, \qquad f(x) = e^{-x}$$

위와 같이 정의된 경우에 $\int_{\mathcal{X}} f(x)dx = 1$이며 $P(A) = \int_0^1 e^{-x}dx = [-e^{-x}]_0^1 = -e^{-1} - (-1) = 1 - e^{-1}$이다. 참고로 위와 같은 확률밀도함수를 갖는 분포를 지수분포(exponential distribution)라고 한다.

3.5 분포함수

확률변수 X가 확률집합함수 $P(A)$를 갖는다고 할 때 A의 특수한 경우인 $(-\infty, x]$를 정의할 수 있다. 이때 $P(A) = P((-\infty, x]) = P(X \leq x)$을 분포함수(distribution function) 또는 누적분포함수(cumulative distribution function)라고 하며 $P(X \leq x)$는 x 값에만 의존하므로 기호로는 $F(x)$를 사용한다. 확률변수가 이산형인 경우는 다음과 같이 정의한다.

$$F(x) = \sum_{i \leq x} f(i)$$

연속형인 경우는 다음과 같이 정의한다.

$$F(x) = \int_{-\infty}^{x} f(z)dz$$

분포함수의 몇 가지 성질을 알아보자.

$$0 \le F(x) \le 1 \because 0 \le \Pr(X \le x) \le 1$$

$$x_1 \le x_2 \Rightarrow F(x_1) \le F(x_2)$$

$$F(\infty) = 1, F(-\infty) = 0$$

$$\Pr(a < x < b) = F(b) - F(a)$$

예를 통해 살펴보기로 하자. 수직선의 폐구간 $[a, b]$에서 하나의 점(point)을 뽑는 시행을 생각해보자. 표본공간은 $[a, b]$이고 확률변수는 항등함수로 정의한다. 따라서 확률변수의 공간은 표본공간과 동일하다. 여기서 하나의 이벤트를, 예를 들어 $[a, x]$로 정의하면 확률은 이 길이에 비례하여 정의할 수 있다.

$$P(A) = \Pr(\mathrm{X} \in \mathrm{A}) = \Pr(a \le X \le x) = c(x - a)$$

여기서 c는 비례상수이고, $x \le b$이다. 표본공간 전체의 확률은 1이므로 c는 다음과 같이 계산된다.

$$1 = \Pr(a \le X \le b) = c(b - a) \rightarrow c = \frac{1}{b - a}$$

따라서 $F(x) = \frac{x-a}{b-a}$, $a \le x \le b$가 된다. 물론 $F(x) = 0$, $x < a$이고 $F(x) = 1$, $x > b$이다. 확률밀도함수는 $\frac{d}{dx}F(x) = \frac{1}{b-a}$이다. 이러한 확률변수의 분포를 구간 $[a, b]$에서 균등분포(uniform distribution)라고 한다.

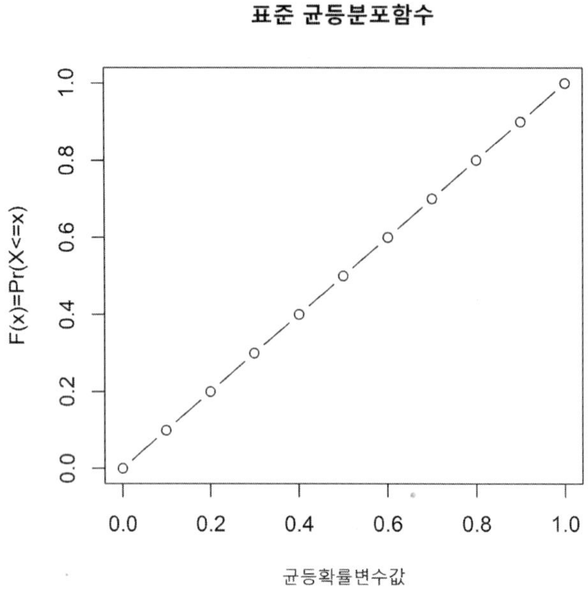

|그림 3.3| 분포함수 예시

3.6 기댓값

X가 확률변수일 때, 기댓값(expectation)을 다음과 같이 정의한다.

$$E(X) = \sum_x xf(x)$$

물론 연속확률변수인 경우에는 적분으로 변경하면 된다.

X가 가질 수 있는 값이 $x_1, \cdots, x_n$일 때 이 값은 가중평균(weight average)이라고 할 수 있다.

$$x_1 f(x_1) + \cdots + x_n f(x_n)$$

이런 의미에서 $E(X)$를 X의 평균값이라고 한다.

수학적 기댓값 중에서 또 다른 중요한 기댓값은 분산이다. $\mu = E(X)$이라고 하자.

$$E[(X-\mu)^2] = \sum_x (x-\mu)^2 f(x)$$

이 값은 평균과의 차이에 제곱, 즉 평균과의 편차제곱에 대한 가중평균이라고 할 수 있다. 이 값을 확률변수 X의 분산(variance)이라고 하며 일반적으로 σ^2 기호를 사용한다.

$$\sigma^2 = E(X-\mu)^2 = E(X^2 - 2\mu X + \mu^2) = E(X^2) - 2\mu E(X) + \mu^2 = E(X^2) - \mu^2$$

실제 계산은 위의 식과 같이 한다. 여기서 특별히 σ, 즉 분산의 양의 제곱근(square root)을 표준편차(standard deviation)라고 한다.

이제 표준편차의 의미를 살펴보자. X의 분포는 [−1, 1] 사이의 균등분포이고 Y의 분포는 [−2, 2] 사이의 균등분포라고 하자.

$$E(X) = \int_{-1}^{1} x \times \frac{1}{2} dx = \left[\frac{1}{4}x^2\right]_{-1}^{1} = 0$$
$$E(X^2) = \int_{-1}^{1} x^2 \times \frac{1}{2} dx = \left[\frac{1}{6}x^3\right]_{-1}^{1} = \frac{1}{3}$$
$$\sigma^2 = \left(\frac{1}{3}\right) - (0)^2 = \frac{1}{3}$$
$$\sigma = \frac{1}{\sqrt{3}}$$

마찬가지 방법으로 Y의 표준편차를 구하면 $2/\sqrt{3}$가 된다. 즉, 데이터가 많이 넓게 분포되어 있을수록 표준편차값이 큰 값임을 확인할 수가 있다.

기댓값 중에 또 하나의 수학적으로 의미 있는 값은 확률변수 X의 적률생성함수(moment generating function)이다.

$$E(e^{tX}) = \int_{-\infty}^{\infty} e^{tx} f(x) dx$$

여기서 $t \in (-h, h)$이다. 이산형 확률변수인 경우에는 적분을 합으로 표시하면 된다. 이때 기호로는 $M(t) = E(e^{tX})$을 사용한다. 적률생성함수의 성질을 간단히 살펴보자.

$$M(0) = 1$$
$$\frac{d}{dt} M(t) = M'(t) = \int_{-\infty}^{\infty} x e^{tx} f(x) dx$$
$$M'(0) = \int_{-\infty}^{\infty} x f(x) dx = E(X)$$
$$M''(0) = E(X^2), M'''(0) = E(X^3) \ , \ldots$$

따라서 이 함수값만 계산되면 일반적으로 $M^{(n)}(0) = E(X^n)$ 값, 즉 적률을 구할 수 있다.

$$M(t) = (1-t)^{-2}$$

인 적률생성함수가 있다고 하자.

$$M'(t) = 2(1-t)^{-3}$$
$$M''(t) = 6(1-t)^{-4}$$

따라서 $\mu = M'(0) = 2$, $\sigma^2 = M''(0) - \mu^2 = 6 - 4 = 2$와 같이 구할 수 있다. 잘 알려진 확률변수에 대한 적률생성함수는 아래와 같이 표시할 수 있다.

표기	$N(\mu, \sigma^2)$
모수	$\mu \in \mathbb{R}$ $\sigma^2 > 0$
값의 범위	$x \in \mathbb{R}$
확률밀도함수(pdf)	$\frac{1}{\sqrt{2\pi\sigma^2}} e^{-\frac{(x-\mu)^2}{\sigma^2}}$
누적분포함수(cdf)	$\frac{1}{2}\left[1 + \operatorname{erf}\left(\frac{x-\mu}{\sigma\sqrt{2}}\right)\right]$
분위수	$\mu + \sigma\sqrt{2}\operatorname{erf}^{-1}(2F-1)$
평균(mean)	μ
중간값(median)	μ
최빈값(mode)	μ
분산(variance)	σ^2
왜도, 비대칭도(skewness)	0
첨도(kurtosis)	0
엔트로피(entropy)	$\frac{1}{2}\log(2\pi e\sigma^2)$
적률생성함수(mgf)	$\exp\left(\mu t + \frac{\sigma^2 t^2}{2}\right)$

4장

조건부확률과 독립

4.1 조건부확률

4.2 주변분포와 조건부분포

4.3 상관계수

4.4 독립

4.1 조건부확률

어떤 확률 시행에서 관심이 있는 결과는 특정한 표본공간의 부분집합에만 있다고 하자. 즉, $\omega_1 \subset \Omega$. 이런 경우는 $\omega_1(P(\omega_1) > 0)$을 표본공간으로 하는 새로운 확률을 정의하는 문제이다.

새로운 사건 $\omega_2 \subset \Omega$를 고려했을 때 상대적으로 ω_1을 표본공간으로 하는 확률은 어떻게 정의할 수 있을까? 만약 정의가 된다면 이 확률은 사건 ω_1이 주어져 있을 때 사건 ω_2의 조건부확률(conditional probability)이라고 한다. 예를 들어, 주머니 속에 빨간 돌이 3개, 파란 돌이 5개 있을 때, 임의로 빼낸 돌은 다시 넣지 않고(비복원) 연속적으로 돌을 꺼낸다고 하자. 이때 첫 번째 꺼낸 돌(ω_1)이 빨간 돌일 때 두 번째 꺼낸 돌(ω_2)이 파란 돌일 확률을 구하는 것이다. 이 문제에서 관심이 있는 표본공간은 첫 번째 꺼낸 돌이 빨간 돌인 공간이다. 이런 의미에서 두 번째 꺼낸 돌이 파란 돌일 사건 중에 관심이 있는 사건은 $\omega_1 \cap \omega_2$이다. 따라서 조건부확률은 다음과 같이 정의할 수 있다.

$$P(\omega_1|\omega_1) = 1 \text{ 이고 } \quad P(\omega_2|\omega_1) = \frac{P(\omega_1 \cap \omega_2)}{P(\omega_1)}$$

이를 확률변수 관점으로 정의하면 다음과 같다.

$$\begin{aligned} &A_1, A_2 \subset \mathcal{X}, \qquad P(A_1) > 0 \\ &P(A_2|A_1) = \frac{P(A_1 \cap A_2)}{P(A_1)} \end{aligned}$$

4.2 주변분포와 조건부분포

2개의 확률변수 X_1, X_2에 대한 확률밀도함수를 $f(x_1, x_2)$라고 하자. 이때 이 확률밀도함수는 하나의 확률변수에 대한 확률밀도함수가 아니기 때문에 결합(joint)확률밀도함수라고 한다. 예를 들어 다음과 같은 결합확률밀도함수가 있다고 하자.

$$f(x_1, x_2) = \frac{x_1 + x_2}{21}, x_1 = 1, 2, 3, \quad x_2 = 1, 2$$

$\sum_{x_1} \sum_{x_2} f(x_1, x_2) = \frac{1+1}{21} + \cdots + \frac{3+2}{21} = 1$이고 $\mathrm{P(X_1 = 1)} = f(1,1) + f(1,2) = \frac{2}{21} + \frac{3}{21} = \frac{5}{21}$과 같이 구할 수 있다. 이때 $f_1(x_1) = \sum_{x_2} f(x_1, x_2)$와 같이 모든 x_2에 대하여 결합확률밀도함수를 합한 것, 즉 x_1에 대한 함수만 남은 결과를 X_1 확률변수의 주변(marginal) 확률밀도함수라고 하며, 다음과 같이 나타낼 수 있다.

$$f_1(x_1) = \sum_{x_2} f(x_1, x_2) = f(x_1, 1) + f(x_1, 2) = \frac{x_1 + 1}{21} + \frac{x_1 + 2}{21} = \frac{2x_1 + 3}{21}$$

따라서 $\sum_{x_1} f_1(x_1) = \frac{5}{21} + \frac{7}{21} + \frac{9}{21} = 1$이 된다.

주변확률밀도함수가 정의되고 나면 다음과 같이 $X_1 = x_1$일 때 X_2의 조건부확률밀도함수를 정의할 수 있다.

$$f(x_2|x_1) = \frac{f(x_1, x_2)}{f_1(x_1)}$$

조건부확률밀도함수도 다음과 같이 확률밀도함수의 조건을 충족한다.

$$\sum_{x_2} f(x_2|x_1) = \sum_{x_2} \frac{f(x_1, x_2)}{f_1(x_1)} = \frac{1}{f_1(x_1)} \sum_{x_2} f(x_1, x_2) = \frac{f_1(x_1)}{f_1(x_1)} = 1$$

일반적으로 p개의 확률변수가 있다고 한다면, $X_1 = x_1$이 주어졌을 때 결합조건부확률밀도함수 $X_2, \cdots, X_p$는 다음과 같이 정의한다.

$$f(x_2, \ldots, x_p|x_1) = \frac{f(x_1, \ldots, x_p)}{f_1(x_1)}$$

4.3 상관계수

X, Y의 2개의 확률변수의 결합확률밀도함수가 $f(x, y)$가 주어져 있을 때 다음과 같은 기댓값을 고려해보자. 각각의 주변 기댓값과 분산은 $\mu_X, \mu_Y, \sigma_X^2, \sigma_Y^2$ 이라고 하자.

$$E(X - \mu_X)(Y - \mu_Y) = E(XY - \mu_Y X - \mu_X Y + \mu_X \mu_Y) = E(XY) - \mu_Y E(X) - \mu_X E(X) + \mu_X \mu_Y$$
$$= E(XY) - \mu_X \mu_Y$$

이 기댓값을 X, Y의 공분산(covariance)이라고 정의하며 σ_{XY}로 표기한다. 여기서 $E(XY) = \mu_X\mu_Y + \sigma_{XY}$이므로 2개의 확률변수의 곱에 대한 기댓값은 각각의 기댓값을 곱하고 공분산을 더한 것과 같다.

공분산을 이용하여 상관계수(correlation coefficient)는 다음과 같이 정의한다.

$$\rho_{XY} = \frac{\sigma_{XY}}{\sigma_X \sigma_Y}$$

다음의 분포에서 상관계수를 구해보자.

(x,y)	(1, 1)	(1, 2)	(1, 3)	(2, 1)	(2, 2)	(2, 3)
$f(x,y)$	$\frac{2}{15}$	$\frac{4}{15}$	$\frac{3}{15}$	$\frac{1}{15}$	$\frac{1}{15}$	$\frac{4}{15}$

$$E(X) = \sum_x x f_X(x) = 1\left(\frac{2}{15}+\frac{4}{15}+\frac{3}{15}\right) + 2\left(\frac{1}{15}+\frac{1}{15}+\frac{4}{15}\right) = \frac{21}{15}$$

$$E(X^2) = \sum_x x^2 f_X(x) = 1\left(\frac{2}{15}+\frac{4}{15}+\frac{3}{15}\right) + 2^2\left(\frac{1}{15}+\frac{1}{15}+\frac{4}{15}\right) = \frac{33}{15}$$

$$\sigma_X^2 = E(X^2) - \mu_X^2 = \frac{11}{5} - \left(\frac{7}{5}\right)^2 = \frac{6}{25}, \qquad \sigma_X = \frac{\sqrt{6}}{5}$$

$$E(Y) = \sum_y y f_Y(y) = 1\left(\frac{2}{15}+\frac{1}{15}\right) + 2\left(\frac{4}{15}+\frac{1}{15}\right) + 3\left(\frac{3}{15}+\frac{4}{15}\right) = \frac{34}{15}$$

$$E(Y^2) = \sum_y y^2 f_Y(y) = 1\left(\frac{2}{15}+\frac{1}{15}\right) + 2^2\left(\frac{4}{15}+\frac{1}{15}\right) + 3^2\left(\frac{3}{15}+\frac{4}{15}\right) = \frac{86}{15}$$

$$\sigma_Y^2 = E(Y^2) - \mu_Y^2 = \frac{86}{15} - \left(\frac{34}{15}\right)^2 = \frac{134}{225}, \sigma_Y = \frac{\sqrt{134}}{15}$$

$$E(XY) = \sum_x \sum_y xyf(x,y) = 1 \times 1 \times \frac{1}{15} + \cdots + 2 \times 3 \times \frac{4}{15} = \frac{49}{15}$$

$$\sigma_{XY} = \frac{49}{15} - \frac{21}{15} \times \frac{34}{15} = \frac{21}{225}$$

$$\rho_{XY} = \frac{\frac{21}{225}}{\frac{\sqrt{6}}{5} \times \frac{\sqrt{134}}{15}} = 0.247$$

4.4 독립

2개의 확률변수 X_1, X_2에 대한 결합확률밀도함수를 $f(x_1, x_2)$라고 하면, 결합확률밀도함수는 조건부확률밀도함수를 이용하여 다음과 같이 정의할 수가 있다.

$$f(x_1, x_2) = f(x_2|x_1)f_1(x_1)$$

여기서 만약 조건부확률밀도함수 $f(x_2|x_1)$가 x_1에 의존하지 않을 때, 즉 x_1에 관한 함수가 아니라고 한다면 x_2에 대한 주변확률밀도함수는 다음과 같이 정의될 수 있다.

$$f_2(x_2) = \int_{-\infty}^{\infty} f(x_2|x_1)f_1(x_1)\,dx_1 = f(x_2|x_1)\int_{-\infty}^{\infty} f_1(x_1)\,dx_1 = f(x_2|x_1)$$

따라서 결합확률밀도함수는 다음과 같이 표현된다.

$$f_2(x_2) = f(x_2|x_1),\ f(x_1, x_2) = f_2(x_2)f_1(x_1)$$

즉, $X_1 = x_1$이 주어진 경우에 X_2의 주변확률밀도함수가 어떠한 x_1 값에도 불구하고 의존하지 않는 것을 의미한다.

일반적으로 2개의 확률변수가 확률적으로(stochastically) 독립(independent)이기 위한 필요충분조건은 $f(x_1, x_2) = f_1(x_1)f_2(x_2)$이다. 예를 들어 다음과 같이 결합확률밀도함수가 정의되어 있다고 하자.

$$f(x_1, x_2) = x_1 + x_2, \qquad 0 < x_1, x_2, < 1$$

이때 $f_1(x_1) = \int_{-\infty}^{\infty} f(x_1, x_2)dx_2 = x_1 + \frac{1}{2}$, $f_2(x_2) = x_2 + \frac{1}{2}$이고 $f(x_1, x_2) \neq f_1(x_1)f_2(x_2)$이므로 2개의 확률변수 X_1, X_2는 독립이 아니다.

2개의 확률변수가 독립인 경우의 중요한 성질 중 하나는 다음과 같다.

$u(X_1)$은 X_1만의 함수이고, $v(X_2)$는 X_2만의 함수일 때, $E(u(X_1)v(X_2)) = E(u(X_1))E(v(X_2))$이다. 예를 들어 2개의 확률변수가 독립이라면 공분산은 $E(X-\mu_X)(Y-\mu_Y) = E(X-\mu_X)E(Y-\mu_Y) = 0$이 된다.

5장

특별한 분포

5.1 베르누이 분포

보험사기 여부, 제조 공정에서의 합격/불합격 또는 대장암인지 여부, 동전을 던지는 경우 앞면이 나오는 시행 등은 결과가 1, 0인 경우이다. 이러한 시행을 베르누이(Bernoulli) 시행이라고 한다. 베르누이 시행은 시행의 결과가 2가지뿐이며 확률변수로는 보통 1을 성공, 0을 실패로 정의한다. 이때 성공의 확률은 p로, 실패의 확률은 $q=1-p$로 표기한다.

$$P(X=1)=p, P(X=0)=1-p$$

적률생성함수는 $M(t)=E(e^{tX})=e^t\times p+e^0\times(1-p)=pe^t+1-p$이다. 따라서 $\mu=E(X)=p, \sigma^2=p-p^2=p(1-p)$이다.

이때 기댓값, 즉 평균값 p의 의미는 상대도수 관점에서 보면 베르누이 시행이 독립적으로 무한 반복된다고 하면 그 평균값은 p로 수렴한다는 의미이다.

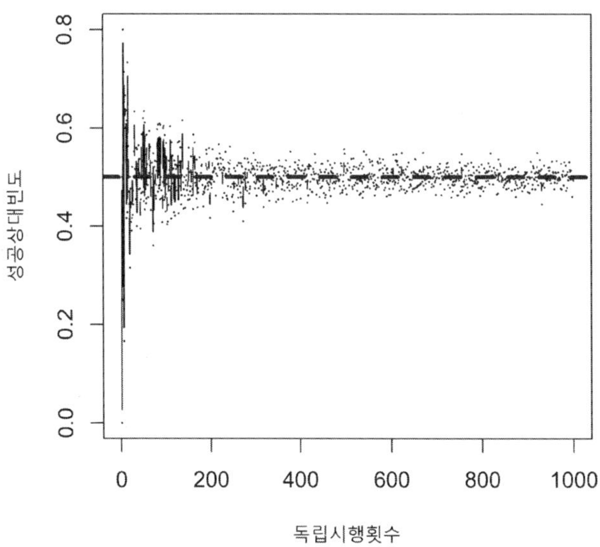

|그림 5.1| 독립시행횟수와 상대빈도

|그림 5.1|은 성공확률이 $\frac{1}{2}$인 베르누이 시행을 1~1000번을 하고 각각에 대한 성

공건수의 비율을 나타낸 것이다. 독립시행의 횟수가 늘어날수록 점점 $\frac{1}{2}$에 수렴하는 것을 알 수가 있다.

5.2 이항분포

$X_1, \cdots, X_n$이 서로 독립이며 성공확률이 p인 베르누이 분포를 동일하게 따르는 확률변수라고 하자. 그 합인 $Y = \sum_{i=1}^{n} X_i$는 이항분포(binomial distribution) $\mathrm{B}(n, p)$를 따른다. 이항분포의 확률밀도함수는 다음과 같이 정의된다.

$$\Pr(Y = y) = f(y) = \binom{n}{y} p^y (1-p)^{n-y}, \qquad y = 0, \ldots, n$$

각 X_i들이 0 또는 1 값을 가지기 때문에 Y는 0과 n 사이의 값을 가질 수 있다. $\binom{n}{y}$는 합이 y를 가질 수 있는 경우의 수, 즉 조합의 수이며 이항계수(binomial coefficient)라고 하고, 다음과 같이 계산할 수 있다.

$$\binom{n}{y} = \frac{n(n-1)\cdots(n-y+1)}{y(y-1)\cdots 1} = \frac{n!}{(n-y)!\,y!} = \binom{n}{n-y}$$

이항분포의 확률밀도함수가 확률밀도함수인지 여부를 알아보자.

$$\sum_{\mathrm{y=0}}^{\mathrm{n}} f(y) = \sum_{\mathrm{y=0}}^{\mathrm{n}} \binom{n}{y} p^y (1-p)^{n-y} = [(1-p)+p]^n = 1$$

왜냐하면 $(a+b)^n = \sum_{y=0}^{n} \binom{n}{y} b^y a^{n-y}$ $, n > 0$이기 때문이다.

적률생성함수는 다음과 같이 계산된다.

$$M(t) = \sum_{x} e^{tx} f(x) = \sum_{x} \binom{n}{x} (pe^t)^x (1-p)^{n-x} = [(1-p)+pe^t]^n$$

이를 이용하여 $\mu = np, \sigma^2 = np(1-p)$이다. 베르누이 분포는 이항분포에서 $n = 1$인 경우를 의미한다.

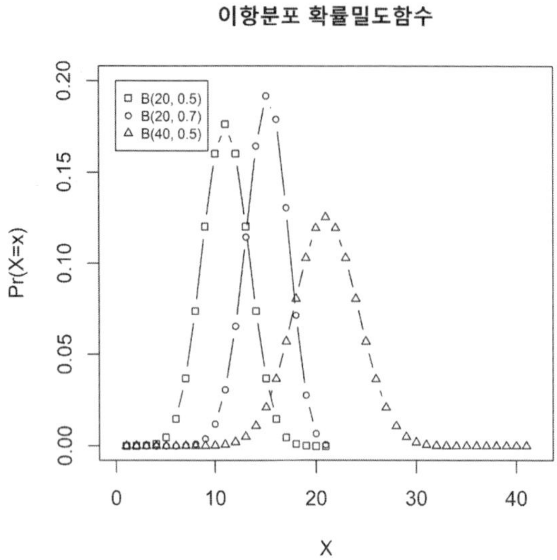

|그림 5.2| n, p에 따른 이항분포 확률밀도함수

|그림 5.2|는 n,p에 따른 이항분포 확률밀도함수의 모습이 어떠한지를 보여준다.

5.3 정규분포

정규분포(normal distribution)는 가우스(Gauss)에 의해 제시된 분포이며 가우스 분포라고도 한다. 천체의 거리 등에 대한 오차의 확률분포를 연구하는 과정에서 발견되었다. 정규(normal)라는 이름은 갈톤(Galton)에 의하여 처음으로 언급되었으며("deviated normally"), 그의 제자인 칼 피어슨(Karl Pearson)에 의하여 널리 보급되었다. 특히 피어슨은 "A frequency-curve, which for practical purposes, can be represented by the error curve, will for the remainder of this paper be termed a normal curve." 이라고 구체적으로 명시하였다. 특히 최초의 통계학 저널이라고 할 수 있는 Biometrika를 만들어 이 분포를 널리 알리는 역할도 하였다. "Many years ago, I called the Laplace–Gaussian curve the normal curve…".

특히 샘플 개수가 많아지면 표본평균은 원래 확률변수가 정규분포가 아니어도 근사적으로 정규분포를 따른다는 중심극한정리(central limit theorem)에 의하여 정규분포에 대한 이해가 더욱 더 필요하게 되었다.

정규분포는 확률변수가 연속인 경우에 적용되며 확률밀도함수는 다음과 같다.

$$f(x) = \frac{1}{\sigma\sqrt{2\pi}} e^{-\frac{(x-\mu)^2}{2\sigma^2}}, -\infty < x < \infty$$

여기서 $\mu = 0, \sigma^2 = 1$인 경우는 표준정규분포의 확률밀도함수라고 한다.

$$\varphi(z) = \frac{1}{\sqrt{2\pi}} e^{-\frac{z^2}{2}}$$

표준정규분포를 따르는 Z 확률변수에 대하여 $X = \sigma Z + \mu$와 같은 변수변환(change of variable), 즉 $Z = \frac{X-\mu}{\sigma}$와 같은 변환을 하면 $dz = \frac{1}{\sigma}dx$이므로 일반 정규분포가 된다. 정규분포는 표준정규분포로부터 변수변환을 하여 생성되는 것이다. 반대로 일반 정규분포에 대하여 $Z = \frac{X-\mu}{\sigma}$와 같은 변환을 통하여 표준정규분포를 만들 수 있다.

$$f(x) = \frac{1}{\sigma}\varphi\left(\frac{x-\mu}{\sigma}\right)$$

정규분포의 모습과 성질에 대하여 알아보도록 하자. 확률변수 X가 정규분포를 따른다는 것은 다음과 같은 기호를 사용한다.

$$X \sim N(\mu, \sigma^2)$$

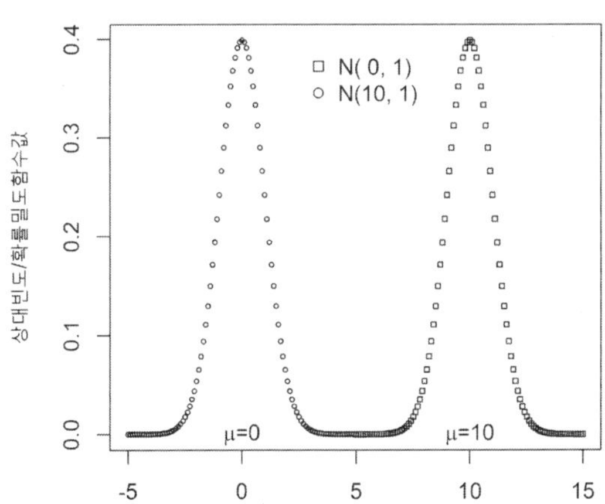

|그림 5.3| 표준편차가 같은 정규분포

|그림 5.3|은 평균이 다르고 분산이 같은 2개의 정규분포그림이다. 그림과 같이 평균의 변화는 평균만큼 분포를 평행이동한 것과 같다.

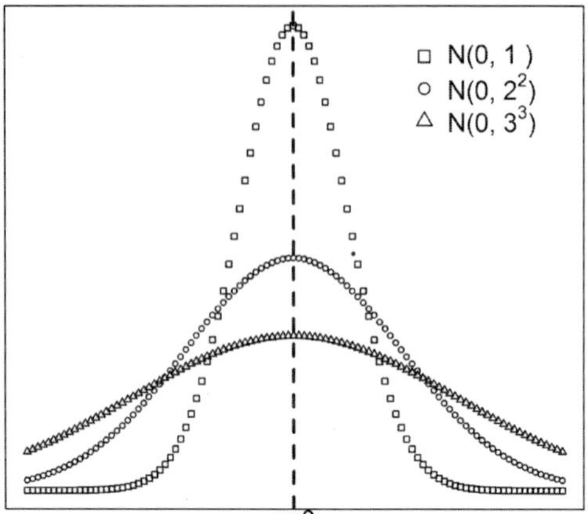

|그림 5.4| 평균이 같고 분산이 다른 정규분포

|그림 5.4|는 평균이 같지만 분산이 다른 경우이다. 똑같은 평균값을 주지만 분산, 즉 표준편차가 큰 경우에는 데이터의 산포가 넓게 흩어져 있음을 알 수 있다.

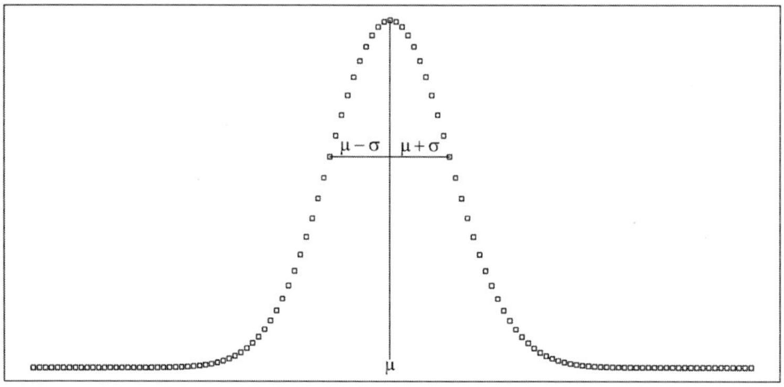

|그림 5.5| 정규분포의 표준편차의 의미

|그림 5.5|에서 보면 정규분포의 표준편차는 평균에서의 일정한 거리를 나타낸다. 정규분포에서의 표준편차는 볼록함수(convex)에서 오목함수(concave)로 바뀌는 변곡점을 의미한다.

정규분포의 적률생성함수는 다음과 같다.

$$M(t) = e^{\mu t + \frac{\sigma^2 t^2}{2}}$$

이를 이용하여 평균과 분산을 구해보면 각각 μ, σ가 된다.

정규분포는 평균을 중심으로 하여 좌우대칭이기 때문에 다음과 같은 성질이 있다. $X \sim N(\mu, \sigma^2)$이라고 가정하면 가장 중요한 성질 중의 하나는 임의의 상수 a, b에 대하여 $aX + b \sim N(a\mu + b, a^2\sigma^2)$이다. 따라서 $\frac{X-\mu}{\sigma} \sim N(0,1)$이 된다. 따라서 표준정규분포의 확률만 계산할 수 있다면 임의의 정규분포의 확률도 계산할 수 있다.

$$\Pr(a \le X \le b) = \Pr\left(\frac{a-\mu}{\sigma} \le Z \le \frac{b-\mu}{\sigma}\right) = \Pr\left(Z \le \frac{b-\mu}{\sigma}\right) - \Pr\left(Z \le \frac{a-\mu}{\sigma}\right)$$

표준정규분포의 누적분포함수는 일반적으로 $\Phi(\cdot)$를 사용하기 때문에 이를 이용하면 주어진 식은 $\Phi\left(\frac{b-\mu}{\sigma}\right) - \Phi\left(\frac{a-\mu}{\sigma}\right)$이다. 정규분포는 대칭이므로 다음과 같은 식이 성립한다.

$$\Phi(z) = 1 - \Phi(-z)$$

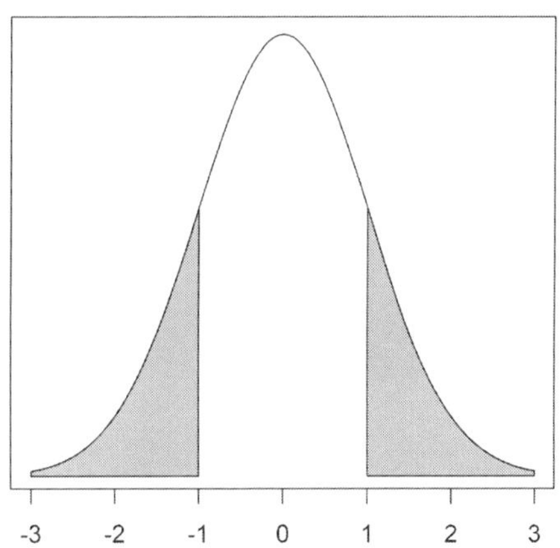

|그림 5.6| 표준정규분포에서의 확률계산 속성

이러한 성질들을 이용하여 다음의 확률을 계산해보자.

$$\Pr(-1 \le Z \le 1) = \Phi(1) - \Phi(-1) = 1 - 2\Phi(-1) = 0.683$$
$$\Pr(-2 \le Z \le 2) = \Phi(2) - \Phi(-2) = 1 - 2\Phi(-2) = 0.954$$
$$\Pr(-3 \le Z \le 3) = \Phi(3) - \Phi(-3) = 1 - 2\Phi(-3) = 0.997$$

예를 들어, 기초통계 강좌를 듣는 학생의 점수 분포가 $N(60,10^2)$이라고 한다면 95.4%의 학생은 $[60-2\times 10, 60+2\times 10]=[40,80]$ 사이에 분포한다는 의미이다.

특정 구간의 분포를 구해보면 다음과 같이 계산할 수 있다.

$$\Pr(50 \le X \le 90) = \Pr\left(\frac{50-60}{10} \le \frac{X-\mu}{\sigma} \le \frac{90-60}{10}\right) = \Pr(-1 \le Z \le 3) = \Phi(3) - \Phi(-1)$$
$$= 0.8399948$$

즉, 약 84%가 된다.

```
> pnorm(3)
[1] 0.9986501
> pnorm(-1)
[1] 0.1586553
> pnorm(3) - pnorm(-1)
[1] 0.8399948
```

6장

표본분포

6.1 임의표본

[HAS: 통계청 마이크로데이터 서비스에서 제공하는 2006년 가계자산조사 데이터]에서 모집단 전체의 연간 가계소득의 분포는 다음과 같다. 물론 이 데이터도 전체 가계의 일부(약 8천 가구)이지만 이를 전체 모집단이라고 가정하자.

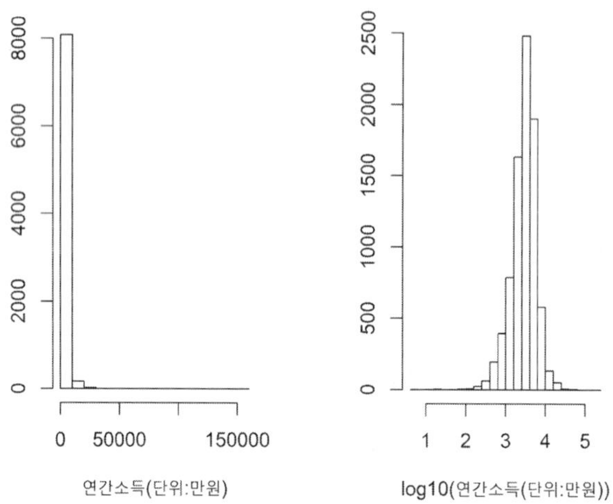

|그림 6.1| 연간소득과 로그 변환 연간소득

|그림 6.1|에서 원래의 척도로 연간소득의 분포를 보면 왼쪽으로 치우쳐 있어서 분포의 모양을 온전히 볼 수 없기 때문에 로그 변환을 하였다. 로그 변환을 한 결과 어느 정도 정규분포 모습이 나타난다.

연간소득에 대한 평균값과 표준편차는 다음과 같다. 일단 이 값을 각각 모평균, 모표준편차라고 하자.

```
> # 모집단으로 가정
> mean <- mean(df$income)
> mean
[1] 3613.25
> sd <- sqrt(mean((df$income-mean(df$income))^2))
> sd
[1] 3594.248
```

확률변수 X를 가계소득이라고 하면 $(\mu, \sigma) = (3613.25, 3594.248)$인 어떤 분포를 따른다고 할 수 있다. 이때 이 분포에서 100개의 임의표본(random sample) $X_1, \cdots, X_{100}$을 추출하여 그 평균을 구해보자.

```
> # 100 개의 임의표본 1 개
> set.seed(123)
> mean(sample(df$income, 100))
[1] 3743.84

> # 표본비율
> 100/dim(df)[1]
[1] 0.01208459
```

원래 모평균값은 3613.25이지만 임의표본 1개에 대한 평균값은 3743.84가 된다. 큰 차이는 아니지만 통계적으로 1.2%의 표본을 갖고서 나름대로 의미 있는 추정(estimation)이 된다. 그런데 얼마나 의미 있는지는 평균의 분포를 알아야만 판단할 수 있다. 즉, 원래 $X_i, i = 1, \cdots, n$가 어떤 분포인데 그들의 평균인 $\frac{\Sigma X_i}{n}$는 어떤 분포를 따르는지를 알고자 하는 것이다. 이런 문제가 확률변수들의 함수의 분포가 무엇인지를 알고 싶어하는 것이다. 예를 들어 X_i가 베르누이 분포를 따른다고 한다면 ΣX_i, 즉 합의 분포는 이항분포를 따른다고 앞에서 살펴보았다.

위 데이터에서 100개의 임의표본을 1000번 반복적으로 추출한다고 가정했을 때 그 평균의 분포를 살펴보자.

```
> # 크기가 100 인 임의표본 1000 개
> result <- array()
> for (i in 1:1000){
+     result[i] <- mean(sample(df$income, 100))
+ }
> # 표본평균의 평균
> mean(result)
[1] 3609.39
```

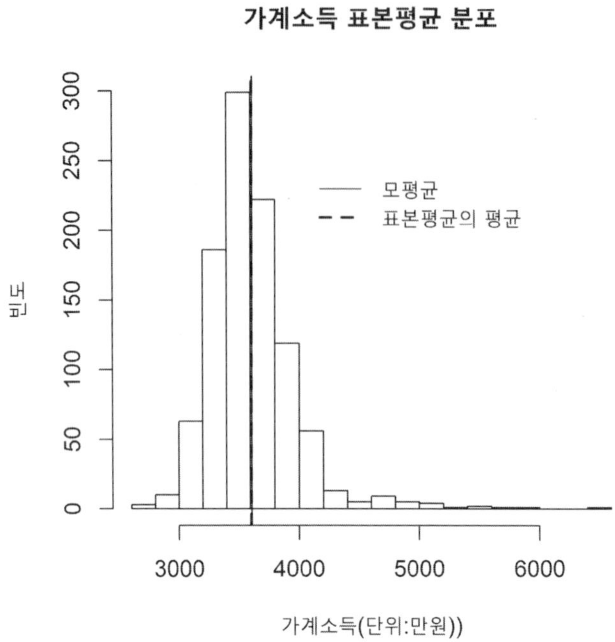

|그림 6.2| 가계소득 표본평균분포

결과를 보면 모평균값(3594.248)과 표본평균의 평균값(3609.39)이 거의 일치함을 알 수 있다.

표본평균으로 모평균을 추정하고자 하는 경우에 표본평균은 하나의 통계량(statistic)이 되며 이의 분포가 표본분포(sampling distribution)라고 정의할 수 있다. 즉 미지의 모수(parameter)에 의존하지 않는 하나 이상의 확률변수의 함수를 통계량이라고 한다. 예를 들어 $\sum X_i$는 통계량이지만, $\frac{X_1-\mu}{\sigma}$는 통계량이 아니다. 그러나 통계량을 만드는 목적이 모집단의 특성이라고 할 수 있는 모수를 추정하기 위한 것이므로 그 분포는 모수에 의존하게 된다. 예를 들어 베르누이 시행의 결과로 만들어진 $\sum X_i$는 이항분포 $B(n,p)$를 따르므로 모수에 의존한다.

표본분포를 알아야 하는 이유는 추정의 확률적 정확도를 제시할 수 있기 때문이다. 즉 위의 예에서 다음과 같은 확률을 정의할 수 있다.

$$\Pr(|\bar{X}-\mu| \le 100)$$

따라서 표본평균으로 모평균을 예측할 때 그 차가 100, 즉 가계소득 단위가 만 원이므로 백만 원 이하일 확률을 구할 수 있는 것이다.

임의표본(random sample)의 의미에 대하여 알아보자. 정확한 정의는 다음과 같다. "$X_1, \cdots, X_n$이 서로 독립이고 각각은 동일한 확률밀도함수 $f(x)$를 갖는다고 한다면 $X_1, \cdots, X_n$의 결합확률밀도함수는 $f(x_1) \cdots f(x_n)$이 되며 이때 $X_1, \cdots, X_n$을 크기(size)가 n인 임의표본(random sample)이라고 한다."

모집단의 유한모집단(finite population)일 때는 단순임의비복원추출(simple random sampling without replacement)인 경우, 무한모집단일 때는 위의 정의와 같은 경우를 임의표본이라고 정의한다.

일반적으로 유한모집단의 통계량에 대한 분포를 정확히 유도하기가 어려울 때가 많고 모집단의 크기가 큰 경우에는 무한모집단으로 가정하여도 무방하므로 임의샘플은 무한모집단에서 추출된 것으로 가정한다.

6.2 표본평균의 분포

$X_1, \cdots, X_n \sim (\mu, \sigma^2)$ 인 임의표본이라고 할 때, $\bar{X} = \frac{1}{n}\sum_i X_i$의 평균과 분산을 알아보도록 하자.

$$E(\bar{X}) = \frac{1}{n}E(X_1 + \cdots + X_n) = \frac{1}{n}\sum_i E(X_i) = \mu$$
$$Var(\bar{X}) = \frac{1}{n^2}Var(X_1 + \cdots + X_n) = \frac{1}{n^2}\sum_i Var(X_i) = \frac{\sigma^2}{n}$$

즉, $\bar{X} \sim \left(\mu, \frac{\sigma^2}{n}\right)$이 된다. 즉 각 X_i의 분포를 모르더라도 평균값은 같고 분산은 모분산보다 더 작은 값이 된다. 특히 X_i가 정규분포인 경우는 $\bar{X} \sim N\left(\mu, \frac{\sigma^2}{n}\right)$임이 알려져 있다. 또한 모집단의 분포가 정규분포가 아니어도 표본의 크기가 충분히 크면 표본평균의 분포는 정규분포를 따른다고 알려져 있다. 이를 중심극한정리(central limit theorem)라고 한다.

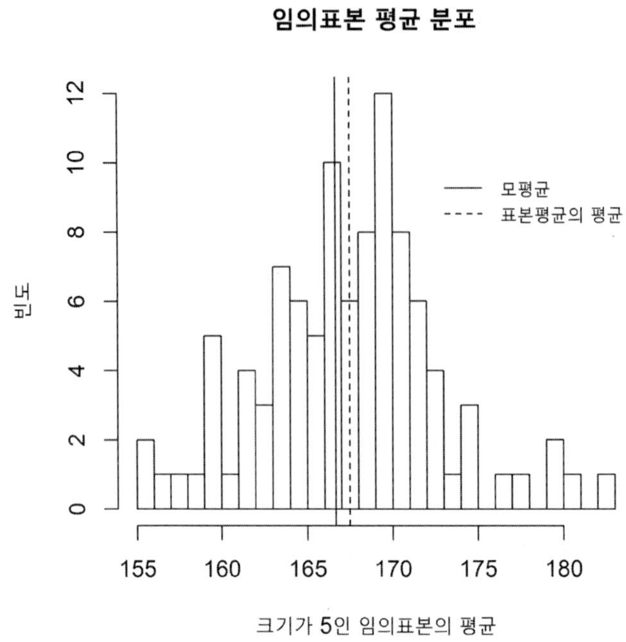

|그림 6.3| 표본평균의 분포 예시

|그림 6.3|은 이항분포 $B(1000, \frac{1}{6})$에서 크기가 5인 표본 100개에 대하여 각각의 표본평균을 계산한 후 그의 분포를 나타낸 것이다. 그림에서 보듯이 크기가 작더라도 근사적으로 정규분포와 같은 모습을 보여주고 있다.

중심극한정리에 의하여 $B(1,p)$의, 즉 베르누이 분포에서 임의표본의 합의 분포는 $B(n,p)$이다. 이항분포이므로 임의표본의 표본평균은 근사적으로 다음의 식을 만족한다.

$$\frac{\sum_i X_i - np}{\sqrt{np(1-p)}} = \frac{(\hat{p} - p)}{\sqrt{\frac{p(1-p)}{n}}} \sim N(0,1)$$

여기서 $\hat{p}$은 표본비율, 즉 표본평균을 의미한다.

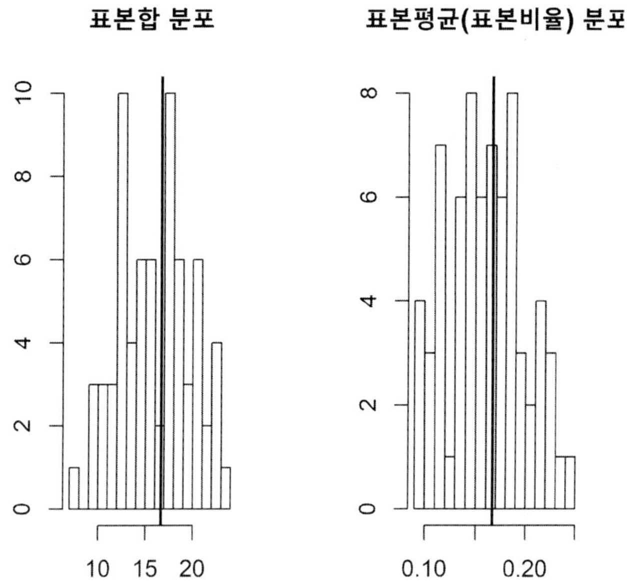

|그림 6.4| 표본합과 표본평균(표본비율)의 분포

|그림 6.4|는 $B(1, \frac{1}{6})$의 분포에서 크기가 100인 70개의 임의표본을 구성한 후 표본합과 표본비율 통계량에 대한 분포를 나타낸 것이다. 근사적으로 정규분포임을 알 수 있다. 이러한 사실을 이용하여 $B(1, \frac{1}{5})$에서 크기가 100인 임의표본을 생성한 경우에 다음의 확률값을 계산해 보자.

$$\Pr(\sum X_i > 30) = \Pr\left(\frac{\sum X_i - 100 \times \frac{1}{5}}{\sqrt{100 \times \frac{1}{5} \times \frac{4}{5}}} > \frac{30 - 100 \times \frac{1}{5}}{\sqrt{100 \times \frac{1}{5} \times \frac{4}{5}}}\right) = \Pr(Z > 2.5) = 1 - \Phi(2.5) = 0.0062$$

즉, 0.62%가 된다. 아래는 이를 계산하는 코드이다.

```
> z = (30-100*1/5)/sqrt(100*1/5*4/5)
> z
[1] 2.5
> sol <- 1 - pnorm(z)
> sol
[1] 0.006209665
```

6.3 카이제곱분포

특정 통계량의 표본분포를 구할 때 핵심이 되는 몇 가지 분포 중 카이제곱(chi-square, chi-squared)분포에 대하여 알아보자. $X_1, \cdots, X_n \sim (\mu, \sigma^2)$인 임의표본이라고 하자. 이때 다음과 같은 표본분산 통계량을 계산할 수 있다.

$$S^2 = \frac{1}{n-1}\sum_i (X_i - \bar{X})^2$$

이때 표본분산은 모분산의 추론에 중요한 역할을 하는데 이의 분포를 정의할 때 카이제곱분포를 사용한다.

$Z_1, \cdots, Z_k \sim N(0,1)$의 임의표본이라고 하자. 이때 다음과 같은 제곱합의 통계량을 정의하자.

$$V = Z_1^2 + \cdots + Z_k^2$$

이때 V의 분포를 자유도(degree of freedom)가 k인 카이제곱분포를 따른다고 한다. 이를 수식으로 표현하면 $V \sim \chi^2(k)$이다.

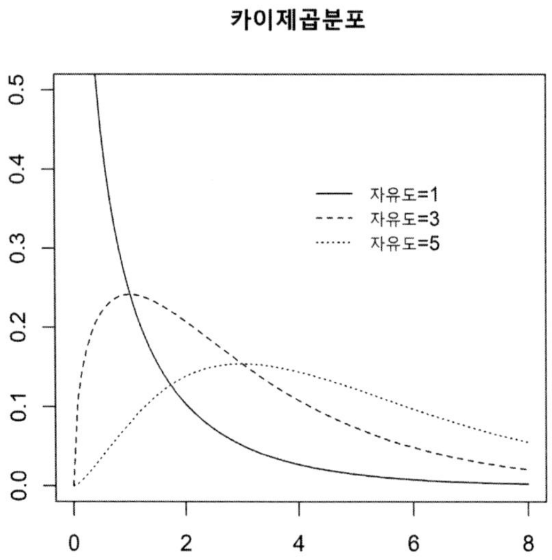

|그림 6.5| 자유도에 따른 카이제곱분포

|그림 6.5|를 보면 자유도가 클수록 카이제곱확률밀도함수는 점점 평평해짐을 알 수 있고, 당연히 제곱합이므로 0보다 큰 구간에서만 정의되어 있다.

카이제곱확률밀도함수는 생략한다. 다만, 적률생성함수는 다음과 같이 계산된다.

$$M(t) = (1-2t)^{-\frac{k}{2}}, \qquad t < \frac{1}{2}$$

이를 이용하여 계산하면 평균은 k이며 분산은 $2k$이다.

카이제곱분포의 중요한 성질 중 하나는 가법성(additivity)이다. 즉, $V_1 \sim \chi^2(k_1)$, $V_2 \sim \chi^2(k_2)$이고 서로 독립이면 $V_1 + V_2 \sim \chi^2(k_1 + k_2)$이다.

표본분산의 분포를 카이제곱분포를 이용하여 알아보도록 하자. $X_1, \cdots, X_n \sim N(\mu, \sigma^2)$인 임의표본이라고 하자.

$$\frac{S^2}{\sigma^2} = \frac{1}{n-1}\sum_i \left(\frac{X_i - \bar{X}}{\sigma}\right)^2 = \frac{1}{n-1}\left\{\sum_i \left(\frac{X_i - \mu}{\sigma}\right)^2 - n\left(\frac{\bar{X} - \mu}{\sigma}\right)^2\right\}$$

이므로 다음의 식이 성립한다.

$$\sum_i \left(\frac{X_i - \mu}{\sigma}\right)^2 = \frac{(n-1)S^2}{\sigma^2} + \left(\frac{\bar{X} - \mu}{\sigma/\sqrt{n}}\right)^2$$

여기서 $\sum_i \left(\frac{X_i - \mu}{\sigma}\right)^2 \sim \chi^2(n)$, $\left(\frac{\bar{X} - \mu}{\sigma/\sqrt{n}}\right)^2 \sim \chi^2(1)$ 이므로 카이제곱분포의 가법성으로부터 다음이 성립한다.

$$\frac{(n-1)S^2}{\sigma^2} \sim \chi^2(n-1)$$

$\frac{(n-1)S^2}{\sigma^2}$는 σ^2이 주어지지 않는다면 통계량이 아니다. 그러나 $(n-1)S^2$은 통계량이며 이의 분포는 모수인 σ^2에 의존하기 때문에 추정량(estimator)으로 사용된다.

6.3.1 분산이 같은 두 정규모집단에서 표본분산의 분포

$X_1, \cdots, X_{n_1} \sim N(\mu_1, \sigma^2)$이고 $Y_1, \cdots, Y_{n_2} \sim N(\mu_2, \sigma^2)$이며 서로 독립인 임의표본이라고 하자. 이때 각각의 표본분산을 다음과 같이 정의하자.

$$S_1^2 = \frac{1}{n_1 - 1}\sum_i (X_i - \bar{X})^2, \qquad S_2^2 = \frac{1}{n_2 - 1}\sum_i (Y_i - \bar{Y})^2$$

이때 $\frac{(n_1-1)S_1^2}{\sigma^2} \sim \chi^2(n_1 - 1)$, $\frac{(n_2-1)S_2^2}{\sigma^2} \sim \chi^2(n_2 - 1)$이므로 카이제곱분포의 가법성으로부터 다음이 성립한다.

$$\frac{(n_1 - 1)S_1^2}{\sigma^2} + \frac{(n_2 - 1)S_2^2}{\sigma^2} \sim \chi^2(n_1 + n_2 - 2)$$

그런데 $(n_1 - 1)S_1^2 + (n_2 - 1)S_2^2 = (n_1 + n_2 - 2) \times \frac{(n_1-1)S_1^2+(n_2-1)S_2^2}{(n_1+n_2-2\ )} = (n_1 + n_2 - 2)S_p^2$ 이다. 즉, 합동표본분산(pooled sample variance)인 S_p^2로 표현이 가능하다.

$$\frac{(n_1 + n_2 - 2)S_p^2}{\sigma^2} \sim \chi^2(n_1 + n_2 - 2)$$

여기서 $S_p^2 = \frac{\sum_i (X_i-\bar{X})^2 + \sum_i (Y_i-\bar{Y})^2}{n_1+n_2-2}$가 된다. 이 합동표본분산을 이용하여 모수인 모분산의 추정량으로 사용하게 된다.

6.4 (스튜던트) t 분포

$Z \sim N(0,1)$인 확률변수이고 $V \sim \chi^2(r)$인 확률변수이며 서로 독립이라고 할 때 다음의 확률변수의 확률분포에 대하여 고려해보자.

$$T = \frac{Z}{\sqrt{V/r}}$$

예를 들어 $\frac{\bar{X}-\mu}{\sigma/\sqrt{n}} \sim N(0,1)$이지만, 만약 모분산을 모르는 경우에는 이를 적절한 추정량으로 대체해야 하는데 대표적으로는 표본분산이다. 대체하게 되면 다음과 같이 정리될 수 있다.

$$\frac{\bar{X} - \mu}{S/\sqrt{n}} = \frac{\bar{X} - \mu}{\sqrt{S^2/n}} = \frac{\dfrac{\bar{X} - \mu}{\sigma/\sqrt{n}}}{\sqrt{\dfrac{\dfrac{(n-1)S^2}{\sigma^2}}{n-1}}} = \frac{Z}{\sqrt{V/(n-1)}} = T$$

이때 T 확률변수는 자유도가 $n-1$인 스튜던트 t 분포(Student t distribution)를 따른다고 한다.

$$\frac{\bar{X}-\mu}{S/\sqrt{n}} \sim t(n-1)$$

t 분포는 고셋(William Sealy Gosset)이 Student라는 필명으로 논문을 게재하였기 때문에 스튜던트 분포라고 하며 처음으로 피셔(Ronald Fisher)가 스튜던트 분포와 t라는 문자를 사용하였다.

t 분포는 모집단의 평균에 대한 추론(inference)에 많이 사용된다. 즉, T는 데이터와 모평균값(μ)에 의존하는 값이지만, 분포는 모수에 의존하지 않는다. 특히 모분산은 전혀 필요하지 않으므로 장애모수(nuisance parameter)라고 한다. 이런 함수, 즉 데이터와 모수의 함수를 피벗(pivot) 또는 피벗량(pivotal quantity)이라고 한다. 피벗의 분포를 이용하여 피벗과 관련된 모수의 추론에 사용한다. 따라서 T 피벗은 모평균의 추론에 사용된다.

평균은 0이며 분산은 자유도가 r인 경우에 $\frac{r}{r-2}$, $r > 2$이고 ∞, $1 < r \le 2$이다.

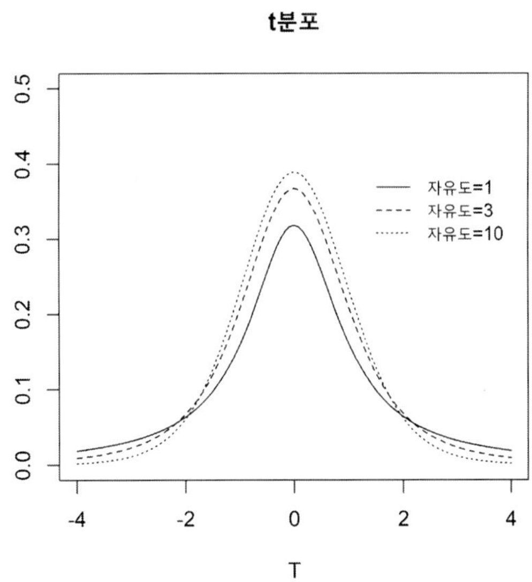

|그림 6.6| 자유도에 따른 t 분포

|그림 6.6|은 자유도에 따른 t 분포의 모습이다. 자유도가 적을수록, 즉 데이터가 적을수록 꼬리부분이 두터운 것을 알 수 있다.

자유도가 10인 t 분포에서 확률계산을 해보자.

$$\Pr(T > 2) = 1 - \Pr(T \le 2) = 0.037$$

```
> pt(2, 10)
[1] 0.963306
> 1-pt(2,10)
[1] 0.03669402
```

6.4.1 분산이 같은 두 정규모집단에서 표본평균의 차이에 대한 분포

$X_1, \cdots, X_{n_1} \sim N(\mu_1, \sigma^2)$이고 $Y_1, \cdots, Y_{n_2} \sim N(\mu_2, \sigma^2)$이며 서로 독립인 임의표본이라고 하자. 이때 합동표본분산인 S_p^2은 $\frac{(n_1+n_2-2)S_p^2}{\sigma^2} \sim \chi^2(n_1+n_2-2)$이다. 따라서 다음이 성립한다.

$$\frac{(\bar{X} - \bar{Y}) - (\mu_1 - \mu_2)}{S_p\sqrt{\frac{1}{n_1} + \frac{1}{n_2}}} \sim t(n_1 + n_2 - 2)$$

6.5 F 분포

$V_1 \sim \chi^2(r_1)$, $V_2 \sim \chi^2(r_2)$이고 서로 독립일 때 다음의 확률변수를 고려하자.

$$F = \frac{V_1/r_1}{V_2/r_2}$$

이때 F 확률변수는 자유도가 r_1, r_2인 F 분포를 따른다고 한다.

$$F \sim F(r_1,\ r_2)$$

F 분포는 피셔-스네데코 분포(Fisher-Snedecor distribution)라고도 하며 분산분석(analysis of variance) 등에 널리 사용되는 분포이다. 이 분포가 사용되는 간단한 예를 살펴보자. $X_1, \cdots, X_{n_1} \sim N(\mu_1, \sigma_1^2)$이고 $Y_1, \cdots, Y_{n_2} \sim N(\mu_2, \sigma_2^2)$이며 서로 독립인 임의표

본이라고 하자. 이때 $\frac{(n_1-1)S_1^2}{\sigma_1^2} \sim \chi^2(n_1-1)$, $\frac{(n_2-1)S_2^2}{\sigma_2^2} \sim \chi^2(n_2-1)$ 이므로 다음이 성립한다.

$$\frac{\frac{\frac{(n_1-1)S_1^2}{\sigma_1^2}}{n_1-1}}{\frac{\frac{(n_2-1)S_2^2}{\sigma_2^2}}{n_2-1}} = \frac{\frac{S_1^2}{\sigma_1^2}}{\frac{S_2^2}{\sigma_2^2}} = \frac{\sigma_2^2}{\sigma_1^2}\frac{S_1^2}{S_2^2} \sim F(n_1-1, n_2-1)$$

즉, 주어진 피벗을 이용하여 두 개의 모분산의 비에 대한 추론을 할 수 있게 된다.

주요한 몇 가지 성질을 알아보자.

$$F \sim F(r_1, r_2) \text{ 이면 } \frac{1}{F} \sim F(r_2, r_1) \text{ 이다.}$$

$T = \frac{Z}{\sqrt{V/r}}$ 이면 $T^2 = \frac{Z^2/1}{V/r} \sim F(1, n-1)$ 이다. 왜냐하면 $Z^2 \sim \chi^2(1)$ 이기 때문이다.

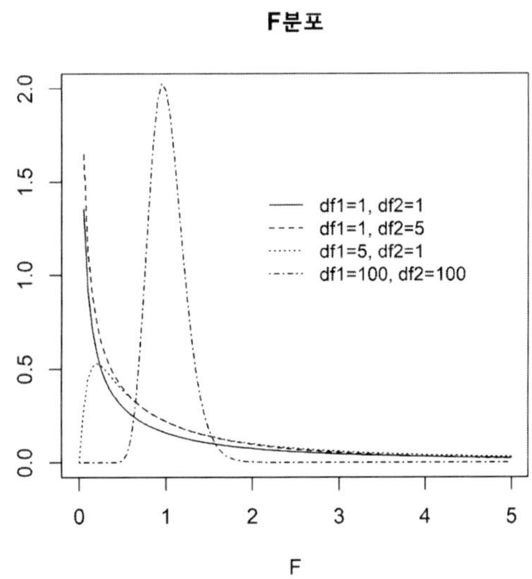

|그림 6.7| 자유도에 따른 F 분포

|그림 6.7|은 자유도에 따른 F 분포의 모습이다.

F 확률변수의 확률을 계산해보자. $F \sim F(90, 100)$인 경우의 확률은 다음과 같이 계산된다.

$$\Pr(F > 1.5) = 1 - \Pr(F \le 1.5) = 0.024$$

```
> pf(1.5, 90, 100)
[1] 0.9756927
> 1-pf(1.5, 90, 100)
[1] 0.0243073
```

만약 상위 5%가 되는, 즉 아래와 같은 식을 만족하는 F_α 분위수(quantile)는 어떻게 구할 수 있을까?

$$\Pr(F \ge F_\alpha) = \alpha$$

$\Pr(F \ge F_\alpha) = 1 - \Pr(F \le F_\alpha)$이므로 $\Pr(F \ge F_\alpha) = 1 - \alpha$ 인 F_α을 찾는 것이다. 해당 값을 찾는 코드는 다음과 같다.

```
> alpha <- 0.05
> qf(1-alpha, df1=90, df2=100)
[1] 1.402047
```

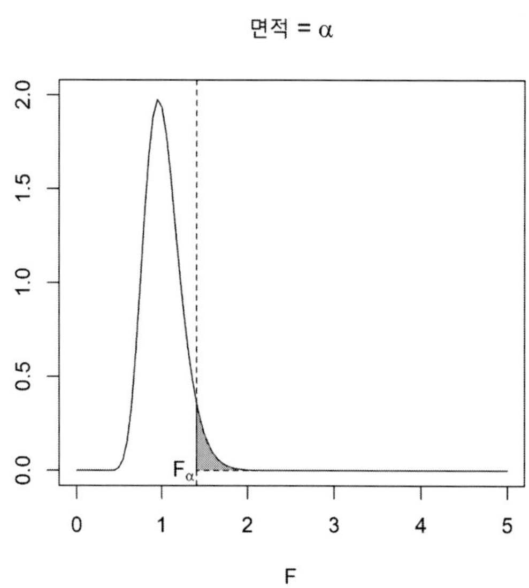

|그림 6.8| 상위 α%의 의미

|그림 6.8|은 상위 5%가 어떤 의미인지를 표현한 것이다.

7장

통계적 추론

통계적 추론은 모집단으로부터 생성된 관측된 데이터로부터 모집단의 분포에 속성(예를 들어, 중심위치나 산포)에 대한 가설을 검정(hypothesis testing)하거나 추정하는 등의 과정을 의미한다. 대표적인 통계적 추론 과정은 추정과 검정이므로 이에 대하여 살펴보기로 하자.

7.1 추정

$X_1, \cdots, X_n$이 확률밀도함수 $f(x;\theta)$를 갖는 임의표본이라고 하자. 예를 들어 정규분포인 경우에 $\theta = (\mu, \sigma^2)$와 같은 모집단 모수가 된다. 이때 σ^2이 알려진 값, 예를 들어 $\sigma^2 = 1$이라고 하면 모수는 $\theta = \mu$가 된다. 하나의 통계량 $u(X_1, \cdots, X_n)$이 있어서 모수 θ를 추정(estimation)한다고 해보자. 예를 들어 $u(X_1, \cdots, X_n) = \bar{X}$이라고 하자. 표본평균 통계량은 모집단분포로부터 추출된 표본으로부터 생성된 하나의 확률변수이다. 그 분포는 $N(\theta, \frac{1}{n}1^2)$이 된다.

모집단으로부터 무한히 많은 샘플을 뽑아서 그 분포를 구성한 후 모집단 모수에 대한 값을 추정하면 되지만 실제로는 그럴 수가 없다. 즉 단 한번의 표본으로부터 모집단의 모수를 추정할 수밖에 없다. 이때 통계량은 모수에 대한 하나의 추정량(estimator)이 되며, 표본으로부터 계산된 하나의 값, 즉 $\frac{x_1 + \cdots + x_n}{n} = \bar{x}$는 추정값(estimate)이 된다.

모수를 추정하는 추정량 중에 좋은 추정량(good estimator)의 기준은 무엇일까? 무엇보다도 모수를 추정하기 때문에 기댓값, 즉 평균값은 모수와 일치해야 한다. 즉, $E(\bar{X}) = \theta$이어야 한다. 그런데 이러한 추정량은 무한히 많다. 예를 들어 $E(X_i) = \theta, \forall i = 1, \ldots, n$이다. 그럼에도 불구하고 좋은 추정량이라고 한다면 기댓값이 모수와 일치해야 한다. 이를 비편향(unbiased) 추정량이라고 한다. 또 다른 좋은 추정량의 기준을 살펴보자.

$X_1, \cdots, X_n \sim f(x;\theta) = \theta^x(1-\theta)^{1-x}, x = 0, 1$ 인 임의표본이라고 하자. 이런 경우 결합확률밀도함수는 $f(x_n;\theta) = \theta^{x_1}(1-\theta)^{1-x_1} \cdots \theta^{x_n}(1-\theta)^{1-x_n} = \theta^{\Sigma x_i}(1-\theta)^{n-\Sigma x_i}$

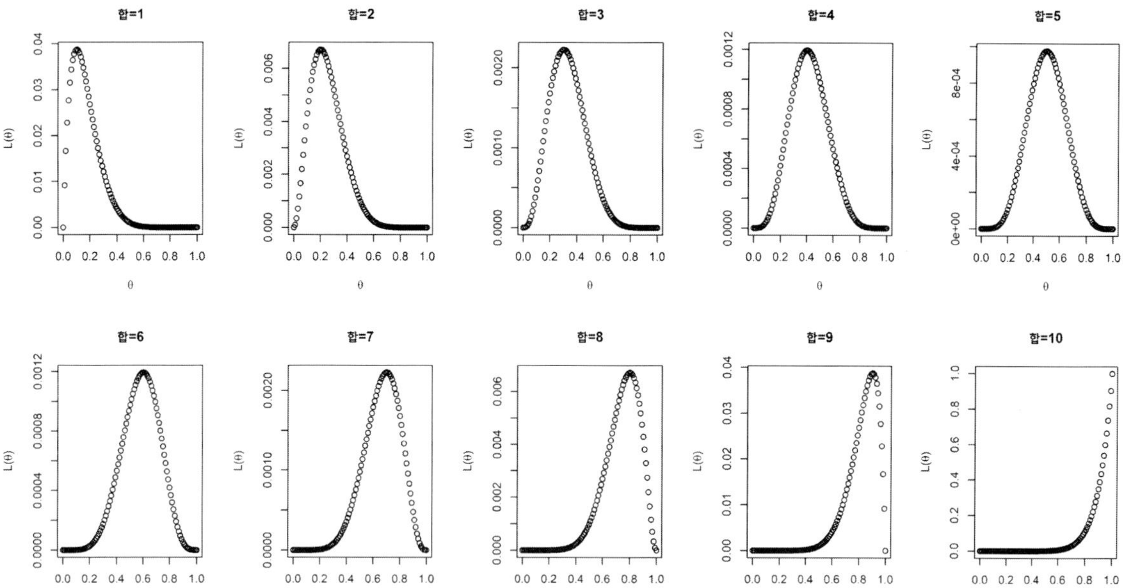

|그림 7.1| $\sum x_i$ 값에 따른 우도함수의 변화

이다. 이때 결합확률밀도함수는 데이터 값이 관측되고 나면, 즉 알려진 값이 되면 θ에 관한 함수가 된다.

$$L(\theta) = \theta^{\Sigma x_i}(1-\theta)^{n-\Sigma x_i}$$

이 함수를 우도함수(likelihood function)라고 한다. 여기서 $n = 10$으로 가정한다.

|그림 7.1|은 Σx_i 값이 1인 경우에는 모수가 $\theta = \frac{1}{10}$일 때 우도함수가 최대가 되고 Σx_i 값이 5인 경우에는 모수가 $\theta = \frac{5}{10} = \frac{1}{2}$일 때 최대가 된다. 즉, $\Sigma x_i = 5$, $\frac{\Sigma x_i}{n} = \frac{1}{2}$이 나온다면 그 값은 원래 모집단 모수가 $\theta = \frac{5}{10} = \frac{1}{2}$일 가능성이 높다는 것이다. 이처럼 우도함수를 최대로 해주는 추정량(estimator)을 최대우도추정량(maximum likelihood estimator: MLE)이라고 한다. 주어진 예에서는 $\hat{\theta}^{MLE} = \frac{\Sigma x_i}{n}$이 된다. 참고로 주어진 추정량은 우도함수를 θ에 대하여 미분한 후 그 값을 0으로 했을 때 계산된 값이다.

좋은 추정량이라고 한다면 위와 같이 비편향추정량임과 동시에 최대우도추정량이어야 한다. 정규분포에서 추출된 임의표본인 경우에 표본평균($\bar{X}$)도 역시 최대우도추정량이다. 또 하나의 기준을 살펴보자.

표본분산 통계량 $S^2 = \frac{1}{n-1}\sum_i (X_i - \bar{X})^2$ 은 다음과 같은 분포를 따름을 앞에서 살펴보았다.

$$\frac{(n-1)S^2}{\sigma^2} \sim \chi^2(n-1)$$

따라서 $E\left(\frac{(n-1)S^2}{\sigma^2}\right) = n-1$이므로 $E(S^2) = \sigma^2$이 된다. 즉, 비편향추정량이다. 그러나 실제 정규분포를 가정해서 σ^2에 대한 최대우도추정량을 구해보면 $\frac{n-1}{n}S^2$이 된다. 여기서 n이 충분히 크면 $E\left(\frac{n-1}{n}S^2\right) = \frac{n-1}{n}\sigma^2 \approx \sigma^2$이므로 $\frac{n-1}{n}S^2$은 일치추정량(consistent)이라고 한다.

이상에서 보듯이 모집단에 추론 중 모집단의 분포의 속성이라고 할 수 있는 모수를 추정할 때 어떤 관점에서 추정하는지는 살펴보아야 한다. 잘 알려진 표본평균, 표본분산 통계량은 각각 모평균, 모분산을 추정하는 좋은 추정량 중의 하나이다. 물론 좋은 추정량이라면 비편향추정량이면서 동시에 분산이 제일 작은 추정량이 좋은 추정량, 즉 최소분산비편향추정량(minimum variance unbiased estimator)이 좋지만 이에 대한 논의는 생략한다.

$X_1, \cdots, X_{n_1} \sim N(\mu_1, \sigma^2)$이고 σ^2은 알려진 임의표본이라고 하자. 이때 $\bar{X} = \frac{\sum X_i}{n}$는 θ에 대한 하나의 추정량이 된다. 실제 하나의 임의표본인 경우, 즉 $x_1, \cdots, x_n$이 추출된 경우에는 하나의 $\bar{x}$ 값을 계산할 수 있다. 이 값을 정의된 추정량에 대한 추정값(estimate)이라고 한다. 추정량은 $\bar{X} \sim N\left(\theta, \frac{\sigma^2}{n}\right)$이므로 이 분포에서 생성할 수 있는 값 중의 하나이다. 이 하나의 값으로 θ를 추정하고 있으므로 점추정값(point estimate)이라고 한다.

이 점추정값이 어느 정도 믿을 만한 값인지는 어떻게 알 수 있을까? 즉 비록 $\bar{x} = 10$이 계산되었다고 하더라도 실제 θ가 10인지를 어느 정도 신뢰할 수 있을까?

$\bar{X} \sim N\left(\theta, \frac{\sigma^2}{n}\right)$이므로 $\frac{\bar{X}-\theta}{\frac{\sigma^2}{\sqrt{n}}} \sim N(0,1)$이고 다음의 확률이 성립된다.

$$\Pr\left(-2 < \frac{\bar{X}-\theta}{\frac{\sigma^2}{\sqrt{n}}} < 2\right) = 0.954$$

```
> pnorm(2)-pnorm(-2)
[1] 0.9544997
```

사건 $-2 < \frac{\bar{X}-\theta}{\frac{\sigma}{\sqrt{n}}} < 2$은 $\bar{X} - \frac{2\sigma}{\sqrt{n}} < \theta < \bar{X} + \frac{2\sigma}{\sqrt{n}}$와 동일하다. 즉, 다음의 식이 성립한다.

$$\Pr\left(\bar{X} - \frac{2\sigma}{\sqrt{n}} < \theta < \bar{X} + \frac{2\sigma}{\sqrt{n}}\right) = 0.954$$

$\bar{X} - \frac{2\sigma}{\sqrt{n}}$와 $\bar{X} + \frac{2\sigma}{\sqrt{n}}$은 하나의 통계량이며 따라서 구간 $\left(\bar{X} - \frac{2\sigma}{\sqrt{n}},\ \bar{X} + \frac{2\sigma}{\sqrt{n}}\right)$은 확률구간(random interval)이 된다. 따라서 이 확률구간이 모평균 θ를 품을 확률은 95.4%이지만 그렇다고 해서 하나의 표본구간인 $\left(\bar{x} - \frac{2\sigma}{\sqrt{n}},\ \bar{x} + \frac{2\sigma}{\sqrt{n}}\right)$가 모평균 θ를 품을 확률이 95.4%라는 의미는 아니다. 그렇지만 확률구간의 확률이 95.4%이므로 계산된 하나의 표본구간에 대해서도 비슷한 의미로 모평균 θ를 품는 신뢰수준(confidence level) 또는 신뢰계수(confidence coefficient)를 95.4%라고 한다. 위와 같이 모수의 범위를 추정하는 것을 구간추정(interval estimation)이라고 한다. 일반적으로 모수의 추정이라고 하면 점추정과 구간추정을 합한 용어이다. 여기서 $|\bar{x} - \theta| < 2\frac{\sigma}{\sqrt{n}}$이므로 $2\frac{\sigma}{\sqrt{n}}$을 오차한계라고 한다. $\sqrt{\mathrm{Var}(\bar{X})} = \frac{\sigma}{\sqrt{n}}$이므로 이를 추정량($\bar{X}$)의 표준오차(standard error)라고 한다.

7.1.1 모평균에 대한 추정

$X_1, \cdots, X_n$이 모분산이 알려져 있는 임의표본이라고 하자. 이때 100(1−α)%의 신뢰수준을 갖는 모평균을 어떻게 추정할 수 있을까? 앞의 예에서는 α가 약 4.6이었다. 예를 들어 90%, 95%, 99% 신뢰구간을 어떻게 구할 수 있을까?

n이 큰 경우에는 중심극한정리에 의하여 표본평균의 분포는 정규분포이기 때문에 표준정규분포의 분위수를 계산해야 한다. 즉, 다음을 만족하는 $z_{\frac{\alpha}{2}}$ 값을 구해야 한다.

$$\Pr\left(-z_{\frac{\alpha}{2}} < Z < z_{\frac{\alpha}{2}}\right) \approx 1 - \alpha$$

90%인 경우에는 $\Pr(-z_{0.05} < Z < z_{0.05}) \approx 0.9$, 95%인 경우에는 $\Pr(-z_{0.025} < Z < z_{0.025}) \approx 0.95$ 이다.

```
> # 90%, 95%, 99% 신뢰수준에 해당하는 분위수
> confidence_level=c(0.9, 0.95, 0.99)
> alpha = 1-confidence_level
> z_alpha_half <- qnorm(1-alpha/2)
> z_alpha_half
[1] 1.644854 1.959964 2.575829
```

위 표에 의하면 90%, 95%, 99% 신뢰구간에 해당하는 분위수값은 1.64, 1.96, 2.58 이 된다. 즉, 신뢰수준이 99%인 신뢰구간은 다음과 같이 계산된다.

$$\left(\bar{x} - 2.58\frac{\sigma}{\sqrt{n}},\ \bar{x} + 2.58\frac{\sigma}{\sqrt{n}}\right)$$

즉, 모평균에 대한 점추정값은 $\bar{x}$ 이며 이에 대한 신뢰구간은 위의 식과 같이 계산한다.

7.2 통계적 가설

통계적 추론은 앞서 이야기한 바와 같이 모집단에 대한 추정(estimation)과 통계가설(statistical hypothesis)에 대한 검정(test)이 주요한 분야이다. 여기서는 통계가설에 대하여 알아보자.

$X \sim N(\theta, 10^2)$인 확률변수라고 하자. 즉, 성적 등과 같은 확률변수이다. 이때 과거의 다양한 예(example, instance, observation)를 통해 볼 때, $\theta = 75$라고 평가되었다. 그런데 어떤 이유에서 또는 뭔가의 변화에 의하여 모평균값이 75보다는 큰 값이라고 의심이 되었다. 그러나 이에 대한 데이터 기반의 물증은 존재하지 않은 상황이다. 이때 $\theta > 75$일 것이라는 추측(conjecture) 또는 주장을 하나의 통계가설(statistical hypothesis)이라고 한다. $\theta > 75$라는 가설은 틀릴지 모르며 그 반대인 $\theta \leq 75$가 맞을지 모른다. 이런 의미에서 통계가설은 2가지가 있다. 즉, 모평균인 θ에 대한 아무런 변화가 없다는 가설인 $\theta \leq 75$와 변화가 있다는 $\theta > 75$이다. 이때 첫 번째 가설을 $H_0 : \theta \leq 75$, 두 번째 가설을 $H_1 : \theta$

> 75와 같이 표시한다. $\theta > 75$는 $\theta \le 75$에 대한 대안(alternative) 또는 부정하거나 대립하는 값이므로 H_1: $\theta > 75$는 대립 또는 대안가설(alternative hypothesis)이라고 한다. 마찬가지로 H_0: $\theta \le 75$도 H_1에 대한 대립가설이다. 그러나 일반적으로 주장하는 가설을 대립가설이라고 하기 때문에 H_1을 흔히 대립가설이라고 한다. 대부분의 모집단 분포에 대한 통계적인 주장(assertion)은 기존 주장에 대한 대립가설을 증명하고자 하는 경우가 많기 때문에 원래의 가설을 없앤다(nullify)는 의미에서 H_0를 영가설(null hypothesis) 또는 귀무가설이라고 한다.

이제 통계가설을 증명하기 위한 또는 검정하기 위해서는 어떠한 방법을 적용해야 할까? 일단은 주어진 분포에서 크기가 25인 임의표본을 구성한다. 임의표본의 하나의 예를 $x_1, \cdots, x_{25}$이라고 하면 다음의 영역을 정의할 수 있다.

$$C = \{(x_1, \dots, x_{25}) | x_1 + \cdots + x_{25} > 25 \times 75\}$$

$\bar{x} > 75$이면, 즉 $(x_1, \cdots, x_{25}) \in C$이면 영가설을 기각(reject)할 수 있다. 이때 영가설을 기각하는 표본공간의 부분집합인 C를 기각역(critical region)이라고 한다. 그런데 만약 임의표본의 예가 $\bar{x} \le 75$이면 영가설을 기각하지 못하고 채택(accept)한다.

이러한 방식으로 가설을 검정(test)하는 것이 좋은 방법인지 아니면 다른 대안이 있는지 알아보자. 대안 검정을 찾기 위하여 위의 방식으로 접근할 때 영가설을 기각할 확률에 대하여 알아보자.

$$\Pr\big((X_1, \dots, X_n) \in C\big) = \Pr(\bar{X} > 75) = \Pr\left(\frac{\bar{X} - \theta}{10/\sqrt{25}} > \frac{75 - \theta}{10/\sqrt{25}}\right) = 1 - \Phi\left(\frac{75 - \theta}{2}\right)$$

이 확률은 모평균 모수인 θ에 의존하므로 이 함수를 $K_1(\theta)$라고 하자. 이때 이 함수를 검정력 함수(test power function)라고 한다. 하나의 θ에 대해서는 검정력 값(test power)이라고 한다.

$$K_1(\theta) = 1 - \Phi\left(\frac{75 - \theta}{2}\right)$$

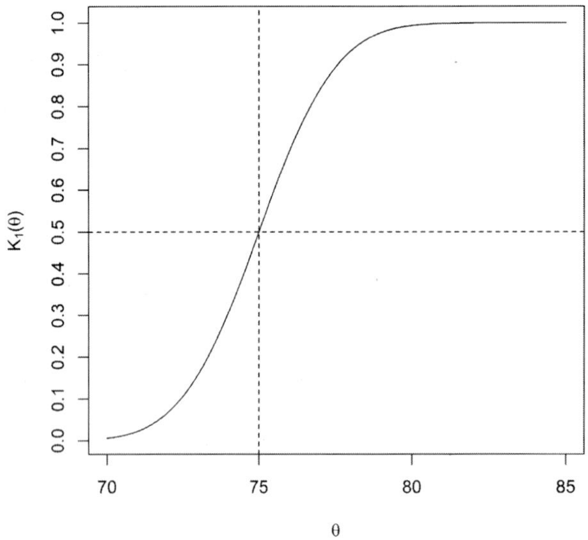

|그림 7.2| θ값의 변화에 따른 검정력 함수의 변화

|그림 7.2|에서, $\theta = 75$이면 영가설을 기각할 확률이 0.5가 된다. 즉 실제 모평균이 75인데 임의표본의 예가 75일 때 이를 기각할 확률이 0.5인 것이다. 즉, 영가설이 참(true)임에도 불구하고 이를 기각할 확률이 0.5인 것이다. 예를 들어 건강한 환자에게 특정 병에 걸렸다고 잘못 이야기할 확률이 0.5인 것과 동일하다. 이러한 검정은 뭔가 문제가 있다고 볼 수 있다. 가급적 영가설이 참일 때 이를 기각할 확률을 줄이고 싶을 것이다. 그렇다면 $\bar{x} > 78$로 값을 올리면 어떻게 될까?

$$K_2(\theta) = 1 - \Phi\left(\frac{78 - \theta}{2}\right)$$

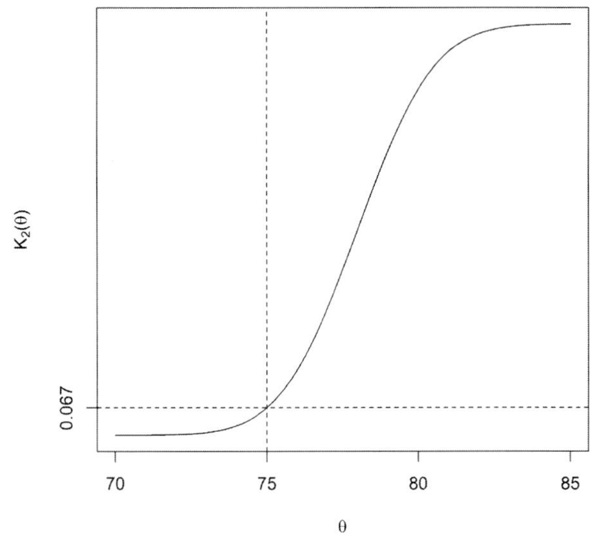

|그림 7.3| θ값의 변화에 따른 검정력 함수의 변화

|그림 7.3|을 보면 $\theta = 75$일 때 영가설을 기각할 확률이 0.067이 된다. 즉 이전의 검정보다는 더 현실적으로 보인다. 그런데 $\theta = 77$이면 영가설을 기각할 확률은 0.309이다.

```
> 1-pnorm((78-77)/2)
[1] 0.3085375
```

즉, 영가설이 거짓(false)일 때 이를 기각할 확률이 작은 것이다. 즉 대립가설이 참일 때 이를 채택할 확률이 작은 것이다.

이러한 2가지 문제점을 극복할 수 있는, 즉 영가설이 참일 때 이를 기각할 확률은 작게 하면서 대립가설이 참일 때 이를 채택할 확률을 크게 하는 검정을 찾아보자. 예를 들어 $K_3(75) = 0.159$이고 $K_3(77) = 0.841$인 성질을 만족하는 경곗값을 찾아보는 것이다.

$$K_3(\theta) = \Pr(\bar{X} > c) = 1 - \Phi\left(\frac{c - \theta}{\frac{10}{\sqrt{n}}}\right)$$

$$K_3(75) = 0.159 \rightarrow \Phi\left(\frac{c-75}{\frac{10}{\sqrt{n}}}\right) = 1 - 0.159 = 0.841$$

$$K_3(77) = 0.841 \rightarrow \Phi\left(\frac{c-77}{\frac{10}{\sqrt{n}}}\right) = 1 - 0.841 = 0.159$$

```
> qnorm(0.841)
[1] 0.9985763
> qnorm(0.159)
[1] -0.9985763
```

$\frac{c-75}{\frac{10}{\sqrt{n}}} = 1$이고 $\frac{c-77}{\frac{10}{\sqrt{n}}} = -1$이므로 대략 $n = 100, n = 76$이다. 즉 주어진 검정력 값을 확보하기 위해서는 최소 100개의 임의표본이 필요하며 이때 $\bar{x} > 76$이면 주어진 가설을 원하는 성능으로 검정할 수 있다.

```
> theta <- c(73, 75, 77, 79)
> k3 <- 1-pnorm((76-theta)/1)
> k3
[1] 0.001349898 0.158655254 0.841344746 0.998650102
```

위 코드를 통해 $K_3(73) = 0.001$, $K_3(75) = 0.159$, $K_3(77) = 0.841$, $K_3(79) = 0.999$임을 알 수 있다.

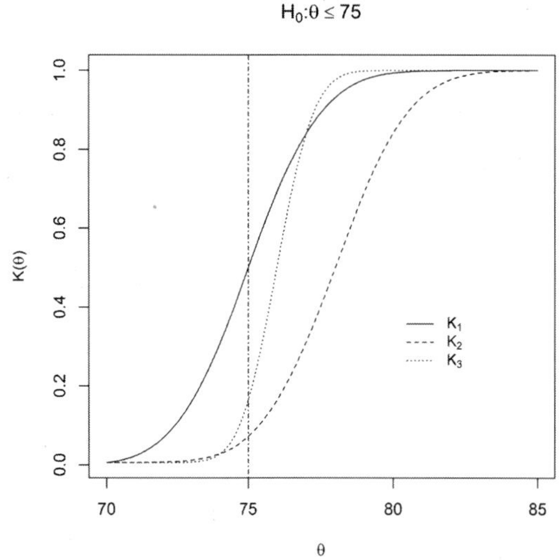

|그림 7.4| 검정력 함수 비교

|그림 7.4|는 위의 논의 대상이 되었던 3개의 검정력 함수를 비교한 것이다. 점선(dotted line) 곡선이 최종적으로 좋다고 판정된 검정력 함수이다. 즉, 좋은 검정력 함수는 영가설의 경계가 되는 모수값까지는 가급적 작은 값을 유지하다가 그 경계를 넘을 때 급격히 확률값을 증가시키는 경우임을 알 수 있다.

지금까지의 예를 통하여 설명한 몇 가지 용어를 정리해보자. 통계가설은 하나 이상의 확률변수의 분포에 대한 주장(assertion)이다. 통계가설 중에 가설 자체가 모집단 분포를 완전히 특정하면 이 가설을 단순통계가설(simple statistical hypothesis)이라고 하며 그렇지 않은 경우를 복합통계가설(composite statistical hypothesis)이라고 한다. 예를 들어 $\theta = 75$는 단순통계가설이며 $\theta \leq 75$는 복합통계가설이다.

통계가설을 검정한다는 것은 임의표본의 예로부터 주어진 가설을 기각 또는 채택할 것인지를 결정하는 규칙을 만드는 것이다. 즉, 하나의 검정(test)은 하나의 규칙이다. 검정의 기각역(critical region)은 고려 대상의 가설, 일반적으로 영가설을 기각하기 위한 표본공간의 부분집합이다. 검정의 검정력 함수는 고려하고 있는 모든 분포에서 정의된 임의표본이 기각역에 속할 확률이다. 하나의 분포에 대응하는 값을 검정값이라고 한다.

검정의 유의수준(significance level) 또는 기각역의 크기(size)는 영가설이 참일 때 검정력 함수의 최댓값이다. 예를 들어 유의수준이 0.05라는 것은 영가설이 참일 때 이를 기각할 확률의 최댓값을 의미한다. **|그림 7.4|**의 검정력 함수 비교를 보면 각각 $\theta = 75$일 때 최댓값이 되며 $(K_1, K_2, K_3) = (0.5, 0.067, 0.159)$가 된다.

이상의 결과를 보면, 주어진 가설을 검정하기 위한 통계량(test statistics)은 일반적으로 추정을 위한 통계량임을 알 수 있고, 가설을 검정하는 과정에서의 기준이 되는 결정경곗값(decision boundary value)들은 영가설이 참임에도 불구하고 이를 기각할 확률을 줄이고 영가설이 거짓인 경우에 이를 기각할 확률, 즉 대립가설이 참일 때 이를 채택할 확률을 높이는 방향으로 결정된다. 이때 유의수준(significance level)에 의하여 결정경곗값이 정해지게 된다. 하나의 예를 통하여 살펴보도록 하자.

$X_1, \cdots, X_{100} \sim (\mu = \theta, \sigma = 9.4)$인 분포를 따르며 다음의 가설을 검정하고자 한다.

$$H_0 : \theta = 75,\ H_1 : \theta > 75$$

이때 임의샘플의 관측된 값, 즉 하나의 예의 평균은 $\bar{x} = 73.5$가 나왔다고 하자. 이 사실로부터 모평균이 75보다 작은 값이라고 말할 수 있는가? $n = 100$이 충분히 크다고 가정하면 $\frac{\bar{X}-\theta}{9.4/\sqrt{100}} \sim N(0,1)$ 이므로 다음의 성립한다.

$$K(\theta) = \Pr(\bar{X} < c) = \Phi\left(\frac{c-\theta}{9.4/\sqrt{100}}\right)$$

만약 유의수준이 $\alpha = 0.05$라고 하면 영가설은 모수가 1개이므로 $K(75) = 0.05$이어야 한다. 따라서 다음을 만족시켜야 한다.

$$\frac{c-75}{9.4/\sqrt{100}} = -1.64$$

```
> qnorm(0.05)
[1] -1.644854
> c <- 75 + qnorm(0.05)*9.4/sqrt(100)
> c
[1] 73.45384
```

따라서 $c = 73.45$이다. 즉, 기각역(critical region)은 다음과 같이 정의된다.

$$C = \{(x_1, \ldots, x_{100}) \mid \bar{x} < 73.45\}$$

따라서 임의샘플의 관측된 값인 $\bar{x} = 73.5$는 기각역에는 속하지 않으므로 유의수준 5%에서는 영가설을 기각할 수 없다. 그러나 이 값은 기각역에 매우 가까운 값이며 실제 $\Pr(\bar{X} < 73.5 | H_0 : \theta = 75) = \Phi\left(\frac{73.5-75}{9.4/\sqrt{100}}\right) = 0.055$이다.

```
> pnorm((73.5-75)/9.4*sqrt(100))
[1] 0.0552729
```

이때 확률 $\Pr(\bar{X} < 73.5 | H_0)$을 유의확률(significance probability) 또는 P값(P value)이라고 한다.

유의확률은 영가설이 참이라는 가정에서 검정통계량의 관측값이 얼마나 유의한지를 보는 것이다. 이 값이 작을수록 또는 이 값이 사전 정의된 유의수준보다 작으면 작을수록 희귀한 사건이 발생한 것이므로 영가설이 기각될 가능성이 높아진다.

실제 실무에서는 통계량의 분포에 의하여 P값을 계산한 후 사전 정의된 유의수준과의 비교를 통하여 영가설의 기각여부를 판단하게 된다. 다음은 통계가설을 검정하는 하나의 절차를 정리한 것이다.

순서	내용	비고
1	모집단 분포에 대한 가설은 세운다.	
2	가설에 적합한 검정통계량을 정의한다.	
3	검정통계량의 관측값을 계산한다.	
4	영가설이 참이라는 가정하에 관측값의 P값을 계산한다.	
5	P값과 유의수준과의 비교를 통하여 영가설과 대립가설의 기각 및 채택 여부를 결정한다.	기각역을 계산하여 검정통계량의 관측값과 비교할 수 있다.

7.2.1 모평균에 대한 가설검정

$X_1, \cdots, X_n \sim (\mu = \theta, \sigma = \sigma_0)$인 임의표본에 대하여 모평균에 대한 다음의 가설을 고려해보자. $\sigma = \sigma_0$로 알려져 있다고 가정한다.

모평균에 대한 좋은 추정량은 $\bar{X}$이므로 검정통계량은 다음과 같이 정의할 수 있다.

$$Z = \frac{\bar{X} - \theta}{\sigma_0 / \sqrt{n}}$$

여기서 H_0: $\theta = \theta_0$에 대하여 다음의 대립가설 각각에 대하여 살펴보자. 이때 영가설하에서 관측된 값을 $z = \frac{\bar{X} - \theta}{\sigma_0 / \sqrt{n}}$이라고 하자. H_1: $\theta > \theta_0$이면 $K(\theta) = \Pr(\bar{X} > c)$이므로 P값은 $\Pr(Z > z)$, H_1: $\theta < \theta_0$이면 $\Pr(Z < z)$, H_1: $\theta \neq \theta_0$이면 $\Pr(|Z| > z)$이 된다. 이 값과 사전 정의된 유의수준과 비교하여 영가설의 기각여부를 결정한다.

예를 들어보자. 한 보험회사에서 고객들의 평균보험료는 200,000원이며 표준편차는 100,000원이라고 한다. 최근에 추가판매 캠페인 등을 통하여 이 보험회사는 고객들의 평균보험료가 높아졌을 것이라고 판단하였다. 이를 알아보기 위하여 총 100명의 고객을 추출하여 표본평균값을 계산해본 결과 220,000원이 나왔다. 통계적으로 유의미한지를 알아보자.

가설은 H_0: $\theta = 200000$, H_1: $\theta > 200000$이며 영가설하에 검정통계량의 관측값은 $z = \frac{\bar{x}-\theta_0}{\sigma_0/\sqrt{n}} = \frac{220000-200000}{100000/sqrt(100)} = 2$이다. 따라서 P값은 $Pr(Z > 2) = 1 - \Phi(2) = 0.023$이다.

```
> z <- (220000-200000)/(100000/sqrt(100))
> z
[1] 2
> 1-pnorm(z)
[1] 0.02275013
```

따라서 유의수준 0.05에서 통계적으로 유의하다(significant)고 할 수 있다.

8장

모집단 분포의 추론

모집단의 분포가 만약 모수만으로 정의되어 있다면, 예를 들어 $N(\mu,\sigma^2)$이라면 평균과 분산만 알면 정확히 특정할 수가 있다. 물론 비모수적인 접근도 가능하지만 이 장에서는 모집단의 분포가 모수로 특정 가능한 경우만 대상으로 한다. 또한 중심극한정리에 의하여 대부분의 모집단의 분포가 정규분포가 아니어도 표본의 크기가 크면 표본분포는 정규분포이므로 정규분포라고 가정하여 모평균과 모분산에 대한 추정과 검정을 전개하도록 하자.

8.1 모평균의 추정

모집단이 $X \sim N(\mu,\sigma^2)$일 때 이에 대한 임의표본을 $X_1,\cdots,X_n$이라고 하자. 이때 모평균에 대한 추론, 즉 추정이나 검정은 표본평균이 좋은 추정량임을 대략적으로 살펴보았다. 만약 모분산이 알려져 있는 경우에 100(1−α)%의 신뢰구간은 다음과 같이 정의할 수 있다.

$$\left(\bar{x} - z_{\frac{\alpha}{2}}\frac{\sigma}{\sqrt{n}}, \qquad \bar{x} + z_{\frac{\alpha}{2}}\frac{\sigma}{\sqrt{n}}\right)$$

여기서 $\alpha = 0.1, 0.05, 0.01$이면 $z_{\frac{\alpha}{2}} = (1.64, 1.96, 2.58)$이 된다.

```
> alpha <- c(0.1, 0.05, 0.01)
> z_alpha_half <- qnorm(1-alpha/2)
> z_alpha_half
[1] 1.644854 1.959964 2.575829
```

모분산이 알려져 있지 않은 경우에는 모분산에 대한 추정량으로 표본분산을 사용한다. 또한 $\frac{\bar{x}-\mu}{s/\sqrt{n}} \sim t(n-1)$이므로 이를 이용하여 모평균에 대한 신뢰구간을 구할 수 있다.

$$\left(\bar{x} - t_{\frac{\alpha}{2}}(n-1)\frac{s}{\sqrt{n}}, \qquad \bar{x} + t_{\frac{\alpha}{2}}(n-1)\frac{s}{\sqrt{n}}\right)$$

여기서 $n = 10$, $\alpha = 0.1, 0.05, 0.01$이면 $t_{\frac{\alpha}{2}}(n-1) = (1.83, 1.26, 3.25)$이 된다.

```
> n=10
> alpha <- c(0.1, 0.05, 0.01)
> t_alpha_half <- qt(1-alpha/2, df=n-1)
> t_alpha_half
[1] 1.833113 2.262157 3.249836
```

8.1.1 [BANK] 데이터 예제

[BANK] 데이터를 이용하여 잔액에 대한 모평균을 추정해보자.

```
> # [BANK] 데이터의 로그(잔액)에 대한 모평균 추정 및 신뢰구간 구하기
> df <- fread(paste0(path, "/Data/bank.csv"))
> x <- df$balance
>
> sample_mean <- mean(x)
> sample_mean
[1] 1422.658
> sample_sd <- sd(x)
> sample_sd
[1] 3009.638
> n <- length(x)
> n
[1] 4521
> alpha <- c(0.1, 0.05, 0.01)
> t_alpha_half <- qt(1-alpha/2, df=n-1)
> t_alpha_half
[1] 1.645191 1.960489 2.576917
>
> # 95% 신뢰구간
> std_err <- sample_sd/sqrt(n)
> lower <- sample_mean - t_alpha_half[2]*std_err
> upper <- sample_mean + t_alpha_half[2]*std_err
> lower
[1] 1334.905
> upper
[1] 1510.411
```

$\bar{x} = 1422.66, s = 3009.64, n = 4521, t_{\frac{0.05}{2}} = 1.96$이므로 95% 신뢰구간은 (1334.91, 1510.41)이 된다.

8.2 모평균의 유의성검정

모분산을 모르는 경우에 모평균에 대한 유의성을 검정하기 위한 검정통계량은 T 통계량이었다. 영가설 $H_0: \mu = \mu_0$에 대하여 다음과 같이 유의성을 검정한다. $t_0 = \frac{\bar{x}-\mu_0}{s/\sqrt{n}}$이라고 하자.

대립가설	P값	영가설 기각
$H_1: \mu > \mu_0$	$p_0 = \Pr(T \geq t_0)$	$t_0 \geq t_\alpha(n-1)$
$H_1: \mu < \mu_0$	$p_0 = \Pr(T \leq t_0)$	$t_0 \leq t_\alpha(n-1)$
$H_1: \mu \neq \mu_0$	$p_0 = \Pr(\lvert T \rvert \leq t_0)$	$\lvert t_0 \rvert \geq t_{\frac{\alpha}{2}}(n-1)$

8.2.1 [BANK] 데이터 예제

$H_0: \mu = 1300$, $H_1: \mu > 1300$의 통계가설에 대하여 [BANK] 데이터의 잔액을 검정하는 과정을 살펴보자.

```
> # 모평균의 유의성검정
> df <- fread(paste0(path, "/Data/bank.csv"))
> x <- df$balance
>
> sample_mean <- mean(x)
> sample_mean
[1] 1422.658
> sample_sd <- sd(x)
> sample_sd
[1] 3009.638
> n <- length(x)
>
> null_mean = 1300
> t_0 <- (sample_mean - null_mean)/sample_sd*sqrt(n)
> t_0
[1] 2.740301
> alpha <- 0.05
>
> # H1: mu > mu0
> p_0 <- 1 - pt(t_0, df=n-1)
```

```
> p_0
[1] 0.003081206
> t_alpha <- qt(1-alpha, df=n-1) # 기각역
> t_alpha
[1] 1.645191
```

$p_0 = 0.003$이므로 5% 유의수준으로 볼 때 그 값이 0.05보다 작기 때문에 영가설을 기각할 수 있다. 기각역 관점에서 보면 $t_0 = 2.74$이며 이 값은 유의수준 5%에 해당하는 결정경곗값인 $t_\alpha(n-1) = 1.65$보다 큰 값임을 알 수 있다. 즉, 영가설을 기각할 수 있다.

위의 과정을 하나의 함수를 호출함으로써 다음과 같이 해결할 수 있다.

```
> # 함수로 처리
> t.test(x, alternative='greater', mu=1300)

        One Sample t-test

data:  x
t = 2.7403, df = 4520, p-value = 0.003081
alternative hypothesis: true mean is greater than 1300
95 percent confidence interval:
 1349.018      Inf
sample estimates:
mean of x
 1422.658
```

t.test 함수를 부르고 대립가설의 종류(alternative = 'greater')와 영가설하의 모평균값(mu = 1300)을 입력하게 되어 있다. 결과는 T 통계량의 값과 P값(p-value)이 출력된다. P값이 유의수준 0.05보다 작으므로 영가설을 기각할 수 있다.

8.2.2 모평균 유의성검정 요약

모평균의 유의성검정은 **|그림 8.1|**과 같이 요약할 수 있다.

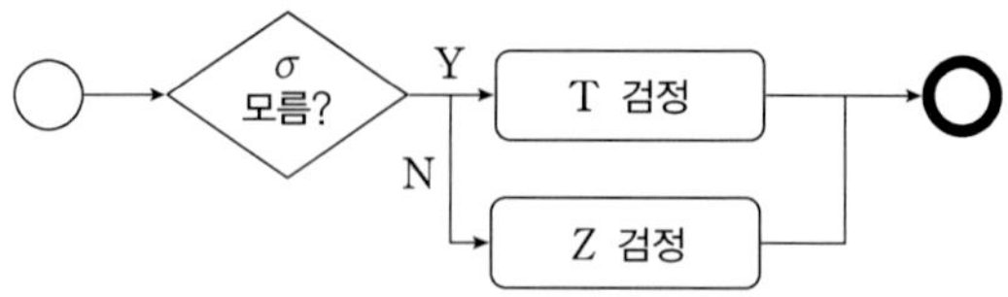

|그림 8.1| 모평균의 유의성검정을 위한 흐름도

8.3 모평균의 비교

8.3.1 짝 비교

다음과 같은 문제를 고려해보자. 어떤 생명보험사에서 고객 100명에게 생명보험사 상품 중 투자 목직 이외의 월납보험료와 손해보험사 상품의 상해보험 월납보험료가 얼마인지를 질문하고 그 결과를 얻었다. 이때 두 보험료 간에는 차이가 있다고 할 수 있는가?

또 하나의 예로서 임상실험 또는 특정 약을 복용하고 난 후 전과 후의 특정 특성값, 예를 들어 간수치를 나타내는 값들이 차이가 있는지를 보는 것이다. 이러한 예는 하나의 객체(사람)에 대하여 2개의 특성값을 본 것이다. 즉, 실험단위(experimental unit)에 대하여 처리(treatment)를 한 후 처리효과(treatment effect)를 보는 것과 유사하다. 이때 생성되는 데이터는 객체별로 나오므로 하나의 객체에 대하여 짝별(paired)로 데이터가 나오는 것이다.

이는 $(X_1, Y_1), \cdots, (X_n, Y_n)$로부터 $D_i = X_i - Y_i, i = 1, \cdots, n$에 대하여 모평균에 대한 추정과 유의성에 대한 검정을 하고자 하는 것이다. 따라서 앞에서와 마찬가지로 T 통계량을 이용하여 모평균에 대한 추론을 할 수 있다. 관심 있는 것은 D의 분포이므로 앞과 똑같은 방법을 적용한다.

차이에 대한 모분산을 모른다는 가정하에 모평균차에 대한 100(1−α)%의 신뢰구간은 다음과 같다.

$$\left(\bar{d} - t_{\frac{\alpha}{2}}(n-1)\frac{s_D}{\sqrt{n}}, \quad \bar{d} + t_{\frac{\alpha}{2}}(n-1)\frac{s_D}{\sqrt{n}}\right)$$

모평균차에 대한 영가설 $H_0: \delta = \delta_0$에 대하여 $t_0 = \frac{\bar{d} - \delta_0}{s_D/\sqrt{n}}$을 구한 후 다음과 같이 유의성을 검정한다.

대립가설	P값	영가설 기각
$H_1: \delta > \delta_0$	$p_0 = \Pr(T \geq t_0)$	$t_0 \geq t_\alpha(n-1)$
$H_1: \delta < \delta_0$	$p_0 = \Pr(T \leq t_0)$	$t_0 \leq t_\alpha(n-1)$
$H_1: \delta \neq \delta_0$	$p_0 = \Pr(\lvert T \rvert \leq t_0)$	$\lvert t_0 \rvert \geq t_{\frac{\alpha}{2}}(n-1)$

8.3.1.1 예제

다음 데이터는 다이어트와 관련하여 귀리겨(oat bran)를 섭취한 경우와 콘플레이크(corn flakes)를 섭취한 경우의 혈청 콜레스테롤(serum cholesterol)을 측정한 것이다.

ID	CORFLK(X)	OATBRAN(Y)
1	4.61	3.84
2	6.42	5.57
3	5.4	5.85
4	4.54	4.8
5	3.98	3.68
6	3.82	2.96
7	5.01	4.41
8	4.34	3.72
9	3.8	3.49
10	4.56	3.84
11	5.35	5.26
12	3.89	3.73
13	2.25	1.84
14	4.24	4.14

여기서 관심은 어떤 음식을 섭취할 때 혈청 콜레스테롤이 낮은지를 보고자 하는 것이다. 모평균차에 대한 영가설 $H_0: \delta = 0$이라고 정의하고 대립가설인 $H_1: \delta > 0$을 검정해보자.

```
> # 짝비교(paired comparison)
> df <- fread("
+ 1 4.61 3.84
+ 2 6.42 5.57
+ 3 5.40 5.85
+ 4 4.54 4.80
+ 5 3.98 3.68
+ 6 3.82 2.96
+ 7 5.01 4.41
+ 8 4.34 3.72
+ 9 3.80 3.49
+ 10 4.56 3.84
+ 11 5.35 5.26
+ 12 3.89 3.73
+ 13 2.25 1.84
+ 14 4.24 4.14
+ ")
> names(df) <- c('id', 'conflk', 'oatbran')
>
> d <- df$conflk - df$oatbran
> t.test(df$conflk,df$oatbran, alternative='greater', paired = T, conf.level = 0.9!

        Paired t-test

data:  df$conflk and df$oatbran
t = 3.3444, df = 13, p-value = 0.002639
alternative hypothesis: true difference in means is greater than 0
95 percent confidence interval:
 0.1707137       Inf
sample estimates:
mean of the differences
              0.3628571

> t.test(d, alternative='greater', mu=0, conf.level = 0.95)

        One Sample t-test

data:  d
t = 3.3444, df = 13, p-value = 0.002639
alternative hypothesis: true mean is greater than 0
95 percent confidence interval:
 0.1707137       Inf
```

```
sample estimates:
mean of x
0.3628571
```

t.test 함수를 이용한 결과를 보면 유의수준 5%에서 p-value가 0.0026이므로 영가설을 기각할 수 있다. 즉, 혈청 콜레스테롤 차이가 있다고 할 수 있다.

위 코드에서 t.test 함수는 2가지로 적용하였다. 하나는 원 데이터를 그대로 넣고 옵션만을 조절한 경우 t.test(df$conflk,df$oatbran, alternative='greater', paired=T, conf.level=0.95)와 차이값을 계산하여 원래 하는 방식으로 한 경우 t.test(d, alternative='greater', mu=0, conf.level = 0.95)이다. 둘 다 같은 결과를 보여주었다.

8.3.2 2개의 모집단 비교: 정규분포근사

통계청 마이크로데이터 서비스에 2006년 가계자산조사가 있다. 이 중에서 40대와 50대 간의 순자산의 차이가 있는지 통계적으로 유의미성을 검정하고자 한다. 즉, 독립적인 2개의 집단에 대하여 모평균의 차이가 있는지를 살펴보고자 한다. 이때 기본적인 가정은 각 그룹(40대와 50대)의 관측값들은 각 모집단에서의 임의표본이며 그룹 간에는 서로 독립적으로 관측되었다는 것이다.

$$X_1, \dots, X_{n_1} \sim (\mu_1, \sigma_1^2), \qquad Y_1, \dots, Y_{n_2} \sim (\mu_2, \sigma_2^2)$$

모평균의 차 $\mu_1 - \mu_2$를 추정하기 위해서는 $\bar{X} - \bar{Y}$는 좋은 추정량 중 하나이며 이를 이용하기로 한다. $\bar{X} - \bar{Y}$의 표준오차, 즉 표본분포의 표준편차는 다음과 같다.

$$Var(\bar{X} - \bar{Y}) = Var(\bar{X}) + Var(\bar{Y}) = \frac{\sigma_1^2}{n_1} + \frac{\sigma_2^2}{n_2}$$

$$Sd(\bar{X} - \bar{Y}) = \sqrt{Var(\bar{X} - \bar{Y})} = \sqrt{\frac{\sigma_1^2}{n_1} + \frac{\sigma_2^2}{n_2}}$$

따라서 n이 충분히 크면 $\frac{(\bar{X}-\bar{Y})-(\mu_1-\mu_2)}{\sqrt{\frac{\sigma_1^2}{n_1}+\frac{\sigma_2^2}{n_2}}} \sim N(0,1)$이다. 따라서 모분산들이 알려져 있다면 이를 이용하여 모평균의 차이를 추정할 수 있다. 대부분의 실제 데이터는 모분산을 알 수 없고 또한 분산이 같은지도 모른다. 따라서 이를 표본분산으로 대체한다.

$$T = \frac{(\bar{X} - \bar{Y}) - (\mu_1 - \mu_2)}{\sqrt{\frac{S_1^2}{n_1} + \frac{S_2^2}{n_2}}}$$

이때 각 표본의 크기가 크다면 각 표본분산은 모분산에 수렴하며 위의 T 통계량은 정규분포에 가까워진다. 이를 이용하여 $T \sim N(0,1)$이 된다. 따라서 $\mu_1 - \mu_2$에 대한 $100(1-\alpha)\%$ 신뢰구간은 다음과 같이 계산할 수 있다.

$$\left((\bar{x} - \bar{y}) - z_{\frac{\alpha}{2}}\sqrt{\frac{S_1^2}{n_1} + \frac{S_2^2}{n_2}}, \qquad (\bar{x} - \bar{y}) + z_{\frac{\alpha}{2}}\sqrt{\frac{S_1^2}{n_1} + \frac{S_2^2}{n_2}} \right)$$

영가설이 H_0: $\mu_1 - \mu_2 = \delta = \delta_0$이라고 한다면 $t_0 = \frac{(\bar{x}-\bar{y})-\delta_0}{\sqrt{\frac{s_1^2}{n_1}+\frac{s_2^2}{n_2}}}$ 을 계산한 후 다음과 같이 유의성을 검정한다.

대립가설	P값	영가설 기각
$H_1 : \delta > \delta_0$	$p_0 = \Pr(T \geq t_0)$	$t_0 \geq z_\alpha$
$H_1 : \delta < \delta_0$	$p_0 = \Pr(T \leq t_0)$	$t_0 \leq z_\alpha$
$H_1 : \delta \neq \delta_0$	$p_0 = \Pr(\lvert T \rvert \leq t_0)$	$\lvert t_0 \rvert \geq z_{\frac{\alpha}{2}}$

8.3.2.1 [HAS] 데이터 예제

여기서 사용하는 데이터는 통계청 마이크로 데이터이며 자료명은 "가계자산조사 > 연간자료(제공)[2006년 가계자산조사]"이다. 편의상 [HAS]로 부르기로 한다. [HAS] 가계자산 데이터에서 40대와 50대의 순자산(net asset)의 차이가 있는지를 살펴보기로 하자.

```
> # 2 개의 모집단 비교
> # 가계자산조사 > 연간자료(제공)[2006 년 가계자산조사]
> df <- fread(paste0(path, 'Data/2006_household_asset_survey.txt'))
>
> # 연간소득과 순자산(단위: 만 원)
> df <- data.frame(age=df$V8, income=df$V15, net=df$V19)
> dim(df)
```

```
[1] 8275     3
> # 8275     3
>
> # 40 대와 50 대의 순자산의 차이
> x <- df[df$age %in% 40:49,'net']
> y <- df[df$age %in% 50:59,'net']
>
> mean(x)
[1] 23927.55
> sd(x)
[1] 40833.68
> length(x)
[1] 2557
> mean(y)
[1] 33659.06
> sd(y)
[1] 77385.9
> length(y)
[1] 1769
>
> alpha = 0.05
> z_alpha_half <- qnorm(1-alpha/2)
> z_alpha_half
[1] 1.959964
>
> # 95% 신뢰구간
> lower <- mean(x)-mean(y) - z_alpha_half*sqrt(sd(x)^2/length(x)+sd(y)^2/length(y))
> upper <- mean(x)-mean(y) + z_alpha_half*sqrt(sd(x)^2/length(x)+sd(y)^2/length(y))
> conf_interval = c(lower, upper)
> conf_interval
[1] -13669.703   -5793.303
>
> # 검정통계량 값: H0: mu1-mu2=0, H1: mu1-mu2 not equal 0
> t_0 <- (mean(x)-mean(y))/(sqrt(sd(x)^2/length(x)+sd(y)^2/length(y)))
> t_0
[1] -4.843176
> p_0 <- 2*pnorm(t_0) # 양쪽이므로 확률은 2 배
> p_0
[1] 1.277802e-06
```

2개의 모집단, 즉 순자산에 대한 40대 그룹과 50대 그룹 간 차이의 95% 신뢰구간은 (−13669.703, −5793.303)이다. 단위가 만 원이므로 50대가 대략 5천7백만 원에서

1억4천만 원 정도 많이 가지고 있음을 알 수 있다.

결과를 검정해보면 검정통계량의 P값은 거의 0이므로 유의수준 5%에서 매우 유의함을 알 수 있다. 즉, 영가설을 기각할 수 있다.

8.3.3. 2개의 모집단 비교: t 분포 근사

2개의 모집단을 비교할 때 각 모집단의 크기가 크지 않은 경우에는 정규분포보다는 t 분포 근사 방법을 택한다.

$$T = \frac{(\bar{X} - \bar{Y}) - (\mu_1 - \mu_2)}{\sqrt{\frac{S_1^2}{n_1} + \frac{S_2^2}{n_2}}} \sim t(df)$$

여기서 자유도 df는 다음과 같이 정의된다.

$$df = \frac{\left(\frac{S_1^2}{n_1} + \frac{S_2^2}{n_2}\right)^2}{\frac{\left(\frac{S_1^2}{n_1}\right)^2}{n_1 - 1} + \frac{\left(\frac{S_2^2}{n_2}\right)^2}{n_2 - 1}}$$

이를 이용하여 $\mu_1 - \mu_2$에 대한 100(1−α)% 신뢰구간은 다음과 같이 계산할 수 있다.

$$\left((\bar{x} - \bar{y}) - t_{\frac{\alpha}{2}}(df)\sqrt{\frac{S_1^2}{n_1} + \frac{S_2^2}{n_2}},\qquad (\bar{x} - \bar{y}) + t_{\frac{\alpha}{2}}(df)\sqrt{\frac{S_1^2}{n_1} + \frac{S_2^2}{n_2}}\right)$$

또한 영가설이 H_0: $\mu_1 - \mu_2 = \delta = \delta_0$이라고 한다면 $t_0 = \frac{(\bar{x}-\bar{y})-\delta_0}{\sqrt{\frac{s_1^2}{n_1}+\frac{s_2^2}{n_2}}}$을 계산한 후 다음과 같이 유의성을 검정한다.

대립가설	P값	영가설 기각
$H_1: \delta > \delta_0$	$p_0 = \Pr(T \geq t_0)$	$t_0 \geq t_\alpha(df)$
$H_1: \delta < \delta_0$	$p_0 = \Pr(T \leq t_0)$	$t_0 \leq t_\alpha(df)$
$H_1: \delta \neq \delta_0$	$p_0 = \Pr(\lvert T\rvert \leq t_0)$	$\lvert t_0\rvert \geq t_{\frac{\alpha}{2}}(df)$

이처럼 2개의 모집단의 분산이 동일하다는 가정을 하지 않고 자유도를 계산하여 모평균에 대해 검정하는 것을 Welch's t-test이라고도 한다.

8.3.3.1 [HAS] 데이터 예제

앞의 예제에 이어서 t 분포 근사에 의하여 검정을 해보자.

```
> # t 분포 이용
> alpha = 0.05
> n_1 <- length(x)
> n_2 <- length(y)
> df <- (sd(x)^2/n_1 + sd(y)^2/n_2)^2 /((sd(x)^2/n_1)^2/(n_1-1) + (sd(y)^2/n_2)^2/(n_2-1))
> df
[1] 2451.793
> t_alpha_half <- qt(1-alpha/2, df)
> t_alpha_half
[1] 1.960932
>
> t_0 <- (mean(x)-mean(y))/(sqrt(sd(x)^2/length(x)+sd(y)^2/length(y)))
> t_0
[1] -4.843176
>
> # 95% 신뢰구간
> lower <- mean(x)-mean(y) - t_alpha_half*sqrt(sd(x)^2/length(x)+sd(y)^2/length(y))
> upper <- mean(x)-mean(y) + t_alpha_half*sqrt(sd(x)^2/length(x)+sd(y)^2/length(y))
> conf_interval = c(lower, upper)
> conf_interval
[1] -13671.648  -5791.357
>
> # 검정통계량 값: H0: mu1-mu2=0, H1: mu1-mu2 not equal 0
> # P 값
> 2*pt(t_0, df=df) # 양쪽이므로 확률은 2 배
[1] 1.357403e-06
>
> # t.test 함수의 결과와 일치
> t.test(x, y, alternative = 'two.sided', var.equal=F, conf.level = 0.95)

        Welch Two Sample t-test

data:  x and y
t = -4.8432, df = 2451.8, p-value = 1.357e-06
alternative hypothesis: true difference in means is not equal to 0
95 percent confidence interval:
 -13671.648  -5791.357
```

```
sample estimates:
mean of x mean of y
 23927.55   33659.06
```

앞의 예와 비교해보면 P값이 거의 일치함을 알 수가 있다. 이런 의미에서 2개의 표본의 크기가 크면 정규근사를 해도 큰 문제가 없다.

8.3.4 2개의 모집단 비교: 모분산 동일 가정

지금까지는 2개의 모집단을 비교할 때 각각의 모분산이 있고 모분산을 동일하다는 가정을 하지 않았다. 실무에서는 이것이 현실적인 가정이지만, 만약 2개의 모분산이 동일하다는 가정을 하면 보다 단순하게 분포에 대한 추론을 할 수 있다. 2개의 모집단의 공통분산을 σ^2이라고 하자.

$$X_1, \ldots, X_{n_1} \sim (\mu_1, \sigma^2), \quad Y_1, \ldots, Y_{n_1} \sim (\mu_1, \sigma^2)$$

이때 공통분산의 추정량으로서 앞에서 정의한 합동표본분산(pooled sample variance)을 사용한다. 각각의 표본분산보다는 더 좋은 추정량이라고 생각하기 때문이다.

$$s_p^2 = \frac{1}{n_1 + n_2 - 2}\left(\sum_i (x_i - \bar{x})^2 + \sum_j \left(y_j - \bar{y}\right)^2\right) = \frac{(n_1 - 1)s_1^2 + (n_2 - 1)s_2^2}{n_1 + n_2 - 2}$$

또한 앞 장에서 다음과 같은 성질이 있음이 알려져 있다.

$$\frac{(n_1 + n_2 - 2)S_p^2}{\sigma^2} \sim \chi^2(n_1 + n_2 - 2)$$

따라서 모평균 차에 대한 추론을 위한 다음의 통계량을 생각할 수 있다.

$$T = \frac{(\bar{X} - \bar{Y}) - (\mu_1 - \mu_2)}{S_p\sqrt{\dfrac{1}{n_1} + \dfrac{1}{n_2}}} \sim t(n_1 + n_2 - 2)$$

이를 이용하면 $\mu_1 - \mu_2$에 대한 100(1−α)% 신뢰구간은 다음과 같이 계산할 수 있다.

$$\left((\bar{x} - \bar{y}) - t_{\frac{\alpha}{2}}(n_1 + n_2 - 2)\, s_p\sqrt{\frac{1}{n_1} + \frac{1}{n_2}}, \qquad (\bar{x} - \bar{y}) + t_{\frac{\alpha}{2}}(n_1 + n_2 - 2)\, s_p\sqrt{\frac{1}{n_1} + \frac{1}{n_2}}\right)$$

또한 영가설이 H_0: $\mu_1-\mu_2= \delta = \delta_0$이라고 한다면 $t_0 = \frac{(\bar{x}-\bar{y})-\delta_0}{s_p\sqrt{\frac{1}{n_1}+\frac{1}{n_2}}}$을 계산한 후 다음과 같이 유의성을 검정한다.

대립가설	P값	영가설 기각
$H_1: \delta > \delta_0$	$p_0 = \Pr(T \geq t_0)$	$t_0 \geq t_\alpha(n_1 + n_2 - 2)$
$H_1: \delta < \delta_0$	$p_0 = \Pr(T \leq t_0)$	$t_0 \leq t_\alpha(n_1 + n_2 - 2)$
$H_1: \delta \neq \delta_0$	$p_0 = \Pr(\lvert T\rvert \leq t_0)$	$\lvert t_0\rvert \geq t_{\frac{\alpha}{2}}(df n_1 + n_2 - 2)$

8.3.4.1 데이터 예제

앞의 예제에 이어서 2개의 모집단의 분산이 서로 동일하다는 가정하에 분포에 대한 추론을 해보자.

```
> # 모분산이 동일하다고 가정한 경우
> # 실제는 많이 다름
> sd(x)
[1] 40833.68
> sd(y)
[1] 77385.9
>
> # 합동표본분산
> sp <- sqrt(((n_1-1)*sd(x)^2+(n_2-1)*sd(y)^2)/(n_1+n_2-2))
> alpha = 0.05
> df <- n_1 + n_2 - 2
> t_alpha_half <- qt(1-alpha/2, df)
> t_alpha_half
[1] 1.960513
>
> # 95% 신뢰구간
> lower <- mean(x)-mean(y) - t_alpha_half*sp*sqrt(1/n_1+1/n_2)
> upper <- mean(x)-mean(y) + t_alpha_half*sp*sqrt(1/n_1+1/n_2)
> conf_interval = c(lower, upper)
> conf_interval
[1] -13284.533  -6178.472
>
> t_0 <- (mean(x)-mean(y))/(sp*sqrt(1/n_1+1/n_2))
> 2*pt(t_0, df=df) # 양쪽이므로 확률은 2 배
[1] 8.300185e-08
>
```

```
> # t.test 함수의 결과와 일치
> t.test(x, y, alternative = 'two.sided', var.equal=T, conf.level = 0.95)


        Two Sample t-test


data:  x and y
t = -5.3697, df = 4324, p-value = 8.3e-08
alternative hypothesis: true difference in means is not equal to 0
95 percent confidence interval:
 -13284.533  -6178.472
sample estimates:
mean of x mean of y
 23927.55  33659.06
```

8.3.5 모평균의 비교 요약

모평균의 비교에 대하여 **|그림 8.2|**와 같이 요약할 수 있다.

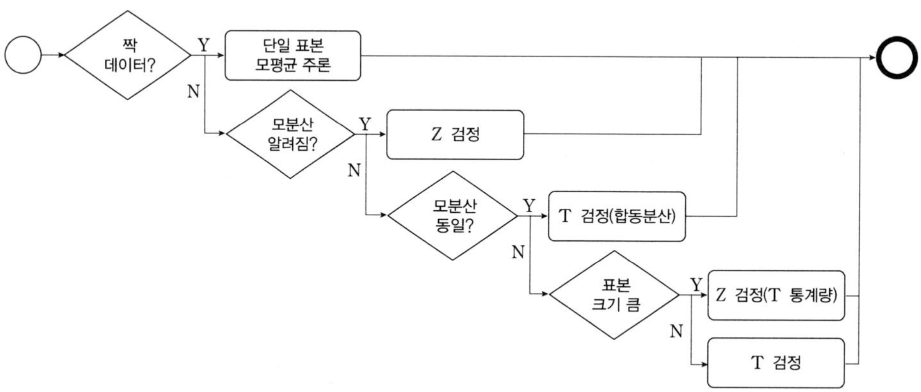

|그림 8.2| 모평균 비교의 유의성검정을 위한 흐름도

8.4 모분산의 추정

2개의 모집단의 분산이 같다는 가정하에 모평균을 추정하는 경우에 [HAS] 데이터를 보면 실제 표본분산은 많이 차이가 있음에도 불구하고 가정을 하는 경우가 있다. 즉, 실제 적용 시에는 모분산의 분포에 대한 적절한 추론의 결과를 이용하여 이를 적용하는 것이 좋다.

모분산에 대한 추론으로 사용할 수 있는 통계량으로 비편향추정량(unbiased)이면서 동시에 일치통계량(consistent estimator)인 표본분산을 이용하는 것은 합리적이라고 생각할 수 있다.

$$\frac{(n-1)S^2}{\sigma^2} \sim \chi^2(n-1)$$

위와 같은 표본분산의 성질을 이용하여 다음을 만족하는 a, b를 구할 수 있다.

$$\Pr\left(a \le \frac{(n-1)S^2}{\sigma^2} \le b\right) = 1-\alpha$$

만약 양쪽의 확률을 동일하게 준다면, $b = \chi^2_{\frac{\alpha}{2}}(n-1)$, $a = \chi^2_{1-\frac{\alpha}{2}}(n-1)$가 된다.

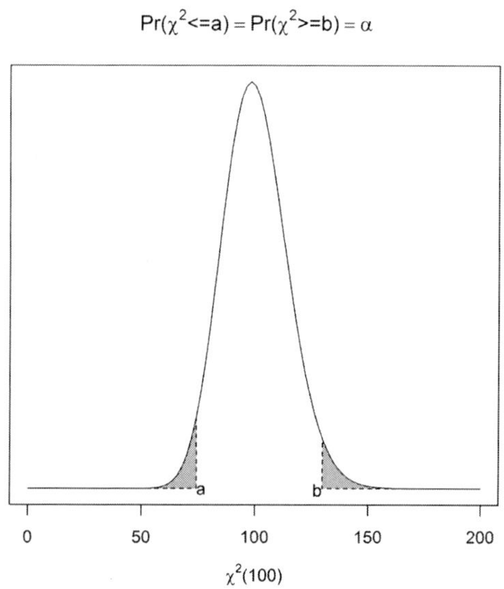

|그림 8.3| 양쪽 동일 확률 예시

$$\Pr\left(a \le \frac{(n-1)S^2}{\sigma^2} \le b\right) = \Pr\left(\frac{(n-1)S^2}{b} \le \sigma^2 \le \frac{(n-1)S^2}{a}\right) = 1-\alpha$$

따라서 모분산에 대한 100(1−α)% 신뢰구간은 다음과 같이 계산된다.

$$\left(\frac{(n-1)s^2}{\chi^2_{\frac{\alpha}{2}}(n-1)}, \quad \frac{(n-1)s^2}{\chi^2_{1-\frac{\alpha}{2}}(n-1)}\right)$$

8.4.1 [HAS] 데이터 예제

[HAS] 데이터를 이용하여 순자산에 대한 모분산을 추정해보자.

```
> # 모분산 추정의 예
> # 가계자산조사 > 연간자료(제공)[2006 년 가계자산조사]
> df <- fread(paste0(path, 'Data/2006_household_asset_survey.txt'))
>
> # 주요 데이터
> df <- data.frame(age=df$V8, income=df$V15, net=df$V19)
> dim(df)
[1] 8275     3
> # 8275     3
>
> # 순자산(단위: 만 원)
> x <- df$net
> hist(x)
> # hist(log10(x))
>
> sd <- sd(x)
> n <- length(x)
>
> alpha <- c(0.05)
> upper_q   <- qchisq(alpha/2, df=n-1)
> lower_q <- qchisq(1-alpha/2, df=n-1)
>
> # 모분산 100(1-alpha)% 신뢰구간
> lower <- (n-1)*sd^2/lower_q
> upper <- (n-1)*sd^2/upper_q
> conf_interval <- c(lower, upper)
> conf_interval
[1] 2756883405 2930136686
```

모분산에 대한 신뢰구간은 (2756883405, 2930136686)이다.

8.5 모분산의 유의성검정

모집단의 추정에 사용되는 통계량을 이용하여 모분산의 유의성을 검정한다. 모분산에 대한 영가설이 $H_0: \sigma^2 = \sigma_0^2$이고 검정통계량은 $\chi^2 = \frac{(n-1)S^2}{\sigma_0^2}$이고 표본으로부터의 값이 $\chi_0^2 = \frac{(n-1)s^2}{\sigma_0^2}$이라고 하자. 이때 모분산에 대한 유의성검정을 다음과 같이 진행한다.

대립가설	P값	영가설 기각
$H_1: \sigma^2 > \sigma_0^2$	$p_0 = \Pr(\chi^2 \geq \chi_0^2)$	$\chi_0^2 \geq \chi_\alpha^2(n-1)$
$H_1: \sigma^2 < \sigma_0^2$	$p_0 = \Pr(\chi^2 \leq \chi_0^2)$	$\chi_0^2 \leq \chi_{1-\alpha}^2(n-1)$
$H_1: \sigma^2 \neq \sigma_0^2$	$p_0 = 2\Pr(\chi^2 \leq \chi_0^2)$ or $p_0 = 2\Pr(\chi^2 \geq \chi_0^2)$	$\chi_0^2 \leq \chi_{1-\frac{\alpha}{2}}^2(n-1)$ *or* $\chi_0^2 \geq \chi_{\frac{\alpha}{2}}^2(n-1)$

8.5.1 [HAS] 데이터 예제

영가설 $H_0: \sigma^2 = 2700000000$에 대하여 대립가설 $H_1: \sigma^2 \neq 2700000000$에 대한 검정을 해보자.

```
> # 모분산 유의성검정
> sd <- sd(x)
> var <- sd^2
> var
[1] 2841521389
> sigma_sq_0 =c(2700000000)
> df <- length(x)-1
>
> # 기각역
> alpha <- c(0.05)
> lower <- qchisq(alpha/2, df)
> lower
[1] 8023.772
> upper <- qchisq(1-alpha/2,df)
> upper
[1] 8528.017
>
> chisq_0 <- df*var/sigma_sq_0
> chisq_0
[1] 8707.684
>
> if ((chisq_0 >= upper) || (chisq_0 <= upper))
+    print("영가설 기각")
[1] "영가설 기각"
>
> # 유의확률
> p_0 <- 2*(1-pchisq(chisq_0, df)) # 양쪽이므로 확률의 2 배
> p_0
[1] 0.0009023581
```

8.6 모분산의 비교

앞 절에서 모평균을 비교할 때 분산이 같거나 틀리다는 가정을 하였다. 이 절에서는 이를 검정하는 과정을 살펴본다.

8.6.1 모분산 비의 추정

$X_1,\cdots,X_{n_1} \sim (\mu_1,\sigma^2)$, $Y_1,\cdots,Y_{n_2} \sim (\mu_2,\sigma^2)$인 임의표본이라고 하자. 이때 다음의 성질이 성립함을 살펴보았다.

$$\frac{S_1^2/\sigma_1^2}{S_2^2/\sigma_2^2} = \frac{\sigma_2^2}{\sigma_1^2}\frac{S_1^2}{S_2^2} \sim F(n_1-1, n_2-1)$$

이를 이용하면 다음의 확률식이 성립한다.

$$\begin{aligned}
&\Pr\left(F_{1-\frac{\alpha}{2}}(n_1-1,n_2-1) \le \frac{\sigma_2^2}{\sigma_1^2}\frac{S_1^2}{S_2^2} \le F_{\frac{\alpha}{2}}(n_1-1,n_2-1)\right)\\
&= \Pr\left(\frac{1}{F_{\frac{\alpha}{2}}(n_1-1,n_2-1)}\frac{S_1^2}{S_2^2} \le \frac{\sigma_1^2}{\sigma_2^2} \le \frac{1}{F_{1-\frac{\alpha}{2}}(n_1-1,n_2-1)}\frac{S_1^2}{S_2^2}\right)\\
&= 1-\alpha
\end{aligned}$$

따라서 모분산비에 대한 100(1−α)% 신뢰구간은 다음과 같이 계산된다.

$$\left(\frac{1}{F_{\frac{\alpha}{2}}(n_1-1,n_2-1)}\frac{s_1^2}{s_2^2},\quad \frac{1}{F_{1-\frac{\alpha}{2}}(n_1-1,n_2-1)}\frac{s_1^2}{s_2^2}\right)$$

8.6.1.1 [HAS] 데이터 예제

[HAS] 데이터를 이용하여 모분산비를 추정해 보자.

```
> # 모분산비에 대한 추정
> # 가계자산조사 > 연간자료(제공)[2006 년 가계자산조사]
> df <- fread(paste0(path, 'Data/2006_household_asset_survey.txt'))
>
> # 주요 데이터
> df <- data.frame(age=df$V8, income=df$V15, net=df$V19)
```

```
> dim(df)
[1] 8275     3
> # 8275     3
>
> # 40 대와 50 대의 순자산 (단위: 만 원)
> x <- df[df$age %in% 40:49,'net']
> y <- df[df$age %in% 50:59,'net']
>
> n_1 <- length(x)
> n_2 <- length(y)
>
> var_1 <- sd(x)^2
> var_2 <- sd(y)^2
>
> alpha <- c(0.05)
> lower_q <- qf(alpha/2, df1=n_1-1, df2=n_2-1)
> upper_q <- qf(1-alpha/2, df1=n_1-1, df2=n_2-1)
>
> var_ratio <- var_1/var_2
> var_ratio
[1] 0.2784283
>
> lower <- (1/upper_q)*var_ratio
> upper <- (1/lower_q)*var_ratio
> conf_interval <- c(lower, upper)
> conf_interval
[1] 0.2554577 0.3032583
> sprintf("%.3f",  conf_interval)
[1] "0.255" "0.303"
>
> # stats 패키지의 var.test 함수와 비교
> var.test(x,y, ratio=1, alternative = c("two.sided"), conf.level=0.95)

         F test to compare two variances

data:  x and y
F = 0.27843, num df = 2556, denom df = 1768, p-value < 2.2e-16
alternative hypothesis: true ratio of variances is not equal to 1
95 percent confidence interval:
 0.2554577 0.3032583
sample estimates:
ratio of variances
         0.2784283
```

결과를 보면 $\frac{s_1^2}{s_2^2} = 0.278$이며 모분산비 $\frac{\sigma_1^2}{\sigma_2^2}$의 95% 신뢰구간은 (0.255,0.303)이다.

8.6.2 모분산 비의 유의성검정

모분산비의 검정통계량은 $F = \frac{S_1^2}{S_2^2}$을 사용한다. 이 통계량의 임의표본의 값을 $f_0 = \frac{s_1^2}{s_2^2}$이라고 하자. 이때 영가설 $H_0: \sigma_1^2 = \sigma_2^2$에 대하여 모분산비에 대한 검정은 다음과 같다.

대립가설	P값	영가설 기각
$H_1: \sigma_1^2 > \sigma_2^2$	$p_0 = \Pr(F \geq f_0)$	$f_0 \geq F_\alpha(n_1 - 1, n_2 - 1)$
$H_1: \sigma_1^2 < \sigma_2^2$	$p_0 = \Pr(F \leq f_0)$	$f_0 \leq F_{1-\alpha}(n_1 - 1, n_2 - 1)$
$H_1: \sigma_1^2 \neq \sigma_2^2$	$p_0 = 2\Pr(F \geq f_0)$ or $p_0 = 2\Pr(F \geq f_0)$	$f_0 \geq F_{\frac{\alpha}{2}}(n_1 - 1, n_2 - 1)$ or $f_0 \leq F_{1-\frac{\alpha}{2}}(n_1 - 1, n_2 - 1)$

참고로 위의 식이 나오는 배경을 살펴보자. 대립가설은 $H_1: \sigma_1^2 > \sigma_2^2$이라고 가정하자.

$$\Pr\left(\frac{S_1^2}{S_2^2} \geq c\right)$$

$$\Rightarrow \Pr\left(\frac{S_1^2}{S_2^2}\frac{\sigma_2^2}{\sigma_1^2} \geq c\frac{\sigma_2^2}{\sigma_1^2}\right) = \alpha$$

$$\Rightarrow c\frac{\sigma_2^2}{\sigma_1^2} = F_\alpha(n_1 - 1, n_2 - 1)$$

따라서 영가설이 참이라고 한다면 $\frac{\sigma_2^2}{\sigma_1^2} = 1$이 되므로 기각경곗값(critical value)은 $F_\alpha(n_1 - 1, n_2 - 1)$가 된다.

8.6.2.1 [HAS] 데이터 예제

[HAS] 데이터의 40대와 50대의 순자산에 대한 분산의 비에 대한 검정을 해보자.

```
> # 모분산비의 유의성검정
> # 가계자산조사 > 연간자료(제공)[2006 년 가계자산조사]
> df <- fread(paste0(path, 'Data/2006_household_asset_survey.txt'))
>
```

```
# 주요 데이터
df <- data.frame(age=df$V8, income=df$V15, net=df$V19)
dim(df)
] 8275     3
# 8275     3

# 40 대와 50 대의 순자산(단위: 만 원)
x <- df[df$age %in% 40:49,'net']
y <- df[df$age %in% 50:59,'net']

n_1 <- length(x)
n_2 <- length(y)

var_1 <- sd(x)^2
var_2 <- sd(y)^2

# 검정통계량
f_0 <-  var_1/var_2
f_0
] 0.2784283

# 기각역
alpha = c(0.05)
crit_value = qf(alpha/2,df1=n_1-1, df2=n_2-1)
crit_value
] 0.9181225



# P 값
p_0 <- 2*pf(f_0, df1=n_1-1, df2=n_2-1)
p_0
] 7.83976e-190

# stats 패키지의 var.test 함수와 비교
var.test(x,y, ratio=1, alternative = c("two.sided"), conf.level=0.95)


        F test to compare two variances
```

```
data:   x and y
F = 0.27843, num df = 2556, denom df = 1768, p-value < 2.2e-16
alternative hypothesis: true ratio of variances is not equal to 1
95 percent confidence interval:
 0.2554577 0.3032583
sample estimates:
ratio of variances
 0.2784283
```

결과를 보면 검정통계량의 값이 0.278이며 기각경곗값은 0.918이다. 따라서 이 값보다 작으므로 분산은 동일하다고 할 수 없다. P값은 $2 \times \Pr\left(\frac{S_1^2}{S_2^2} \leq f_0\right) = 7.83976\mathrm{e}-190$이지만 패키지에서 제공하는 값(p-value < 2.2e-16)의 범위에 속한다.

9장

범주형 자료분석

9.1 개요

지금까지의 자료 유형을 보면 주로 소득, 잔액 등과 같은 연속형 변수만을 대상으로 하여 분석하였다. 그러나 통계청 마이크로데이터 서비스의 [HFWS] 자료에서도 보듯이 가구주교육정도, 입주형태, 성별 등은 범주형 또는 이산형 자료이다. 이 장에서는 범주형 자료에 대한 기본적인 추론에 대하여 알아보자.

이 장에서의 데이터 구성은 다음과 같이 공통으로 적용한다.

```
> # [HFWS] 통계청 마이크로데이터 2018 년 가계금융조사 데이터
> df <- fread(paste0(path, "/Data/mdis/MDIS_2018_HFWS.txt"))
> dim(df)
[1] 18640    161
> # [1] 18640    161
>
> # 관심있는 항목
> table(df$V8) # 가구주성별

    1     2
14061  4579
> # 1     남자
> # 2     여자
> table(df$V9) # 가구원수

   1    2    3    4    5    6    7    8    9
4188 5532 3771 3976  961  175   31    5    1
> table(df$V15) # 가구주 교육정도_학교

   1    2    3    4    5    6    7
1031 2362 2033 5883 1836 4427 1068
> # 1     안 받음(미취학 포함)
> # 2     초등학교
> # 3     중학교
> # 4     고등학교
> # 5     대학(3 년제 이하)
> # 6     대학교(4 년제 이상)
```

```
> # 7      대학원 이상
> table(df$V21) # 가구주 만나이

 19  20  21  22  23  24  25  26  27  28  29  30  31  32  33  34  35  36  37  38  39
40  41  42  43
  3   1   8  10  23  35  45  66  73  72 101 105 121 180 181 237 305 348 328 315 304
300 314 321 388
 44  45  46  47  48  49  50  51  52  53  54  55  56  57  58  59  60  61  62  63  64
65  66  67  68
369 407 407 417 441 443 407 445 414 423 383 412 457 484 506 457 451 434 431 412 357 381
313 299 302
 69  70  71  72  73  74  75  76  77  78  79  80  81  82  83  84  85  86  87  88  89
90  91  92  93
341 348 292 244 247 244 351 266 219 244 215 189 183 169 139 109 107  78  56  44  39
24  20  13   5
 94  95  96  97  99 100 107
  5   4   1   3   3   1   1
> table(df$V25) # 가구주 혼인상태

    1     2     3     4
 1616 12429  2682  1913
> # 1      미혼
> # 2      배우자 있음
> # 3      사별
> # 4      이혼
> table(df$V27) # 입주형태 통합별

   G1    G2    G3    G4
11573  2963  2800  1304
> # G1              자기집
> # G2              전세
> # G3              월세
> # G4              기타
> table(df$V30) # 부채보유여부

   G1    G2
11185  7455
> # G1              부채 보유
> # G2              부채 미보유
```

```
> summary(df$V41) # 자산
   Min.  1st Qu.  Median   Mean  3rd Qu.     Max.
      0     7390   22511  40053   47552 2346200
> summary(df$V42) # 금융자산
   Min.  1st Qu.  Median   Mean  3rd Qu.    Max.
      0     1247    4516   9805   11065  804000
> summary(df$V47) # 실물자산
   Min.  1st Qu.  Median   Mean  3rd Qu.     Max.
      0     1251   15403  30248   35700 2210500
> summary(df$V57) # 담보대출
   Min.  1st Qu.  Median   Mean  3rd Qu.    Max.
      0        0       0   3964    3000  690000
> summary(df$V81) # 신용대출
   Min.  1st Qu.  Median   Mean  3rd Qu.      Max.
    0.0      0.0     0.0  688.8     0.0  154388.0
> summary(df$V109) # 순자산액
   Min.  1st Qu.  Median   Mean  3rd Qu.     Max.
-198700     5800   18076  33246   39924  1746200
> summary(df$V110) # 가구소득(경상소득)
   Min.  1st Qu.  Median   Mean  3rd Qu.    Max.
      0     1911    4032   5364    7051  239335
> # quantile(df$V110, probs = seq(0, 1, 0.01))
> summary(df$V118) # 지출
    Min.  1st Qu.  Median    Mean  3rd Qu.      Max.
     0.0    459.8  1283.5  2183.2  2973.0 116616.0
> table(df$V154) # 가구주 은퇴여부

   1    2
7412 1849
```

9.2 모비율의 추정

임의표본을 추출한 후 이를 바탕으로 하여 모비율(population proportion)의 추정에 대하여 알아보자. 예를 들어 [HFWS] 자료에서 임의로 100개의 표본을 구성한 후 원 모집단의 가구주의 학력이 4년제 대졸 이상인 비율을 어떻게 추정할 수 있을까?

```
> # 임의표본 100 개를 구성한다.
>
> selected_var <- c('V8', 'V9', 'V15', 'V21', 'V25', 'V27', 'V30', 'V41',
+                   'V42','V47', 'V57', 'V81','V109','V110', 'V118', 'V154')
>
> set.seed(1234)
> index <-sample(1:dim(df)[1],  size=100)
> dfs <- df[index, selected_var, with=F]
> dim(dfs)
[1] 100  16
>
> # 모집단 비율
> p_true <- nrow(df[V15 > 4]) / nrow(df)
> p_true
[1] 0.393294
>
> # 표본 비율
> p_sample <- nrow(dfs[V15 > 4]) / nrow(dfs)
> p_sample
[1] 0.36
```

자료를 보면 단 1번의 표본을 추출한 경우에 모비율은 0.393이지만 표본비율은 0.36이다.

표본의 합의 분포는 $\sum_{i=1}^{n} X_i \sim B(n,p)$ 이므로 표본비율 $\hat{p} = \frac{\sum_{i=1}^{n} X_i}{n}$ 을 이용하여 추론한다.

$$E(\hat{p}) = \frac{np}{n} = p, \qquad Var(\hat{p}) = \frac{(Var(X_1) + \cdots + Var(X_n))}{n^2} = \frac{p(1-p)}{n}$$

따라서 $\hat{p}$ 의 표준오차는 $\sqrt{Var(\hat{p})} = \sqrt{\frac{p(1-p)}{n}}$ 이 되므로 p 대신 $\hat{p}$ 로 치환하면 표준오차의 추정량이 된다. 즉, n이 충분히 크면 다음이 성립한다.

$$\frac{\hat{p} - p}{\sqrt{\frac{\hat{p}(1-\hat{p})}{n}}} \sim N(0,1)$$

따라서 다음의 확률식이 성립한다.

$$\Pr\left(-z_{\frac{\alpha}{2}} \le \frac{\hat{p}-p}{\sqrt{\frac{\hat{p}(1-\hat{p})}{n}}} \le z_{\frac{\alpha}{2}}\right) = 1-\alpha$$

그러므로 100(1−α)% 신뢰구간은 다음과 같다. $\hat{p}_0 = \frac{\sum_{i=1}^{n} x_i}{n}$ 이라고 하자.

$$\left(\hat{p}_0 - z_{\frac{\alpha}{2}}\sqrt{\frac{\hat{p}(1-\hat{p})}{n}}, \quad \hat{p}_0 + z_{\frac{\alpha}{2}}\sqrt{\frac{\hat{p}(1-\hat{p})}{n}}\right)$$

여기서 $z_{\frac{\alpha}{2}}$는 $\Pr\left(Z \ge z_{\frac{\alpha}{2}}\right) = \frac{\alpha}{2}$이다. 즉, $\Phi\left(z_{\frac{\alpha}{2}}\right) = 1 - \frac{\alpha}{2}$이다.

```
> # 표본 비율
> p_sample <- nrow(dfs[V15 > 4]) / nrow(dfs)
> p_sample
[1] 0.36
> # 모비율에 대한 신뢰구간
> alpha <- c(0.05)
> phat_0 <- p_sample
> n <- nrow(dfs)
> # qnorm(1-alpha/2)를 사용하거나 abs(qnorm(alpha/2))를 사용한다.
> lower <- phat_0 - qnorm(1-alpha/2) * sqrt(phat_0*(1-phat_0)/n)
> upper <- phat_0 + qnorm(1-alpha/2) * sqrt(phat_0*(1-phat_0)/n)
> conf_interval = c(lower, upper)
> conf_interval
[1] 0.2659217 0.4540783
```

계산된 신뢰구간은 (0.266, 0.454)이다.

9.3 소표본인 경우의 모비율 유의성검정

모비율에 대한 자연스러운 추정량은 표본비율이며 비편향추정량이다. 이를 이용하여 모비율에 대한 추론을 해보자.

[HFWS] 자료에서 임의로 크기가 100개의 표본을 구성한 후 모집단의 가구주의 학력이 4년제 대졸 이상인 비율에 대한 추론을 고려해보자. $H_0 : p = p_0$인 영가설에 대하여 크기가 $n = 100$인 표본의 속성에 해당하는 건수가 np_0보다 많을수록 영가설을 기

각할 가능성이 많아진다. 예를 들어 표본비율이 0.4라고 한다면 표본에서 해당 속성에 대한 건수가 40개 이상보다 클수록 영가설을 기각할 가능성이 많다는 것이다. 이런 의미에서 검정통계량은 특정 속성의 건수로 정의할 수 있다.

$$n_p = \sum_i X_i \sim B(n,p)$$

따라서 만약 대립가설이 $H_0 : p > p_0$라면 다음의 조건을 만족하면 영가설을 기각할 것이다.

$$\Pr(n_p \geq c) = \sum_{j=c}^{n} \binom{n}{j} p^j (1-p)^{n-j}$$

이때 주어진 식은 영가설이 사실이라는 가정하에 구해야 하므로 다음과 같이 계산된다.

$$\Pr(n_p \geq c) = \sum_{j=c}^{n} \binom{n}{j} p_0^j (1-p_0)^{n-j}$$

따라서 표본의 값을 $\widehat{n_p}$이라고 한다면 $\Pr(n_p \geq \widehat{n_p} \ |H_0)$의 값이 P값이 되며 기각역의 기각경곗값은 $B_\alpha(n,p_0)$가 된다.

각 대립가설에 대한 검정은 다음과 같다.

대립가설	P값	영가설 기각
$H_1: p > p_0$	$\Pr(n_p \geq \widehat{n_p})$	$\widehat{n_p} \geq B_\alpha(n,p_0)$
$H_1: p < p_0$	$\Pr(n_p \leq \widehat{n_p})$	$\widehat{n_p} \leq B_{1-\alpha}(n,p_0)$
$H_1: p \neq p_0$	$2\Pr(n_p \geq \widehat{n_p})$ or $2\Pr(n_p \geq \widehat{n_p})$	$\widehat{n_p} \geq B_{\frac{\alpha}{2}}(n,p_0)$ or $\widehat{n_p} \leq B_{1-\frac{\alpha}{2}}(n,p_0)$

구체적인 예로서 살펴보자.

```
> # 표본이 작은 경우 -----
> # H0: p=0.4, H1: p>0.4
>
> # 검정통계량 계산
```

```
> nphat <- nrow(dfs[V15>4]) # 해당 속성의 건수
> nphat
[1] 36
>
> # 유의확률
> n <- 100
> p_0 <- 1 - pbinom(nphat, size=n, prob=0.4)
> p_0
[1] 0.7613893
>
> # 기각역
> alpha <- c(0.05)
> crit_value = qbinom(1-alpha, size=100, prob=0.4)
> crit_value
[1] 48
```

예에서는 H_0: $p = 0.4$, H_1: $p > 0.4$이다. 결과를 보면 영가설이 참이라는 가정하에 유의확률은 0.76이어서 유의수준 5%보다 크므로 영가설을 기각할 수 없다. 기각역 관점에서 보면 기각경곗값이 48이므로 추정값 36보다 크다. 따라서 영가설을 기각할 수 없다.

9.4 대표본인 경우의 모비율 유의성검정

앞의 예는 소표본인 경우에 일반적으로 사용되는 방법이다. 그러나 실무의 대부분의 문제는 대표본이므로 정규근사 방법에 의하여 모비율에 대한 유의성을 검정한다. 정규근사에 의한 과정을 살펴보자.

$$\Pr(n_p > c) = \Pr\left(\frac{n_p - np}{\sqrt{np(1-p)}} > \frac{c - np}{\sqrt{np(1-p)}}\right) = \Pr(Z > z_0) = 1 - \Phi(c_1)$$

따라서 검정통계량을 $Z = \frac{n_p - np}{\sqrt{np(1-p)}}$이라고 정의하고 영가설하에서 표본의 값을 $z_0 = \frac{\widehat{n_p} - np_0}{\sqrt{np_0(1-p_0)}}$계산한 후 다음과 같은 방법으로 검정한다.

대립가설	P값	영가설 기각
$H_1: p > p_0$	$\Pr(Z \geq z_0)$	$z_0 \geq z_\alpha$
$H_1: p < p_0$	$\Pr(Z \leq z_0)$	$z_0 < z_{1-\alpha}$
$H_1: p \neq p_0$	$\Pr(\lvert Z \rvert \geq \lvert z_0 \rvert)$	$z_0 \geq z_{\frac{\alpha}{2}}$ or $z_0 < z_{1-\frac{\alpha}{2}}$

계산 과정을 살펴보자.

```
> # 표본이 큰 경우 -----
> # H0: p=0.4, H1: p>0.4
>
> # 검정통계량 계산
> n <- 100
> p0 <- 0.4
> nphat <- nrow(dfs[V15>4]) # 해당 속성의 건수
> z0 <- (nphat-n*p0)/sqrt(n*p0*(1-p0))
> z0
[1] -0.8164966
>
> # 유의확률
> p_0 <- 1 - pnorm(z0)
> p_0
[1] 0.7928919
>
> # 기각역
> alpha <- c(0.05)
> crit_value = qnorm(1-alpha)
> crit_value
[1] 1.644854
```

검정통계량에 대한 표본값이 −0.816이며 이에 대한 유의확률은 0.05보다 작기 때문에 영가설을 기각할 수 없다. 마찬가지로 기각경곗값이 1.645이므로 표본값이 이 값보다 작기 때문에 역시 영가설을 기각할 수 없다.

참고로 앞서 정의한 Z 통계량이 정규분포인지를 확인하기 위하여 현재 표본을 200번 반복해서 모집단에서 추출하는 경우 **[그림 9.1]**과 같은 모습이며 거의 정규분포이다.

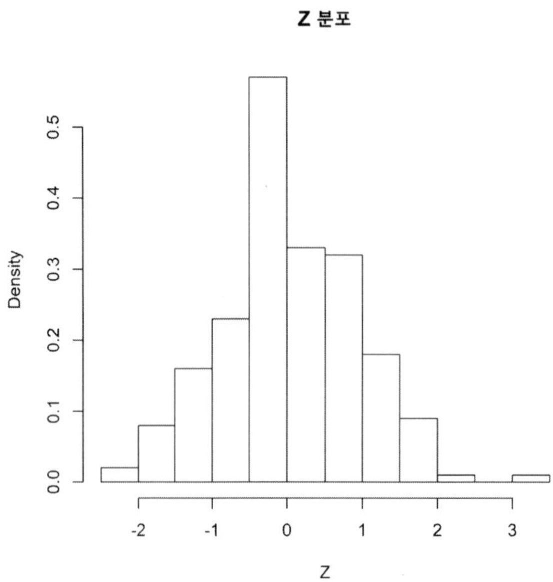

|그림 9.1| Z 분포 예시

9.5 모비율 유의성검정 요약

모비율의 유의성검정은 다음 그림과 같이 요약할 수 있다.

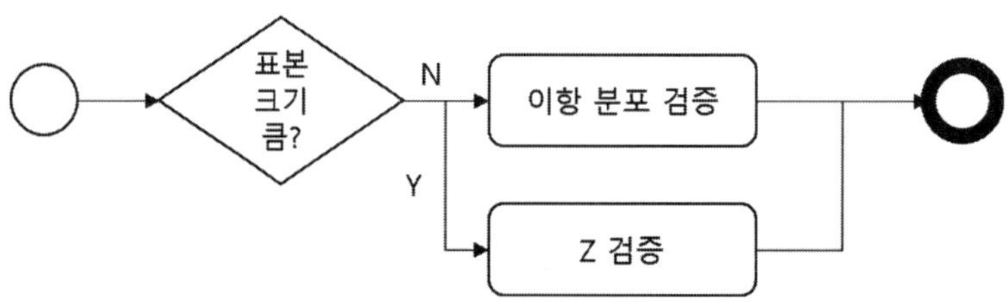

|그림 9.2| 모비율 유의성검정 흐름도

9.6 모비율의 비교

9.6.1 모비율차의 추정

[HFWS] 자료에서 은퇴자 그룹과 비은퇴자 그룹으로 구분한 후 과연 부채보유 비율의 차이가 있는지를 살펴보는 문제가 있다고 하자.

```
> # 가구주 은퇴여부에 따라 부채보유여부의 비율의 차이 비교
> selected_var <- c("V154", "V30")
> nrow(df)
[1] 18640
>
> # 결측값 처리
> dfs <- df[,selected_var, with=FALSE]
> sum(is.na(dfs$V154))
[1] 9379
> dfs <- na.omit(dfs)
> nrow(dfs)
[1] 9261
>
> tbl <- table(dfs$V154, dfs$V30)
> tbl

       G1   G2
  1 4869 2543
  2  643 1206
>
> prop <- tbl/rowSums(tbl)
> prop[,1] # 모집단의 비율
        1         2
0.6569077 0.3477555
```

실제 모집단의 비율을 보면 은퇴자의 부채보유 비율이 0.657이고 비은퇴자 부채보유 비율은 0.348이다. 비율에 많은 차이가 있음을 알 수 있다.

이제 표본의 크기가 100인 임의표본을 추출하여 모비율차에 대한 추정을 해보자. 2개의 임의표본의 크기가 n_1, n_2이고, 각 속성의 건수를 f_1, f_2라고 한다면 표본비율은 다음과 같다.

$$\hat{p}_1 = \frac{f_1}{n_1}, \hat{p}_2 = \frac{f_2}{n_2}$$

따라서 모비율의 차에 대한 좋은 추정량으로 표본비율의 차 $\widehat{p_1 - p_2} = \hat{p}_1 - \hat{p}_2$을 사용한다. 여기서 $f_1 \sim B(n_1, p_1)$, $f_2 \sim B(n_2, p_2)$이므로 $E(\hat{p}_1 - \hat{p}_2) = \frac{n_1 p_1}{n_1} - \frac{n_2 p_2}{n_2} = p_1 - p_2$이고

$Var(\hat{p}_1 - \hat{p}_2) = Var(\hat{p}_1) + Var(\hat{p}_2) = \frac{n_1 p_1(1-p_1)}{n_1^2} + \frac{n_2 p_2(1-p_2)}{n_2^2} = \frac{p_1(1-p_1)}{n_1} + \frac{p_2(1-p_2)}{n_2}$ 가 된다. 따라서 중심극한정리에 의하여 각 표본의 크기가 충분히 크면 다음이 성립한다.

$$\hat{p}_1 - \hat{p}_2 \sim N\left(p_1 - p_2, \quad \frac{p_1(1-p_1)}{n_1} + \frac{p_2(1-p_2)}{n_2}\right)$$

이때 분산에 대하여 모비율 대신 표본비율로 대체하면 근사적으로 다음이 성립한다.

$$\frac{(\hat{p}_1 - \hat{p}_2) - (p_1 - p_2)}{\sqrt{\frac{\hat{p}_1(1-\hat{p}_1)}{n_1} + \frac{\hat{p}_2(1-\hat{p}_2)}{n_2}}} \approx N(0,1)$$

이를 이용하여 표본비율의 관측값$(\hat{p}_{10} - \hat{p}_{20})$에 대하여 100(1−α)% 모비율차에 대한 신뢰구간은 다음과 같다. 여기서 $\mathrm{SE_o} = \sqrt{\frac{\hat{p}_{10}(1-\hat{p}_{10})}{n_1} + \frac{\hat{p}_{20}(1-\hat{p}_{20})}{n_2}}$로 정의한다.

$$(\hat{p}_{10} - \hat{p}_{20} - z_\alpha SE_0, \quad \hat{p}_{10} - \hat{p}_{20} + z_\alpha SE_0 \quad)$$

[HFWS] 자료를 이용하여 계산과정을 살펴보자.

```
> # 표본추출
> selected_var <- c("V154", "V30")
>
> set.seed(1234)
> index <-sample(1:nrow(df),   size=300)
> dfs1 <- df[index, selected_var, with=F]
> dfs1 <- na.omit(dfs1)
>
> set.seed(12345)
> index <-sample(1:nrow(df),   size=300)
> dfs2 <- df[index, selected_var, with=F]
> dfs2 <- na.omit(dfs2)
>
> # 표본비율 계산
> n1 <- nrow(dfs1[V154==1])
> p10 <- nrow(dfs1[V154==1 & V30=='G1'])/n1
> p10
[1] 0.6535433
> n2 <- nrow(dfs2[V154==2])
> p20 <- nrow(dfs2[V154==2 & V30=='G1'])/n2
```

```
> p20
[1] 0.2857143
>
> # 표준오차 계산
> se0 <- sqrt(p10*(1-p10)/n1+p20*(1-p20)/n1)
> se0
[1] 0.05822209
>
> # 정규분위수 계산
> alpha <- c(0.05)
> z_alpha <- qnorm(1-alpha/2)
> z_alpha
[1] 1.959964
>
> # 신뢰구간 계산
> lower <- p10 - p20 - z_alpha*se0
> upper <- p10 - p20 + z_alpha*se0
> conf_interval <- c(lower, upper)
> conf_interval
[1] 0.2537158 0.4819422
```

결과를 보면 모비율차에 대한 95% 신뢰구간은 (0.254, 0.482)이다.

9.6.2 모비율차의 유의성검정

모비율차의 추정에서 사용되었던 결론을 이용하여 모비율차의 유의성을 검정해 보자.

$$\frac{(\hat{p}_1 - \hat{p}_2) - (p_1 - p_2)}{\sqrt{\frac{\hat{p}_1(1-\hat{p}_1)}{n_1} + \frac{\hat{p}_2(1-\hat{p}_2)}{n_2}}} \approx N(0,1)$$

영가설 H_0: $p_1 = p_2$에 대하여 검정통계량은 다음과 같이 정의한다.

$$Z = \frac{(\hat{p}_1 - \hat{p}_2) - (p_1 - p_2)}{\sqrt{\frac{\hat{p}_1(1-\hat{p}_1)}{n_1} + \frac{\hat{p}_2(1-\hat{p}_2)}{n_2}}}$$

이때 표본으로부터 계산된 값을 $z_0 = \frac{(\hat{p}_{10} - \hat{p}_{20}) - (0)}{\sqrt{\frac{\hat{p}_{10}(1-\hat{p}_{10})}{n_1} + \frac{\hat{p}_{20}(1-\hat{p}_{20})}{n_2}}}$ 이라고 하자. 참고로 영가설 하에서는 $p_1 - p_2 = 0$이다. 이를 이용하여 다음과 같이 대립가설에 대한 검정을 한다.

대립가설	P값	영가설 기각
$H_1: p_1 > p_2$	$\Pr(Z \geq z_0)$	$z_0 \geq z_\alpha$
$H_1: p_1 < p_2$	$\Pr(Z \leq z_0)$	$z_0 < z_{1-\alpha}$
$H_1: p_1 \neq p_2$	$\Pr(\lvert Z \rvert \geq \lvert z_0 \rvert)$	$z_0 \geq z_{\frac{\alpha}{2}}$ or $z_0 < z_{1-\frac{\alpha}{2}}$

예를 통하여 $H_0: p_1 \neq p_2$에 대한 추론을 검정해보자.

```
> ## H0: p1 = p2, H1: p1 ≠ p2 가설검정
> # 검정통계량
> z0 <- (p10-p20)/se0
> z0
[1] 6.317688
>
> # P 값
> 2*(1-pnorm(z0))
[1] 2.655045e-10
>
> # 기각경곗값
> alpha <- c(0.05)
> c_value <- qnorm(1-alpha/2)
> c_value
[1] 1.959964
>
> # 기각?
> (z0 > c_value)
[1] TRUE
```

결과를 보면 P값이 거의 0이어서 유의수준 5%의 양측검정(two sided test)에서 유의하며 이는 검정통계량값이 기각경계값보다 크다는 것에서 확인할 수 있다.

9.7 동질성검정

흔히 자주 접하는 자료 중 다음과 같은 분할표(contingency table) 또는 교차표(cross tabulation) 형식의 자료를 살펴보자.

	과거 6개월 이내 이탈여부	
변액상품 가입여부	Y	N
Y	100	900
N	200	4,500

위 표의 값은 건수이다. 이때 건수로는 변액상품에 가입하지 않은 고객이 많으나 비율로는 오히려 더 작다. 통계적으로 볼 때 변액상품의 가입여부는 이탈과는 무관하지 않다는 결론을 어떻게 낼 수 있을까? 이 문제는 앞서 정의한 모비율차의 검정으로 행할 수 있으나 변액상품 가입여부와 같은 속성의 개수가 많은 경우, 예를 들어 변액, 종신, 어린이, 건강 등 여러 가지 범주를 갖는 속성인 경우에는 앞의 방법을 적용할 수 없다. 이때 사용하는 방법 중 하나가 동질성검정(homogeneity test)이다.

예의 분할표에서 전체 이탈비율은 0.053이다. 따라서 변액상품과 무관하게 이탈한다면 변액상품에 가입한 고객의 이탈률도 $1000 \times 0.053 = 53$이어야 하고 가입하지 않은 고객도 $4700 \times 0.053 \approx 247$이어야 한다. 그런데 실제 건수는 각각 100, 200이므로 그 차이는 (53−100, 247−200)이다.

만약 영가설이 $H_0: p_1 = p_2 = p$이라면 일종의 영가설하에서 오차가 되는 것이다. 즉 오차가 0에 가까우면 동질한 비율이며 0에서 멀어질수록 동질하지 않다고 이야기할 수 있다. 이를 고려한 검정통계량은 다음과 같다.

$$\sum_{ij} \frac{(O_{ij} - E_{ij})^2}{E_{ij}}$$

여기서 O_{ij}는 (i,j) 셀의 관측값, 즉 관측빈도(observed frequency)이며 E_{ij}는 기대빈도(expected frequency)이다.

	변수 Y의 범주		
변수 X의 범주	1	…	c
1	O_{11}	…	O_{1c}
…	…	…	…
r	O_{r1}	…	O_{rc}

여기서 기대빈도는 모집단의 비율을 모르기 때문에 관측된 표본의 비율로서 결정한다.

$$\hat{E}_{ij} = n_{i\cdot} \times \frac{n_{\cdot j}}{n}$$

이제 의미를 살펴보자. $\frac{n_{\cdot j}}{n}$는 표본의 크기 중에서 열 j의 범주의 비율이다. 즉, $\hat{p}_{\cdot j}$이라고 할 수가 있다. $n_{i\cdot}$는 행 i의 범주의 빈도이다. 따라서 $\hat{E}_{ij} = n_{i\cdot}\hat{p}_{\cdot j}$가 되어 기대빈도의 추정량이 되는 것이다. 예를 통하여 기대빈도의 추정량 값의 계산 과정을 살펴보자.

```
> ## 기대빈도: Ehat(i,j) <- ni.*n,j/n
> tbl <- matrix(c(100, 900, 200, 4500), nrow=2, byrow=TRUE)
> tbl
     [,1] [,2]
[1,]  100  900
[2,]  200 4500
>
> rs <- rowSums(tbl)
> cs <- colSums(tbl)
> rs <- matrix(rs, ncol=1)
> rs
     [,1]
[1,] 1000
[2,] 4700
> cs <- matrix(cs, nrow=1)
> cs
     [,1] [,2]
[1,]  300 5400
>
```

```
> # 행합*열합
> rc <- rs %*% cs
> rc
        [,1]     [,2]
[1,]  300000  5400000
[2,] 1410000 25380000
>
> # 기대빈도
> ef <- rc/sum(tbl)
> ef
          [,1]      [,2]
[1,]  52.63158  947.3684
[2,] 247.36842 4452.6316
```

즉, 각각의 행과 열의 합을 구한 후 행렬연산을 통하여 마진의 곱을 구한다. 마진의 곱에 전체 빈도로 나누어 주면 기대빈도의 추정량이 된다. 이어서 주어진 검정통계량의 값을 실제로 구해보자.

```
> # 검정통계량 계산
> ts <- sum((tbl-ef)^2/ef)
> ts
[1] 54.57447
> ts
[1] 54.57447
```

이 값의 의미를 살펴보기 위해서는 검정통계량의 분포를 알아야 한다. 검정통계량의 분포는 다음과 같이 카이제곱분포를 따르는 것으로 알려져 있다.

$$\chi^2 = \sum_{ij} \frac{\left(O_{ij} - \hat{E}_{ij}\right)^2}{\hat{E}_{ij}} \sim \chi^2\left((r-1)(c-1)\right)$$

여기서 r은 행 변수의 범주의 개수, c는 열 변수의 범주의 개수이다. 특히 동질성검정에서는 $c = 2$이다.

카이제곱분포는 앞 장에서 언급하였듯이 정규분포를 따르는 확률변수의 제곱합으로 정의하였다. 실제 위의 문제에 대해 모비율차의 유의성검정을 위한 검정통계량의 값을 계산해보자.

```
> ## 모비율차의 유의성검정으로 하는 경우: H0: p1 = p2 = p
>
> # 표본비율 계산
> p0 <- tbl[,1]/rowSums(tbl)
> diff_p <- p0[1]-p0[2]
> diff_p
[1] 0.05744681
>
> # 공통비율 계산
> p <- sum(tbl[,1])/sum(tbl)
> p
[1] 0.05263158
>
> # 검정통계량 계산
> z0 <- diff_p/sqrt(p*(1-p)*(1/rowSums(tbl)[1]+1/rowSums(tbl)[2]))
> z0
[1] 7.387453
>
> # 검정통계량 비교
> c(z0^2, ts)
[1] 54.57447 54.57447
```

결과를 보면 정규분포로 근사되는 검정통계량의 값의 제곱이 정확히 카이제곱통계량과 일치함을 알 수 있다. 따라서 2개 이상의 행 범주를 갖는 교차표에서 영가설이 H_0: $p_1 = \cdots = p_r = p$이고 대립가설은 "H_0가 아니다"라고 할 때 검정통계량은 $\chi^2 = \sum_{ij} \frac{(O_{ij}-\hat{E}_{ij})^2}{\hat{E}_{ij}}$이다. 추출된 표본으로부터 계산된 값을 χ_0^2이라고 하자. 검정 과정은 다음과 같다.

대립가설	P값	영가설 기각
H_1: H_0가 아니다	$\Pr(\chi^2 \geq \chi_0^2)$	$\chi_0^2 \geq \chi_\alpha^2(r-1)$

구체적인 계산 과정을 살펴보자.

```
> ## 유의성검정: H0: p1=p2=p, H1: ^H0
>
```

```
> # 검정통계량
> ts
[1] 54.57447
>
> # 유의확률 계산
> df <- c(1)
> p0 <- 1-pchisq(ts, df=df)
> p0
[1] 1.496581e-13
>
> # 기각경곗값 계산
> alpha <- c(0.05)
> c_value <- qchisq(1-alpha,df=df)
> c_value
[1] 3.841459

> ## 함수 이용
> chisq.test(tbl)

        Pearson's Chi-squared test with Yates' continuity correction

data:  tbl
X-squared = 53.428, df = 1, p-value = 2.682e-13

> # Yates' continuity correction
> tsc <- sum((abs(tbl-ef)-0.5)^2/ef)
> tsc
[1] 53.42842
```

결과를 보면 유의확률이 유의수준보다 작으므로 영가설을 기각할 수 있으며, 기각경곗값도 검정통계량 값보다 작다.

chisq.test 함수를 이용하는 경우에는 Yates' continuity correction 때문에 값이 조금은 틀릴 수 있다. 이 함수에서는 다음의 검정통계량을 사용한다.

$$\chi_c^2 = \sum_{ij} \frac{\left(\left|O_{ij} - \hat{E}_{ij}\right| - 0.5\right)^2}{\hat{E}_{ij}}$$

실제 값을 계산해보면 chisq.test 함수와 일치함을 알 수 있다.

9.8 독립성검정

2개의 값만을 갖는 열 변수에 대한 동질성의 유의성검정에 대하여 앞 절에서 살펴보았다. 이때 동질성검정이 유의한 경우는 행변수와 열변수 간의 일종의 종속성이 있는 것이다. 이를 일반적으로 확장하여 보기로 하자. 즉, 행변수와 열변수에 대한 범주의 개수가 2보다 클 때 일반적으로 2변수 간의 상관여부를 검정해보자.

[HFWS] 데이터에서 가구주의 혼인상태와 입주형태의 교차표이다.

	입주형태			
혼인상태	G1	G2	G3	G4
1	479	385	599	153
2	8930	1864	1066	569
3	1529	317	393	443
4	635	397	742	139

```
> ## 데이터 정의
>
> table(df$V25) # 가구주 혼인상태

    1     2     3     4
 1616 12429  2682  1913
> # 1     미혼
> # 2     배우자 있음
> # 3     사별
> # 4     이혼
> table(df$V27) # 입주형태 통합별

   G1    G2    G3    G4
11573  2963  2800  1304
> # G1          자기집
> # G2          전세
> # G3          월세
> # G4          기타
>
> ## 교차표 생성
> tbl <- table(df$V25, df$V27)
```

```
> tbl

      G1   G2   G3   G4
1  479  385  599  153
2 8930 1864 1066  569
3 1529  317  393  443
4  635  397  742  139
```

전체적인 구조를 시각화하여 보면 다음과 같다.

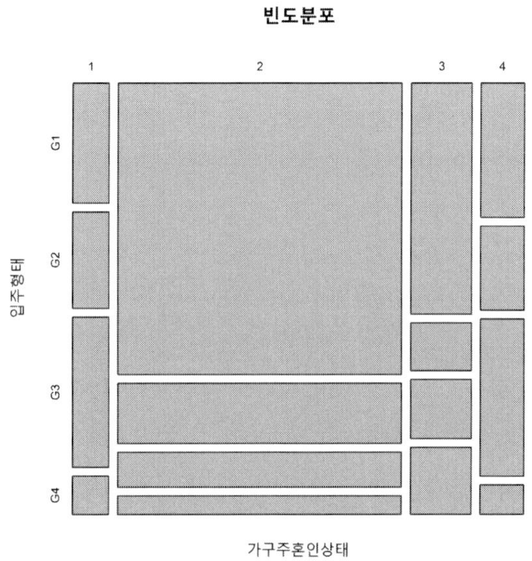

|그림 9.3| 빈도분포 예시

|그림 9.3|을 보면 미혼인 경우는 월세가 많고 배우자가 있는 경우는 자가, 사별한 경우에도 자가 그리고 이혼한 경우에는 월세가 많다. 얼핏 보기에도 행과 열변수 간에는 상관관계가 있음을 알 수 있다. 이를 통계적으로 유의한지를 검정해보도록 하자.

만약 행과 열이 서로 독립이라면 2변수의 결합확률분포가 각각의 주변확률분포의 곱으로 나타나야 한다.

$$p_{ij} = p_{i.} \times p_{.j}$$

따라서 각 셀의 빈도는 이 확률을 추정 후 교차표의 총 빈도를 n이라고 하면 다음과 같이 계산한다.

$$E_{ij} = np_{ij}$$

이때 기대빈도의 추정값으로 추출된 표본의 표본비율을 이용한다.

$$\hat{p}_{ij} = \hat{p}_{i\cdot} \times \hat{p}_{\cdot j} = \frac{n_{i\cdot}}{n} \times \frac{n_{\cdot j}}{n}$$
$$\Rightarrow \quad \hat{E}_{ij} = n \times \frac{n_{i\cdot}}{n} \times \frac{n_{\cdot j}}{n} = \frac{n_{i\cdot}n_{\cdot j}}{n}$$

```
> # 기대확률
> p_i <- table(df$V25)/sum(table(df$V25))
> p_i

         1          2          3          4 
0.08669528 0.66679185 0.14388412 0.10262876 
> p_j <- table(df$V27)/sum(table(df$V27))
> p_j

        G1         G2         G3         G4 
0.62086910 0.15895923 0.15021459 0.06995708 
> p_ij <- matrix(p_i, ncol=1) %*% matrix(p_j, nrow=1)
> p_ij
           [,1]       [,2]       [,3]        [,4]
[1,] 0.05382642 0.01378101 0.01302290 0.006064949
[2,] 0.41399045 0.10599272 0.10016187 0.046646812
[3,] 0.08933320 0.02287171 0.02161349 0.010065713
[4,] 0.06371902 0.01631379 0.01541634 0.007179608
>
# 기대확률에 따른 추정빈도
e_ij <- sum(tbl)*p_ij
e_ij
         [,1]      [,2]      [,3]     [,4]
[1,] 1003.324  256.8781  242.7468 113.0506
[2,] 7716.782 1975.7042 1867.0172 869.4966
[3,] 1665.171  426.3286  402.8755 187.6249
[4,] 1187.723  304.0890  287.3605 133.8279
```

이 또한 $\chi^2 = \sum_{ij} \frac{(O_{ij}-\hat{E}_{ij})^2}{\hat{E}_{ij}} \sim \chi^2((r-1)(c-1))$이므로 이를 이용하여 독립성에 대한 검정을 한다. 영가설이 H_0: $p_{ij} = p_{i\cdot} \times p_{\cdot j}, i = 1, \ldots, r, j = 1, \ldots, c$ 이고 대립가설이 "영가설이 아니다"라고 하면 이를 검정하기 위한 검정통계량은 $\chi^2 = \sum_{ij} \frac{(O_{ij}-\hat{E}_{ij})^2}{\hat{E}_{ij}}$이며, 계산된 임의표본값을 χ_0^2이라고 하자.

대립가설	P값	영가설 기각
H_1: H_0가 아니다	$\Pr(\chi^2 \geq \chi_0^2)$	$\chi_0^2 \geq \chi_\alpha^2((r-1)(c-1))$

계산 과정을 살펴보자.

```
> ## 독립성검정
>
> # 검정통계량 계산
> ts <- sum((e_ij-tbl )^2/e_ij)
> ts
[1] 2911.535
>
> # P 값
> p0 <- 1-pchisq(ts, df=prod(dim(tbl)-1))
> p0
[1] 0
>
> # 기각경곗값
> alpha <- c(0.05)
> c_value <- qchisq(1-alpha,df=prod(dim(tbl)-1))
> c_value
[1] 16.91898
>
> # 제공 함수와 비교
> summary(tbl)
Number of cases in table: 18640
Number of factors: 2
Test for independence of all factors:
        Chisq = 2911.5, df = 9, p-value = 0
```

결과를 보면 P값이 0, 즉 매우 유의미하게 나왔다. 이는 검정통계량의 값이 기각경곗값보다 훨씬 크다는 것에서도 알 수 있다. 또한 계산된 결과는 함수로 제공된 결과와 일치하였다. 결론적으로 혼인상태와 입주형태는 밀접한 관련이 있다고 주장할 수 있다.

9.9 범주형 자료분석 요약

모비율차, 동질성 및 독립성에 대한 검정은 **|그림 9.4|**와 같이 요약할 수 있다.

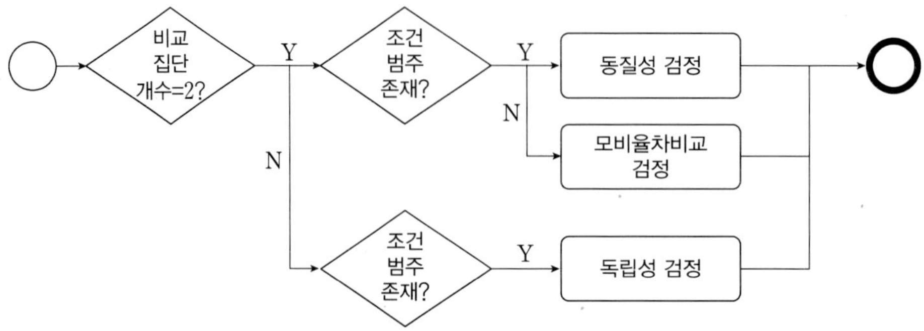

|그림 9.4| 범주형 자료분석 흐름도

10장

상관분석

통계학에서 의존성(dependence) 또는 연관성(association)은 2개의 확률변수에 대한 통계적인 관련성을 의미한다. 때로는 인과관계(causal)일 수도 있다. 상관관계(correlation)는 일종의 연관성을 나타내는 측도이며, 2개의 확률변수의 일차 관계 또는 선형 관계(linear relationship)를 나타낸다. 상관관계를 표현하는 측도 중 대표적인 것이 피어슨 상관계수(Pearson correlation coefficient)이며 이에 대하여 알아보도록 하자.

10.1 정의

일반적으로 2개의 확률변수에 대한 피어슨 상관계수는 다음과 같이 정의한다.

$$\rho_{XY} = \frac{\sigma_{XY}}{\sigma_X \sigma_Y}$$

여기서 $\sigma_{XY} = E(X - \mu_X)(Y - \mu_X)$는 공분산이며 σ_X, σ_Y는 모표준편차이다. 만약 X와 Y가 독립이면 $\rho_{XY} = 0$이지만 $\rho_{XY} = 0$은 X와 Y가 독립임을 보장하지 않는다. 예를 들어 X가 0을 중심으로 한 대칭 분포이고 $Y = X^2$이라면 2개의 확률변수는 독립이 아니다. 그럼에도 불구하고 $\sigma_{XY} = E(XX^2) - \mu_X \mu_Y = E(X^3) - E(X)E(X^2) = 0 - 0 = 0$이다. 주어진 상관계수는 모상관계수(population correlation coefficient)이므로 이에 대한 표본상관계수는 다음과 같이 정의된다.

$$\hat{\rho} = r = \frac{\sum_i (x_i - \bar{x})(y_i - \bar{y})}{\sqrt{\sum_i (x_i - \bar{x})^2 \sum_i (y_i - \bar{y})^2}} = \frac{\sum_i (x_i - \bar{x})(y_i - \bar{y})}{(n-1) s_x s_y}$$

n은 표본의 크기이며, s_x, s_y는 표본표준편차이다. 표본상관계수는 항상 -1과 1 사이의 값을 갖는다. 왜냐하면 기하학적으로 표본상관계수는 2개의 벡터 $(x_1 - \bar{x}, \dots, x_n - \bar{x})$, $(y_1 - \bar{y}, \dots, y_n - \bar{y})$에 의하여 생성되는 사잇각에 대한 코사인(cosine) 값이다. 코사인 값은 -1과 1 사이에 있으므로 표본상관계수도 마찬가지로 해당 값을 갖는다.

10.2 산점도

대부분은 모집단 분포를 알 수가 없으므로 표본상관계수를 통하여 대략적으로 모집단에서의 변수 간의 상관관계를 파악할 수 있다. 그러나 실무에서는 대부분의 상관관계를 산점도(scatterplot)를 통하여 파악한다.

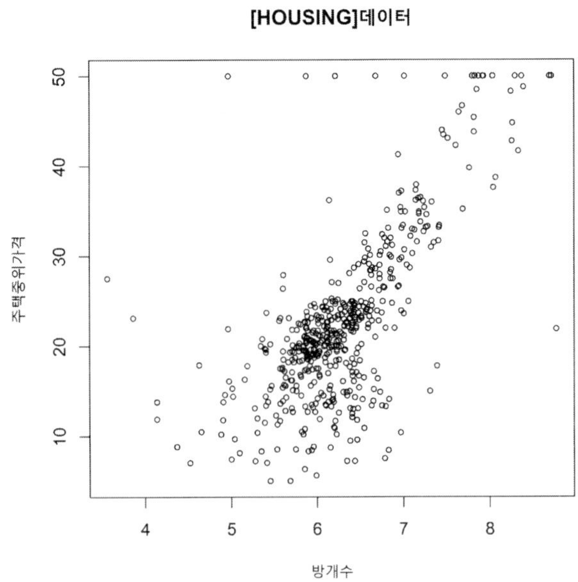

|그림 10.1| 산점도 예시

|그림 10.1|을 보면 방개수가 증가하면 대체적으로 주택중위가격이 증가함을 알 수가 있다. 즉, 양의 상관관계가 있다고 말할 수 있다.

```
> # 표본상관계수 직접계산
> nom <- (df$rm %*% df$medv)-nrow(df)*mean(df$rm)*mean(df$medv)
> denom <- (nrow(df)-1)*sd(df$rm)*sd(df$medv)
> nom / denom
          [,1]
[1,] 0.6953599
>
> # 함수 이용
> df[,{
```

```
+     cor(rm, medv)
+ }]
[1] 0.6953599
```

실제 계산을 해보면 0.695이다.

|그림 10.2|는 다양한 산점도 모습과 표본상관계수값이다.

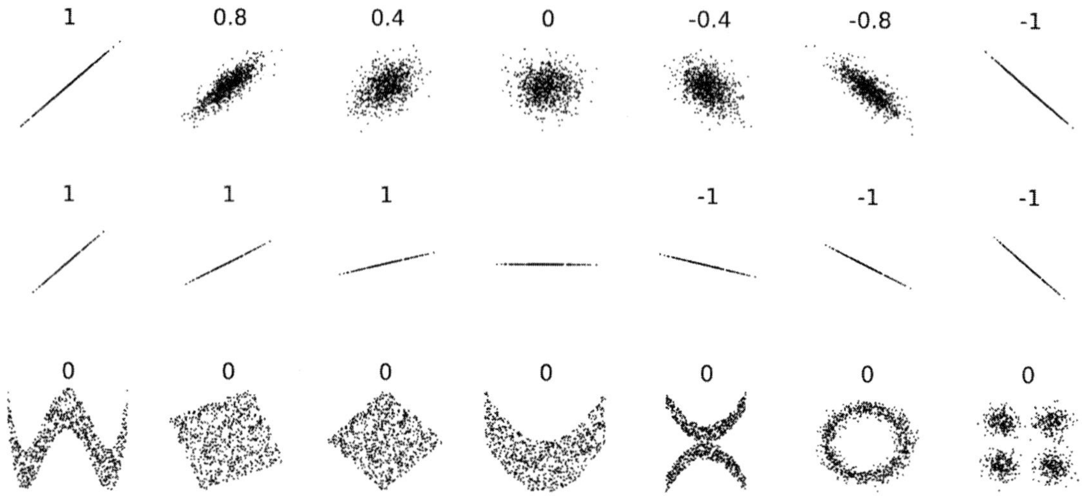

|그림 10.2| 산점도와 피어슨 상관계수 예시

|그림 10.2|의 3번째 행을 보면 다양한 연관성이 있음에도 불구하고 표본상관계수는 이를 감지하지 못한다. 즉, 표본상관계수는 선형관계만을 표현하고 있음을 알 수 있다. 따라서 연속변수들의 연관성은 반드시 산점도를 통하여 이를 확인해야 한다.

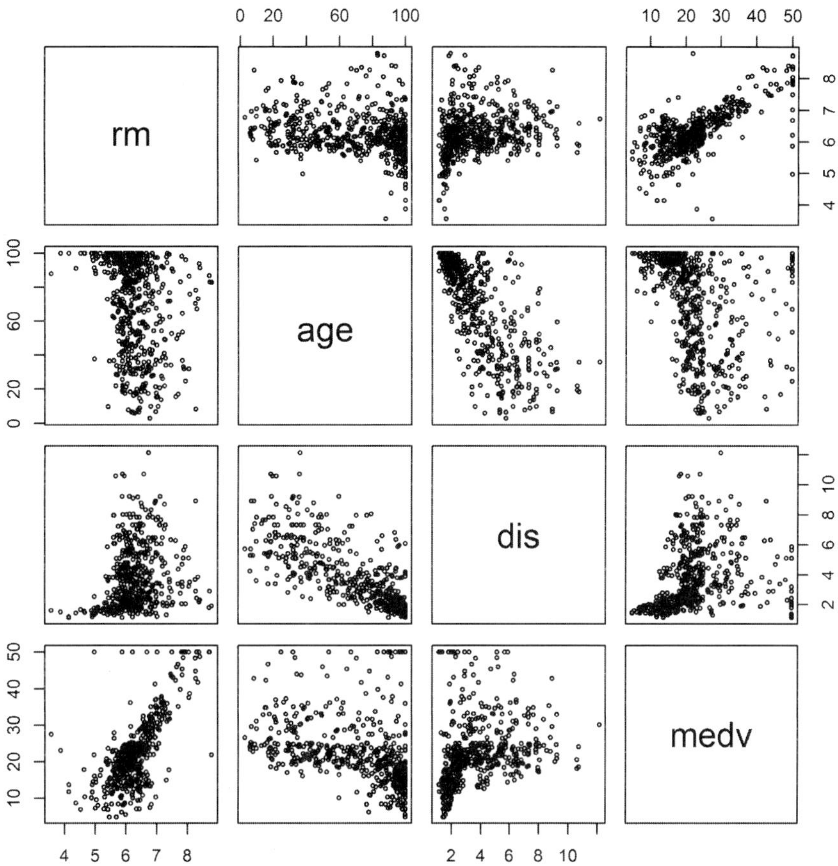

|그림 10.3| 산점도행렬 예시

|그림 10.3|은 [HOUSING] 데이터의 관심 있는 변수에 대한 산점도행렬이다. 중위 가격에 방개수와 고용센터거리는 양의 상관관계가 있음을 알 수가 있다.

```
> df[,{
+     cor(.SD)
+ }, .SDcols=c('rm', 'age', 'dis', 'medv')]
             rm        age        dis       medv
rm    1.0000000 -0.2402649  0.2052462  0.6953599
age  -0.2402649  1.0000000 -0.7478805 -0.3769546
dis   0.2052462 -0.7478805  1.0000000  0.2499287
medv  0.6953599 -0.3769546  0.2499287  1.0000000
```

10.3 표본상관계수 분포

표본상관계수의 값이 계산되고 난 후 모상관계수에 대한 추론을 하기 위해서, 즉 어느 정도 유의미한지를 판단하기 위한 기준을 잡기 위해서는 표본분포가 필요하다.

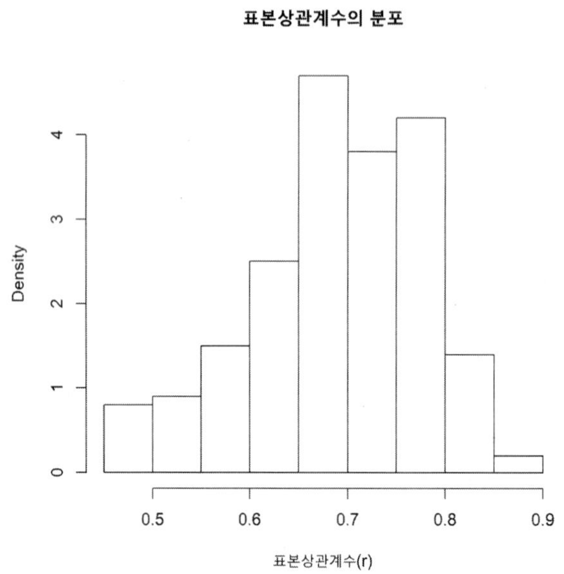

|그림 10.4| 표본상관계수의 분포 예시

|그림 10.4|는 [HOUSING] 데이터의 방개수와 중위가격과의 상관계수를 크기가 100인 표본을 200번 추출하여 분포를 그린 것이다. 대략적으로 정규분포와 유사한 모습이다. 실제는 이러한 경험분포를 만든 후 점검할 수 없으므로 이론적으로 표본상관계수의 추정량의 분포를 확인한 후 이를 통하여 신뢰구간을 구해보도록 하자.

표본상관계수의 추정량은 다음과 같다.

$$R = \frac{\sum_i (X_i - \bar{X})(Y_i - \bar{Y})}{\sqrt{\sum_i (X - \bar{X})^2 \sum_i (Y_i - \bar{Y})^2}}$$

이때 R의 분포는 다음과 같다.

$$T = \frac{\sqrt{n-2}\,R}{\sqrt{1-R^2}} \sim t(n-2)$$

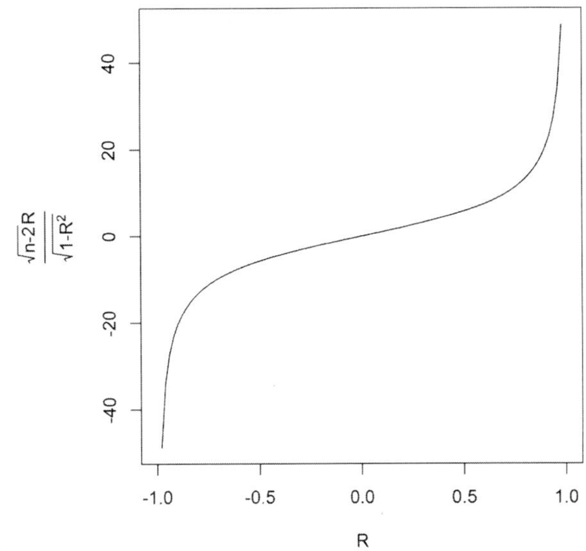

|그림 10.5| T 곡선의 모양 예시

T 추정량은 R에 대하여 순증가함수이므로 $Pr(T > c_1) = Pr(R > c_2)$가 된다. 따라서 영가설 H_0: $\rho = 0$에 대한 유의미성 검정은 다음과 같이 한다. $r_0 = \frac{\sum_i (x_i - \bar{x})(y_i - \bar{y})}{\sqrt{\sum_i (x_i - \bar{x})^2 \sum_i (y_i - \bar{y})^2}}$는 추출된 표본으로부터 계산된 표본상관계수값이며 이를 이용하여 $t_0 = \frac{\sqrt{n-2}\, r_0}{\sqrt{1-r_0^2}}$을 계산한다.

대립가설	P값	영가설 기각
$H_1: \rho > 0$	$p_0 = \Pr(T \geq t_0)$	$t_0 \geq t_\alpha(n-2)$
$H_1: \rho < 0$	$p_0 = \Pr(T \geq t_0)$	$t_0 \geq t_{1-\alpha}(n-2)$
$H_1: \rho \neq 0$	$p_0 = \Pr(\lvert T \rvert \geq \lvert t_0 \rvert)$	$\lvert t_0 \rvert \geq t_{\frac{\alpha}{2}}(n-2)$

주어진 영가설에 대하여 $H_1: \rho \neq 0$에 대한 검정을 위한 계산과정을 살펴보자.

```
> ## 모상관계수 추론
>
> # [HOUSING] 데이터
> url <- c("https://archive.ics.uci.edu/ml/machine-learning-databases/housing/housing.data")
> df <- fread(url)
```

```
  % Total    % Received % Xferd  Average Speed   Time    Time     Time  Current
                                 Dload  Upload   Total   Spent    Left  Speed
100 49082  100 49082    0     0  49829      0 --:--:-- --:--:-- --:--:-- 49829> head(df)
        V1 V2   V3 V4    V5    V6   V7     V8 V9 V10 V11    V12 V13  V14
1: 0.00632 18 2.31  0 0.538 6.575 65.2 4.0900  1 296 15.3 396.90 4.98 24.0
2: 0.02731  0 7.07  0 0.469 6.421 78.9 4.9671  2 242 17.8 396.90 9.14 21.6
3: 0.02729  0 7.07  0 0.469 7.185 61.1 4.9671  2 242 17.8 392.83 4.03 34.7
4: 0.03237  0 2.18  0 0.458 6.998 45.8 6.0622  3 222 18.7 394.63 2.94 33.4
5: 0.06905  0 2.18  0 0.458 7.147 54.2 6.0622  3 222 18.7 396.90 5.33 36.2
6: 0.02985  0 2.18  0 0.458 6.430 58.7 6.0622  3 222 18.7 394.12 5.21 28.7
> names(df) <-
tolower(c('CRIM','ZN','INDUS','CHAS','NOX','RM','AGE','DIS','RAD','TAX','PTRATIO','B','LSTAT','MEDV'))
>
> # 표본상관계수 계산
> r0 <- cor(df$rm, df$medv)
> r0
[1] 0.6953599
>
> # T값 계산
> size <- nrow(df)
> size
[1] 506
>
> t0 <- sqrt(size-2)*r0 / sqrt(1-r0^2)
> t0
[1] 21.72203
>
> # P값 계산
> pt(t0, df=size-2)
[1] 1
> # curve(dt(x, df=size-2), from=-3, to=3)
>
> # 기각역 계산
> alpha <- c(0.05)
> c_value <- 2*qt(1-alpha/2, df=size-2)
> c_value
[1] 3.929364
>
>
```

```
> # 함수에 의한 계산
> cor.test(df$rm, df$medv)

        Pearson's product-moment correlation

data:  df$rm and df$medv
t = 21.722, df = 504, p-value < 2.2e-16
alternative hypothesis: true correlation is not equal to 0
95 percent confidence interval:
 0.6474346 0.7378075
sample estimates:
      cor
0.6953599
```

결과를 보면 P값이 매우 유의하여 방개수와 주택중위가격 사이에는 강한 상관관계가 있다고 할 수 있다. 또한 기각역 관점에서 보면 t_0값이 21.72이므로 기각경곗값인 3.93보다 크므로 영가설은 기각된다.

11장

단순선형회귀분석

선형회귀분석(linear regression analysis)은 1개의 종속변수(dependent variable, response variable, target variable)에 대하여 여러 개의 독립변수(independent variable, explanatory variable, predictor variable, input variable)와의 관련성을 선형으로 모형화하는 기법이다. 단 1개의 독립변수만 있는 경우를 단순선형회귀(simple linear regression)라고 한다.

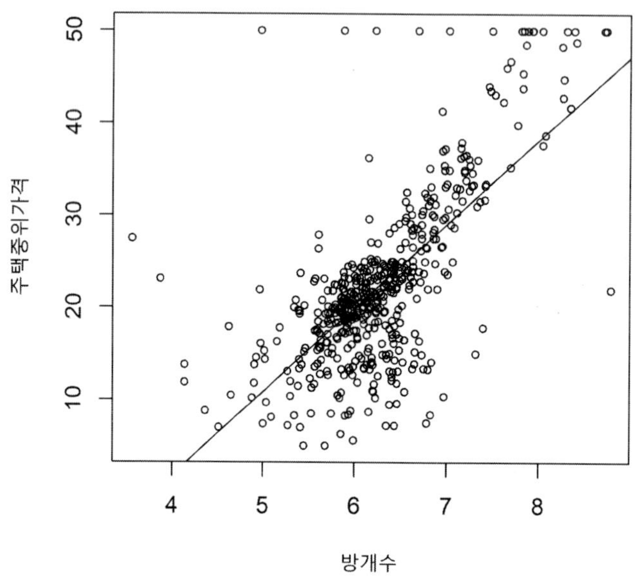

|그림 11.1| 단순선형회귀모형

|그림 11.1|은 단순선형회귀모형으로 적합한 예이다. 그림의 직선이 하나의 모형이다. 단순선형회귀모형은 다음과 같이 정의한다.

$$Y = \beta_0 + \beta_1 x + \epsilon$$

여기서 모형은 $\beta_0 + \beta_1 x$이며 β_0는 절편(intercept), β_1는 기울기이다. 이를 데이터로부터 추정해야 하는 모수(parameter)라고 한다. ϵ는 오차(error)이며 $\beta_0 + \beta_1 x$에 의하여 설명되지 않는 모든 오차를 의미한다. 선형의 의미는 x에 대한 선형, 즉 1차식이 아니라 모수에 대한 1차식을 말한다.

11.1 모수의 추정

크기가 n인 표본이 있을 때 모수를 어떻게 추정하는지 살펴보자. 즉, 주어진 표본이 $\{(x_i, y_i)|i = 1, \ldots, n\}$이라고 하자. 가장 자연스러운 생각은 $y_i \approx \beta_0 + \beta_1 x_i$가 되도록 모수를 추정해야 한다. 이때 $r_i = y_i - (\beta_0 + \beta_1 x_i)$이라고 정의한다면 이 값의 제곱합 $\sum_i r_i^2$을 가장 작게 되도록 모수를 추정하는 것이다. 이때 r_i를 오차와 같은 역할을 하며 잔차(residual)라고 한다.

$$\min_{\beta_0,\beta_1} \sum_i r_i^2 = \min_{\beta_0,\beta_1} \sum_i \left(y_i - (\beta_0 + \beta_1 x_i)\right)^2$$

위와 같은 방식으로 모수를 추정하는 것을 최소제곱법(least squares method)에 의한 모수추정이라고 한다.

모수추정값을 구하기 위하여 $\sum_i \left(y_i - (\beta_0 + \beta_1 x_i)\right)^2$ 식을 β_0, β_1에 대하여 미분한 후 정리하면 다음과 같다.

$$\begin{cases} n\beta_0 + \sum_i x_i \beta_1 = \sum_i y_i \\ \sum_i x_i \beta_0 + \sum_i x_i^2 \beta_1 = \sum_i x_i y_i \end{cases}$$

위 식을 정규방정식(normal equation)이라고도 한다. 이 식을 만족하는 모수의 추정값을 b_0, b_1이라고 하면 계산 결과는 다음과 같다.

$$b_0 = \bar{y} - b_1 \bar{x}, \qquad b_1 = \frac{\sum_i (x_i - \bar{x})(y_i - \bar{y})}{\sum_i (x_i - \bar{x})^2}$$

추정하는 과정을 살펴보기로 하자.

```
> # 단순회귀선 추정식
> nom <- (df$rm %*% df$medv)-nrow(df)*mean(df$rm)*mean(df$medv)
> denom <- (nrow(df)-1)*var(df$rm)
> b1 <- nom / denom
> b0 <- mean(df$medv)-b1*mean(df$rm)
```

```
> b <- c(b0, b1)
> b
[1] -34.670621     9.102109
>
> # 함수에 의한 적합
> lm(medv ~ rm, data=df)

Call:
lm(formula = medv ~ rm, data = df)

Coefficients:
(Intercept)            rm
    -34.671          9.102
```

모수를 추정한다는 것은 추정된 모수를 이용하여 설명변수의 변화에 따른 반응변수의 값을 예측하고자 하는 것이다. 이때 예측된 값을 $\hat{y}_i$이라고 하자.

$$\hat{y}_i = b_0 + b_1 x_i, \qquad \forall i = 1, \dots, n$$

그런데 $b_0 = \bar{y} - b_1\bar{x}$이므로 $\hat{y}_i = \bar{y} + b_1(x_i - \bar{x}) \Rightarrow \hat{y}_i - \bar{y} = b_1(x_i - \bar{x})$이다. 즉, 추정된 직선은 반드시 $(\bar{x},\ \bar{y})$를 통과하는 기울기가 b_1인 직선이다. 회귀분석에서 회귀한다는 의미는 이 중심점(center of mass)으로 다시 돌아온다는 의미를 담고 있다.

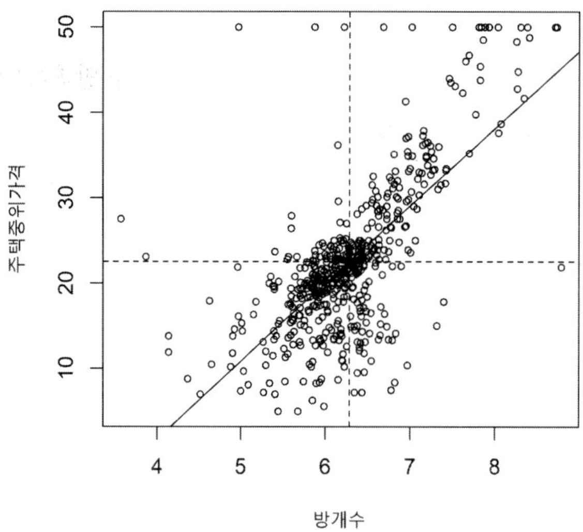

|그림 11.2| 단순선형회귀모형

|그림 11.2|에서 별표 모양의 점이 회귀 중심점이다. 잔차에 대한 추정값을 $\hat{r}_i$이라고 하면 $\hat{r}_i = y_i - \hat{y}_i = y_i - (b_0 + b_1 x_i)$이다. 그런데 $\sum_i \hat{r}_i = \sum_i \big(y_i - (b_0 + b_1 x_i)\big) = \sum_i \big(y_i - (\bar{y} - b_1\bar{x} + b_1 x_i)\big) = 0$ 가 된다. 즉, 잔차추정값의 합은 0이다. **|그림 11.2|**는 하나의 표본에 대한 추정이며, 표본의 변화가 발생한 경우에는 회귀선이 어떻게 변하는지를 살펴보자.

표본의 크기를 100으로 하고 10번의 표본을 추출하여 각 표본마다 단순회귀모형을 적합하여 보자.

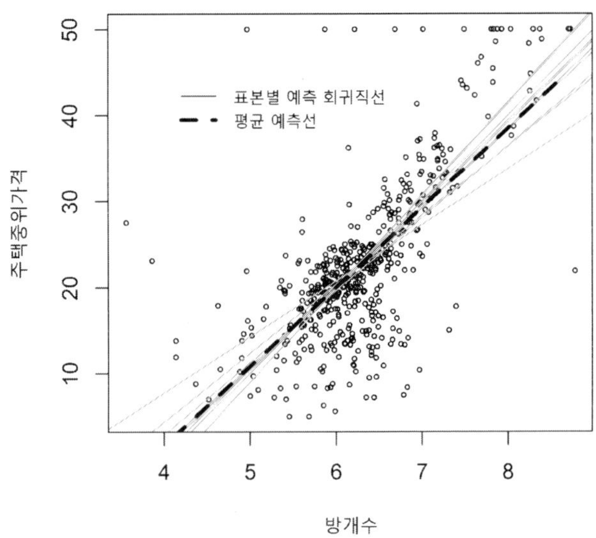

|그림 11.3| 표본에 따른 회귀직선의 변화

단 한번의 표본으로 추정한 회귀직선은 **|그림 11.3|**에서 보듯이 많은 직선 중 하나이며 점선은 10개의 회귀직선의 평균이다. 즉, 아주 많은 회귀직선을 적합하고 그 직선들의 평균을 구하면 대략적으로 모회귀직선에 근접할 것이다.

11.2 회귀직선의 분포에 대한 가정

회귀직선의 추정까지는 독립변수, 종속변수 또는 오차에 대한 확률적인 가정을 하지 않았다. 그러나 예에서 보듯이 주택중위가격이 어떠한 확률분포로부터 정의된 확률변수라고 가정을 한다면 어떻게 될까? 또는 주택중위가격을 방개수로 설명되지 않는 부분, 즉 오차가 어떠한 확률분포를 따른다면 어떻게 될까? 앞에서도 보았듯이 어떠한 확률적인 가정은 추정값에 대한 신뢰구간을 주거나 영가설에 대한 유의성검정을 위하여 필요하였다. 여기서도 마찬가지로 추정된 회귀직선에 대한 신뢰구간과 회귀직선의 유의미한 검증을 위하여 필요하다.

독립변수 x는 이름에서도 나타났듯이 확률변수가 아니다. 독립적으로 관측된 값, 즉 확률적 오차가 없는 값이라고 가정을 한다. 아래는 단순회귀모형의 가정이다.

순번	가정	비고
1	$Y_i = \beta_0 + \beta_1 x_i + \epsilon_i$	모형식
2	$E(\epsilon_i) = 0$	따라서 $E(Y_i \vert x_i) = \beta_0 + \beta_1 x_i$ 이므로 모형식의 선형성 가정
3	$Var(\epsilon_i) = \sigma^2$	오차분산의 등분산성 가정
4	$\epsilon_1, \dots, \epsilon_n$은 서로 독립	오차의 독립성 가정

여기서 모형에서 추정하고 하는 것은 $E(Y_i|x_i)$이다. 즉, Y_i를 추정하는 것이 아니다. $\hat{Y}_i = E\widehat{(Y_i|x_i)}$이다. 오차분산이 등분산성이므로 $Var(Y_i) = \sigma^2$이다. 또한 오차들이 서로 독립이므로 마찬가지로 종속확률변수들도 서로 독립이다.

11.3 오차분산의 추정

선형모형의 가정에 나타나는 오차분산에 대한 추정을 해보자. 가정들 중 모집단의 모수에 해당하는 값 중에서 아직 추정되지 않은 값이 오차분산이다.

오차분산에 대한 자연스런 추정량은 표본오차분산이다. 표본잔차를 $r_i = Y_i - \hat{Y}_i$ 이라고 하자. 이때 표본오차분산을 다음과 같이 정의한다.

$$\hat{\sigma}^2 = \frac{\sum_i \left(Y_i - \hat{Y}_i\right)^2}{n-2} = \frac{SSE}{n-2}$$

여기서 분모의 $n-2$는 SSE의 자유도이다. 즉, 모수를 2개 추정하므로 해당 값만큼 자유도가 감해진다. SSE(sum of squared errors)는 잔차제곱합(RSS: residual sum of squares) 또는 오차제곱합이라고 한다. $MSE = \frac{SSE}{n-2}$이고 평균제곱오차(MSE: mean squared errors)라고 한다.

오차분산, 즉 평균제곱오차의 추정값이 하나의 표본으로부터 계산되는 과정을 살펴보자.

오차분산의 계산식은 다음과 같이 정리할 수 있다.

$$\frac{\sum_i \left(Y_i - \hat{Y}_i\right)^2}{n-2} = \frac{\sum_i \left(Y_i - (b_0 - b_1 x_i)\right)^2}{n-2} = \frac{\sum_i \left(Y_i - (\bar{Y} - b_1 \bar{x} - b_1 x_i)\right)^2}{n-2}$$
$$= \frac{1}{n-2}\left(\sum_i (Y_i - \bar{Y})^2 - \frac{(\sum_i (x_i - \bar{x})(Y_i - \bar{Y}))^2}{\sum_i (x_i - \bar{x})^2}\right)$$

```
> ## 오차분산: MSE 의 추정
> size <- c(100)
> sdf <- sample_n(df, size)
>
> # 모델 적합
> model <- lm(medv ~ rm, data=sdf)
> predicted <- model$fitted.values
>
> # 오차분산 계산
> sxx <- (nrow(sdf)-1)*var(sdf$rm)
> syy <- (nrow(sdf)-1)*var(sdf$medv)
> sxy <- cov(sdf$rm, sdf$medv)*(nrow(sdf)-1)
> # sxy <- (df$rm-mean(sdf$rm))%*%(sdf$medv-mean(df$medv))
> sse <- syy-sxy^2/sxx
> mse <- sse / (nrow(sdf)-2)
>
> sqrt(mse) # 잔차표준오차(residual standard error)
[1] 6.86692
>
> # 함수 확인
> summary(model)

Call:
lm(formula = medv ~ rm, data = sdf)

Residuals:
```

```
    Min      1Q  Median      3Q     Max
-14.1004  -3.5179  -0.5284   3.1470  27.0402

Coefficients:
            Estimate Std. Error t value Pr(>|t|)
(Intercept) -28.8260     5.7327  -5.028 2.24e-06 ***
rm            8.2240     0.9247   8.894 3.04e-14 ***
---
Signif. codes:  0 '***' 0.001 '**' 0.01 '*' 0.05 '.' 0.1 ' ' 1

Residual standard error: 6.867 on 98 degrees of freedom
Multiple R-squared:  0.4466,	Adjusted R-squared:  0.441
F-statistic:  79.1 on 1 and 98 DF,  p-value: 3.037e-14
```

함수의 결과를 보면 "Residual standard error"의 값이 $\sqrt{MSE}$가 되어 앞의 계산 결과와 일치한다.

11.4 변동의 분해

확률변수 Y에 대하여 단지 절편만으로 추정하는 경우를 생각해보자. 즉, 독립변수에 의한 모형구성을 하지 않는다는 것이다.

$$Y_i = \beta_0 + \epsilon_i$$

이 모형을 최소제곱법으로 추정을 하면 $\beta_0 = \bar{Y}$가 된다. 따라서 이때의 잔차제곱합은 $\sum_i (Y_i - \bar{Y})^2$이 된다. 이 값은 독립변수가 없는 경우에 자연스럽게 발생하는 변동, 즉 총변동(total variation)이라고 볼 수 있다.

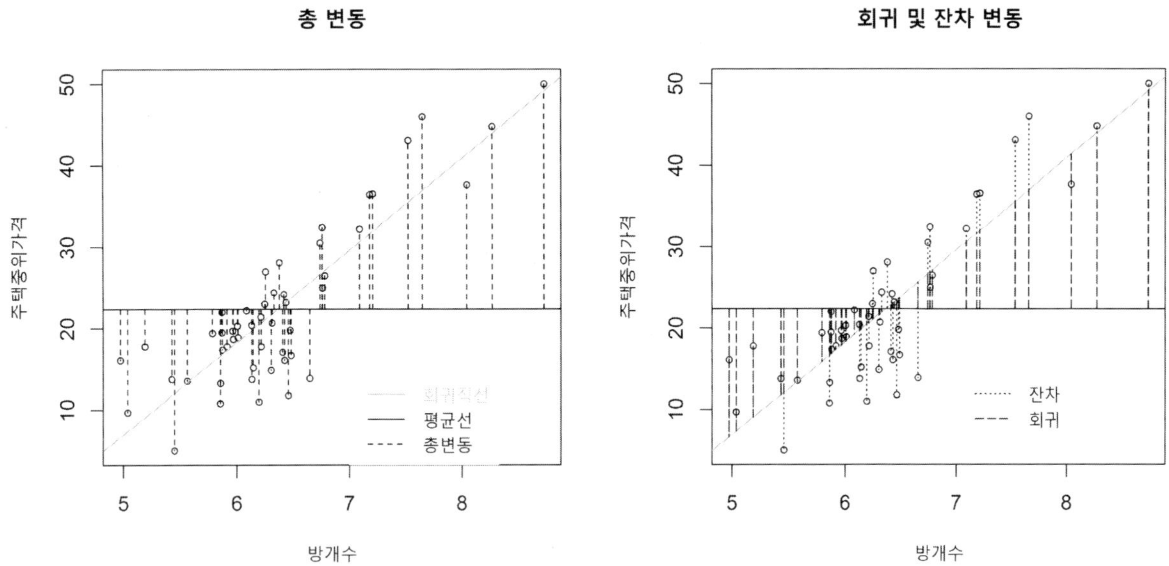

(a) (b)

|그림 11.4| 총변동, 회귀변동, 잔차변동 예시

|그림 11.4a|의 점선은 총변동을 계산할 수 있는 총편차를 예시한 것이다. |그림 11.4b|는 총편차가 어떻게 분해되는지를 보여준다. 즉 회귀직선과 평균과의 편차, 회귀직선과 실제값과의 편차로 나누어져 있다. 즉, 다음과 같이 편차가 분해됨을 알 수 있다.

$$Y_i - \bar{Y} = \left(Y_i - \hat{Y}_i\right) + \left(\hat{Y}_i - \bar{Y}\right)$$

이 식은 총편차가 잔차와 회귀직선에 의하여 설명되는 편차로 구분되어 있다. 만약 모든 점이 회귀직선 위에 있다면 잔차는 0이 되고 회귀직선 편차로 총편차가 모두 설명될 수 있다. 따라서 좋은 회귀직선, 즉 적합이 잘 된 회귀직선이라면 회귀직선 편차가 잔차에 비하여 절댓값이 커야 한다. 총편차의 분해식으로부터 변동은 각각의 제곱합이라고 정의한다면 다음과 같이 계산될 수 있다.

$$\sum_i (Y_i - \bar{Y})^2 = \sum_i \left(Y_i - \hat{Y}_i\right)^2 + \sum_i \left(\hat{Y}_i - \bar{Y}\right)^2$$

이 식을 간단히 증명해보자. 앞에서 보았듯이 $\hat{r}_i = Y_i - \hat{Y}_i$일 때 $\sum_i \hat{r}_i = 0$이고 $\sum_i \hat{r}_i x_i = \sum_i \hat{r}_i (x_i - \bar{x}) = \sum_i \left(Y_i - \bar{Y} - b_1(x_i - \bar{x})\right)(x_i - \bar{x}) = 0$이다. 따라서 $2\sum_i\left(Y_i - \hat{Y}_i\right)\left(\hat{Y}_i - \bar{Y}\right) = -2\sum_i \hat{r}_i b_1 (x_i - \bar{x})$이다.

위 식의 각각의 변동을 총제곱합(SST: total sum of squares), 잔차제곱합(SSE: sum of squared errors), 회귀제곱합(SSR: regression sum of squares)이라고 한다.

$$SST = SSE + SSR$$

각 변동의 자유도는 $n-1$, $n-2$, 1이 된다.

잘 적합된 회귀직선이라면 앞에서도 언급했듯이 SST에서 SSR이 차지하는 비율이 커야 한다.

$$R^2 = \frac{SSR}{SST} = 1 - \frac{SSE}{SST}$$

이때 R^2을 결정계수(coefficient of determination)라고 한다. 그런데 $SSR = \sum_i\left(\hat{Y}_i - \bar{Y}\right)^2 = b_1^2 \sum_i (x_i - \bar{x})^2 = \frac{(\sum_i (x_i-\bar{x})(Y_i-\bar{Y}))^2}{\sum_i (x_i-\bar{x})^2}$이므로 $R^2 = \frac{\frac{(\sum_i (x_i-\bar{x})(Y_i-\bar{Y}))^2}{\sum_i (x_i-\bar{x})^2}}{\sum_i (Y_i-\bar{Y})^2} = \frac{(\sum_i (x_i-\bar{x})(Y_i-\bar{Y}))^2}{\sum_i (x_i-\bar{x})^2 \sum_i (Y_i-\bar{Y})^2} = (R)^2$이다. 즉, 표본상관계수의 제곱이다. 따라서 2개의 변수 간에 상관관계가 높으면 높을수록 잘 적합된다고 볼 수 있다.

크기가 100인 표본을 선택하여 계산과정을 살펴보도록 하자.

```
> ## 변동의 분해값 계산
> size <- c(100)
>
> # 재현성을 위하여
> set.seed(123)
> sdf <- sample_n(df, size)
>
> # 변동 계산
> SST <- (nrow(sdf)-1)*var(sdf$medv)
> SSR <- ((nrow(sdf)-1)*cov(sdf$rm, sdf$medv))^2 / ((nrow(sdf)-1)*var(sdf$rm))
> SSE <- SST-SSR
> RSQ <- SSR/SST
> RSQ_adj <- 1-(1-RSQ)*(nrow(sdf)-1)/(nrow(sdf)-2)
```

```
> c(SST, SSE, SSR, RSQ, RSQ_adj)
[1] 1.004712e+04 2.763432e+03 7.283685e+03 7.249528e-01 7.221461e-01
>
> # 함수로부터 계산
> summary(lm(medv~rm, data=sdf))

Call:
lm(formula = medv ~ rm, data = sdf)

Residuals:
     Min       1Q   Median       3Q      Max
-14.1362  -2.4160   0.2588   2.9796  19.1016

Coefficients:
            Estimate Std. Error t value Pr(>|t|)
(Intercept) -45.2085     4.3083  -10.49   <2e-16 ***
rm           10.8476     0.6749   16.07   <2e-16 ***
---
Signif. codes:  0 '***' 0.001 '**' 0.01 '*' 0.05 '.' 0.1 ' ' 1

Residual standard error: 5.31 on 98 degrees of freedom
Multiple R-squared:  0.725,	Adjusted R-squared:  0.7221
F-statistic: 258.3 on 1 and 98 DF,  p-value: < 2.2e-16
```

결과를 보면 계산된 값과 함수를 이용한 값(Multiple R-squared)이 일치함을 알 수 있다.

11.5 모수의 추론

모집단의 회귀직선에 대한 기본적인 분포 가정을 앞서 하였다. 그러나 어떤 분포인지는 특정하지 않았다. 만약 오차에 대하여 익히 알고 있는 정규분포 가정을 한다면 통계적인 추론을 할 수 있다. 추가적인 가정은 다음과 같다.

$$\epsilon_i \sim N(0, \sigma^2), i = 1, \dots, n$$

모회귀계수 중 관심이 있는 회귀계수는 β_1, 즉 기울기이다. 절편은 독립변수와 아무 상관이 없기 때문에 독립변수와 연관된 회귀분석을 한다면 독립변수와 종속변수를 연결해주는 회귀계수에 관심이 있을 수밖에 없다.

앞과 마찬가지로 추정을 위해서 추정량 $\hat{\beta}_1 = \frac{\sum_i (x_i - \bar{x})(Y_i - \bar{Y})}{\sum_i (x_i - \bar{x})^2}$의 표본분포가 어떻게 되는지 확인해보자. $\sum_i (x_i - \bar{x})^2 = c$라고 하자.

$$E(\hat{\beta}_1) = \frac{1}{c} E\left(\sum_i (x_i - \bar{x}) Y_i\right) = \frac{1}{c} \sum_i (x_i - \bar{x})\ E(Y_i) = \frac{1}{c} \sum_i (x_i - \bar{x})\ (\beta_0 + \beta_1 x_i) = \frac{1}{c} \beta_1 c = \beta_1$$

$$Var(\hat{\beta}_1) = \frac{1}{c^2} \sum_i (x_i - \bar{x})^2 Var(Y_i) = \frac{1}{c^2} c\sigma^2 = \frac{\sigma^2}{c} = \frac{\sigma^2}{\sum_i (x_i - \bar{x})^2}$$

간단히 분산의 의미를 살펴보면, 회귀직선의 기울기의 분산은 독립변수의 데이터의 분산이 클수록, 즉 넓게 분포되어 있을수록 분산이 작아진다. 독립변수의 값들이 모여 있을수록 기울기는 변하기 쉽다는 뜻이다.

위의 결과를 이용하여 다음과 같은 통계량을 구성하면 표준정규분포를 따른다고 할 수 있다.

$$\frac{\hat{\beta}_1 - \mathrm{E}(\hat{\beta}_1)}{\sqrt{Var(\hat{\beta}_1)}} = \frac{\hat{\beta}_1 - \beta_1}{\sigma \sqrt{\frac{1}{\sum_i (x_i - \bar{x})^2}}} \sim N(0, 1)$$

그런데 오차에 대한 모분산을 모르기 때문에 이에 대한 대체로 오차분산의 추정량을 사용한다.

$$T = \frac{\hat{\beta}_1 - \beta_1}{\frac{\hat{\sigma}}{\sqrt{\sum_i (x_i - \bar{x})^2}}} \sim t(n-2)$$

따라서 모회귀직선의 기울기 회귀계수의 $100(1-\alpha)\%$ 신뢰구간은 다음과 같이 계산할 수 있다.

$$\left(\hat{\beta}_1 - t_{\frac{\alpha}{2}}(n-2) \frac{\hat{\sigma}}{\sqrt{\sum_i (x_i - \bar{x})^2}}, \qquad \bar{x} + t_{\frac{\alpha}{2}}(n-2) \frac{\hat{\sigma}}{\sqrt{\sum_i (x_i - \bar{x})^2}}\right)$$

100개의 표본을 구성한 후 기울기에 대한 신뢰구간을 구하는 과정을 살펴보자.

```
> ## 회귀계수의 신뢰구간
> size <- c(100)
>
> # 재현성을 위하여
> set.seed(123)
> sdf <- sample_n(df, size)
>
> dof <- nrow(sdf)-2
> alpha <- c(0.05)
> c_value <- qt(1-alpha/2, df=dof)
>
> # 오차분산의 계산
> c <- (nrow(sdf)-1)*var(sdf$rm)
> SST <- (nrow(sdf)-1)*var(sdf$medv)
> SSR <- ((nrow(sdf)-1)*cov(sdf$rm, sdf$medv))^2 / ((nrow(sdf)-1)*var(sdf$rm))
> SSE <- SST-SSR
> sqrt_MSE <- sqrt(SSE/dof)
> sqrt_MSE
[1] 5.310206
>
> # 회귀계수 계산
> b1 <- ((nrow(sdf)-1)*cov(sdf$rm, sdf$medv)) / ((nrow(sdf)-1)*var(sdf$rm))
> tvalue <- b1/sqrt_MSE*sqrt(c) # t 통계량 값
> tvalue
[1] 16.07179
>
> # 100(1-alpha)% 신뢰구간
> c(b1-c_value*sqrt_MSE/sqrt(c), b1+c_value*sqrt_MSE/sqrt(c))
[1]  9.508216 12.187042
>
> # 함수 확인
> fit <- lm(medv ~ rm, data=sdf)
> confint.lm(fit, parm='rm', level=0.95)
      2.5 %   97.5 %
rm 9.508216 12.18704
> summary(fit)

Call:
```

```
lm(formula = medv ~ rm, data = sdf)

Residuals:
     Min       1Q   Median       3Q      Max
-14.1362  -2.4160   0.2588   2.9796  19.1016

Coefficients:
            Estimate Std. Error t value Pr(>|t|)
(Intercept) -45.2085     4.3083  -10.49   <2e-16 ***
rm           10.8476     0.6749   16.07   <2e-16 ***
---
Signif. codes:  0 '***' 0.001 '**' 0.01 '*' 0.05 '.' 0.1 ' ' 1

Residual standard error: 5.31 on 98 degrees of freedom
Multiple R-squared:  0.725,	Adjusted R-squared:  0.7221
F-statistic: 258.3 on 1 and 98 DF,  p-value: < 2.2e-16
```

결과의 값을 보면 함수에 의한 결과와 일치함을 알 수가 있다. 신뢰구간은 (9.508216, 12.187042)이다. 영가설이 $H_0 : \beta_1 = 0$인 것은 회귀직선의 기울기가 0인 경우이므로 독립변수의 설명력이 하나도 없다는 의미인 경우에 $T = \frac{\hat{\beta}_1 - \beta_1}{\frac{\hat{\sigma}}{\sqrt{\sum_i (x_i - \bar{x})^2}}}$을 이용하여 다음과 같은 대립가설에 대한 검정을 할 수 있다. 표본으로부터의 값을 t_0이고 $H_1 : \beta_1 \neq 0$이라고 하자.

대립가설	P값	영가설 기각
$H_1 : \beta_1 > 0$	$p_0 = \Pr(T \geq t_0)$	$t_0 \geq t_\alpha(n-2)$
$H_1 : \beta_1 < 0$	$p_0 = \Pr(T \geq t_0)$	$t_0 \geq t_{1-\alpha}(n-2)$
$H_1 : \beta_1 \neq 0$	$p_0 = \Pr(\|T\| \geq \|t_0\|)$	$\|t_0\| \geq t_{\frac{\alpha}{2}}(n-2)$

이에 대한 구체적인 계산을 해보도록 하자.

```
> ## 회귀계수검정
> # P 값 계산
> tvalue
[1] 16.07179
> p0 <- 2*(1 - pt(tvalue, df=dof))
> p0
[1] 0
>
> # 기각역
> c_value <- pt(1-alpha/2, df=dof)
> c_value
[1] 0.8340196
>
> # 함수 확인
> fit <- lm(medv ~ rm, data=sdf)
> summary(fit)

Call:
lm(formula = medv ~ rm, data = sdf)

Residuals:
     Min       1Q   Median       3Q      Max
-14.1362  -2.4160   0.2588   2.9796  19.1016

Coefficients:
            Estimate Std. Error t value Pr(>|t|)
(Intercept) -45.2085     4.3083  -10.49   <2e-16 ***
rm           10.8476     0.6749   16.07   <2e-16 ***
---
Signif. codes:  0 '***' 0.001 '**' 0.01 '*' 0.05 '.' 0.1 ' ' 1

Residual standard error: 5.31 on 98 degrees of freedom
Multiple R-squared:  0.725,	Adjusted R-squared:  0.7221
F-statistic: 258.3 on 1 and 98 DF,  p-value: < 2.2e-16
```

결과를 보면 함수의 결과와 일치한다. 즉, 'Coefficients' 영역에서 rm에 대한 t value와 P값이 일치함을 알 수 있다.

마찬가지 방법으로 절편인 β_0에 대한 추론을 할 수 있다. 위와 유사하므로 추정량에 대한 평균과 분산이 어떻게 되는지 살펴보고 나머지는 생략한다.

$$E(\hat{\beta}_0) = E(\bar{Y} - \hat{\beta}_1\bar{x}) = \beta_0 + \beta_1\bar{x} - \beta_1\bar{x} = \beta_0$$

$$Var(\hat{\beta}_0) = Var(\bar{Y} - \hat{\beta}_1\bar{x}) = Var(\bar{Y}) + Var(\hat{\beta}_1\bar{x}) - 2Cov(\bar{Y}, \hat{\beta}_1\bar{x})$$

$$= \frac{\sigma^2}{n} + \bar{x}^2\frac{\sigma^2}{c} + 0 = \sigma^2\left(\frac{1}{n} + \frac{\bar{x}^2}{c}\right)$$

이를 이용하여 앞과 유사하게 추론을 한다.

11.6 회귀직선의 유의성검정

회귀직선 자체가 의미가 있는지의 여부는 앞에서 기울기에 대한 검정을 통하여 일부 알아보았다. 여기서는 일반적으로 단순회귀, 즉 독립변수가 1개만 있는 것이 아닌 경우에 사용할 수 있는 방법을 알아보자.

앞에서 총변동은 다음과 같이 분해되었다.

$$\sum_i (Y_i - \bar{Y})^2 = \sum_i (Y_i - \hat{Y}_i)^2 + \sum_i (\hat{Y}_i - \bar{Y})^2$$

$$SST = SSE + SSR$$

즉, 총변동은 잔차제곱합과 회귀제곱합으로 분해되었다. 회귀직선이 유의미하다면 잔차에 비하여 회귀직선이 총변동에 차지하는 비중이 커야 할 것이다. 그런데 관측값이 주어지면 SST는 항상 일정한 값이므로 SSE에 대한 상대적인 비로서 SSR 값이 커야 한다. 이때 영가설이 $H_0 : \beta_1 = 0$일 때 다음이 성립한다.

$$F = \frac{\frac{SSR}{1}}{\frac{SSE}{n-2}} = \frac{MSR}{MSE} \sim F(1, n-2)$$

즉, 각 변동에 대하여 자유도로 나누어 주어 평균의 의미가 된 것이다. 즉 평균의 비로서 회귀직선의 유의미성을 검정한다. 만약 F통계량의 관측값, 예를 들어 f_0일 때 주어진 유의수준에 해당하는 기각경곗값보다 큰 값을 준다면 회귀직선은 유의미하다고 할 수 있다.

요인	제곱합	자유도	평균제곱	F값	P값
회귀	SSR	1	$MSR = \frac{SSR}{1}$	$f_0 = \frac{MSR}{MSE}$	$\Pr(F \geq f_0)$
잔차	SSE	n−2	$MSE = \frac{SSE}{n-2}$		
계	SST	n−1			

위와 같은 표를 분산분석표(analysis of variance table)라고 한다.

구체적인 계산 과정을 살펴보기로 하자.

```
> ## 분산분석표에 의한 회귀직선의 유의성검정
> #변동의 분해값 계산
> size <- c(100)
> # 재현성을 위하여
> set.seed(123)
> sdf <- sample_n(df, size)
>
> # 변동 계산
> SST <- (nrow(sdf)-1)*var(sdf$medv)
> SSR <- ((nrow(sdf)-1)*cov(sdf$rm, sdf$medv))^2 / ((nrow(sdf)-1)*var(sdf$rm))
> SSE <- SST-SSR
> c(SST, SSR, SSE)
[1] 10047.116   7283.685   2763.432
>
> n <- nrow(sdf)
> MSE = SSE / (n-2)
> MSR = SSR / 1
> c(MSE, MSR)
[1]    28.19828 7283.68470
>
> f0 <- MSR/MSE
> p0 <- 1 - pf(f0, df1=1, df2=n-2)
> c(f0, p0)
[1] 258.3024     0.0000
>
> # 함수로부터 계산
> summary(lm(medv~rm, data=sdf))

Call:
```

```
lm(formula = medv ~ rm, data = sdf)

Residuals:
     Min       1Q   Median       3Q      Max
-14.1362  -2.4160   0.2588   2.9796  19.1016

Coefficients:
             Estimate Std.  Error  t value   Pr(>|t|)
(Intercept)  -45.2085     4.3083   -10.49   <2e-16 ***
rm            10.8476     0.6749    16.07   <2e-16 ***
---
Signif. codes:  0 '***' 0.001 '**' 0.01 '*' 0.05 '.' 0.1 ' ' 1
Residual standard error: 5.31 on 98 degrees of freedom
Multiple R-squared:  0.725,   Adjusted R-squared:  0.7221
F-statistic: 258.3 on 1 and 98 DF,   p-value: < 2.2e-16
```

결과를 보면 F통계량의 값이 일치함을 알 수 있다. 따라서 결과는 매우 유의함을, 즉 회귀직선이 의미가 있음을 알 수 있다.

11.7 모회귀직선에 대한 추론

독립변수 x에 의하여 추정된 값인 $\hat{y}$은 모집단의 회귀직선 $\mathrm{E}(Y|x) = \beta_0 + \beta_1 x$를 추정하고자 한 것이다. 모수에 대한 추론과 마찬가지로 추정된 값에 대한 신뢰구간과 유의미성 검정을 어떻게 하는지 살펴보자.

$$\mathrm{E}(\hat{y}_i) = \mathrm{E}(\hat{\beta}_0 + \hat{\beta}_1 x_i) = \beta_0 + \beta_1 x_i$$

$$\mathrm{var}(\hat{y}_i) = \mathrm{var}(\hat{\beta}_0 + \hat{\beta}_1 x_i) = \mathrm{var}\left(\bar{\mathrm{Y}} - \hat{\beta}_1(x_i - \bar{x})\right) = var(\bar{\mathrm{Y}}) + var\left(\hat{\beta}_1(x_i - \bar{x})\right) - 2cov\left(\bar{\mathrm{Y}}, \hat{\beta}_1(x_i - \bar{x})\right)$$

$$= \sigma^2\left(\frac{1}{n} + \frac{(x_i - \bar{x})^2}{c}\right)$$

여기서 $c = \sum_i (x_i - \bar{x})^2$이며 계산식에서 $cov\left(\bar{\mathrm{Y}}, \hat{\beta}_1(x_i - \bar{x})\right) = 0$이다.

$$cov\left(\bar{\mathrm{Y}}, \hat{\beta}_1(x_i - \bar{x})\right) = \frac{1}{n}\frac{(x_i - \bar{x})}{c}\sum_j (x_j - \bar{x}) cov\left(\sum_k Y_k, Y_j\right) = \frac{1}{n}\frac{(x_i - \bar{x})}{c}\sum_j (x_j - \bar{x})\sigma^2 = 0$$

따라서 다음이 성립한다.

$$\frac{\beta_0 + \beta_1 x_i - (\beta_0 + \beta_1 x_i)}{\hat{\sigma}\sqrt{\left(\frac{1}{n} + \frac{(x_i - \bar{x})^2}{c}\right)}} \sim t(n-2)$$

따라서 모회귀직선의 100(1−α)% 신뢰구간은 다음과 같이 계산할 수 있다.

$$\left(\beta_0 + \beta_1 x_i - t_{1-\frac{\alpha}{2}}(n-2)\hat{\sigma}\sqrt{\left(\frac{1}{n} + \frac{(x_i - \bar{x})^2}{c}\right)},\quad \beta_0 + \beta_1 x_i + t_{1-\frac{\alpha}{2}}(n-2)\hat{\sigma}\sqrt{\left(\frac{1}{n} + \frac{(x_i - \bar{x})^2}{c}\right)}\right)$$

구체적인 계산과정을 살펴보기로 하자.

```
> ## 모회귀직선에 대한 추론
> size <- c(100)
> # 재현성을 위하여
> set.seed(123)
> sdf <- sample_n(df, size)
>
> # 모델 적합
> fit <- lm(medv~rm, data=sdf)
>
> # 적합된 모델로부터 가져올 정보 목록
> sfit <- summary(fit)
> names(sfit)
 [1] "call"          "terms"         "residuals"     "coefficients"  "aliased"
 [7] "df"            "r.squared"     "adj.r.squared" "fstatistic"    "cov.unscaled"
>
> sigma <- sfit$sigma
> sxx <- (nrow(sdf)-1)*var(sdf$rm)
>
> # 하나의 적합값과 신뢰구간
> x <- c(5)
> se <- sigma*sqrt(1/nrow(sdf)+(x-mean(sdf$rm))^2/sxx)
> alpha <- c(0.05)
> c_value <- qt(1-alpha/2, df=nrow(sdf)-2)
> fitted <- predict.lm (fit, newdata=data.frame(rm=x)) # 예측값
> lower <- fitted - c_value*se
> upper <- fitted + c_value*se
> c(fitted, lower, upper)
```

```
        1         1         1
 9.029622  6.954642 11.104602
>
> # 함수 이용
> predict.lm(fit, newdata=data.frame(rm=x), interval = c('confidence'), level=0.95) # (
       fit      lwr      upr
1 9.029622 6.954642 11.1046
```

계산된 결과와 함수를 이용한 결과와 일치하였다. 이 값은 하나의 예측값에 대한 신뢰구간이다. 이 모형을 이용하여 새로운 독립변수값에 대하여 모회귀직선의 신뢰구간을 구해보자.

```
> ## 모회귀직선 신뢰구간: 신규 데이터 이용
> set.seed(1)
> sdf <- sample_n(df, size)
> x <- sdf$rm
> fitted <- predict.lm (fit, newdata=data.frame(rm=x)) # 예측값
> confi <- predict.lm(fit, newdata=data.frame(rm=x), interval = c('confidence'), level=0.95) # 예
측구간
> head(confi)
       fit      lwr      upr
1 17.24128 15.93405 18.54850
2 28.36010 27.14778 29.57241
3 23.29425 22.24014 24.34837
4 19.61691 18.45886 20.77496
5 28.34925 27.13759 29.56090
6 28.00213 26.81104 29.19321
```

독립변수 데이터를 새로 구성하고 난 후 기존 모델식을 이용하여 적합한 결과이다. 적합된 결과에 대한 신뢰구간을 계산하였다.

모회귀직선의 신뢰구간

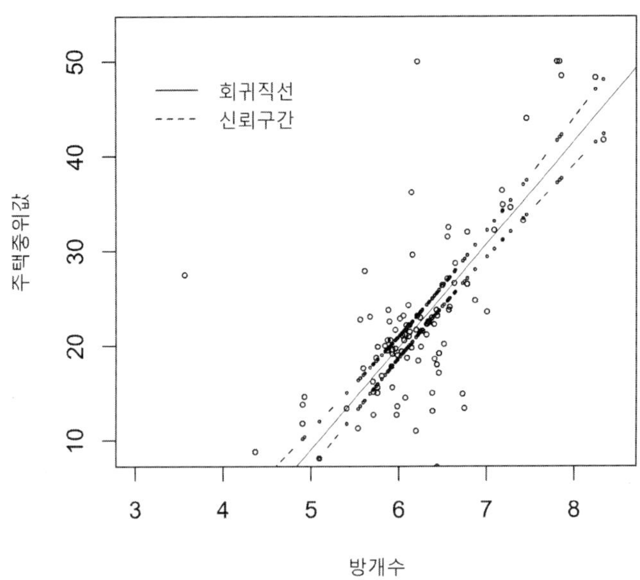

|그림 11.5| 모회귀직선의 신뢰구간

|그림 11.5|는 모회귀직선에 대한 신뢰구간을 예시한 것이다. 즉, 모회귀직선은 그림의 구간에 있을 근사 확률이 대략 95%라는 것이다.

참고로 회귀직선에 대한 신뢰구간은 평균값에서 멀어질수록 더 넓어진다. 이는 신뢰구간의 폭인 $t_{\frac{\alpha}{2}}(n-2)\hat{\sigma}\sqrt{\left(\frac{1}{n}+\frac{(x_i-\bar{x})^2}{c}\right)}$에서 보듯이 x_i 값이 $\bar{x}$일 때 값이 가장 작다.

11.8 오차 가정에 대한 검정

단순선형회귀모형에서 다음과 같은 가정을 하였다.

$$Y_i = \beta_0 + \beta_1 x_i + \epsilon_i, \qquad i = 1, \dots, n$$
$$\epsilon_i \sim N(0, \sigma^2), \qquad i = 1, \dots, n$$

즉, 오차에 대하여 평균이 0이고 분산이 일정하며 서로 독립인 정규분포를 따른다고 하였다. 이러한 가정이 맞는지를 살펴보는 것을 일반적으로 잔차분석(residual analysis)이라고 한다. 오차에 대한 추론을 하는 자연스런 추정량으로 잔차라는 통계량을 사용하게 된다.

$$r_i = Y_i - (\hat{\beta}_0 + \hat{\beta}_1 x_i) = Y_i - \hat{Y}_i$$

잔차의 표본분포에서 평균과 분산을 살펴보자.

$$E(r_i) = E(Y_i - \hat{Y}_i) = \beta_0 + \beta_1 x_i - (\beta_0 + \beta_1 x_i) = 0$$

$$\begin{aligned}
Var(r_i) &= Var(Y_i - \hat{Y}_i) = Var(Y_i - \hat{\beta}_0 - \hat{\beta}_1 x_i) = Var\left(Y_i - \bar{Y} - \hat{\beta}_1(x_i - \bar{x})\right) \\
&= Var(Y_i) + Var(\bar{Y}) + Var\left(\hat{\beta}_1(x_i - \bar{x})\right) - 2Cov(Y_i, \bar{Y}) - 2Cov\left(Y_i, \hat{\beta}_1(x_i - \bar{x})\right) \\
&\quad + 2Cov\left(\bar{Y}, \hat{\beta}_1(x_i - \bar{x})\right)
\end{aligned}$$

$$= \sigma^2 + \frac{\sigma^2}{n} + \frac{(x_i - \bar{x})^2\sigma^2}{c} - 2\frac{\sigma^2}{n} - 2\frac{(x_i - \bar{x})^2\sigma^2}{c} + 0 = \sigma^2\left(1 - \frac{1}{n} - \frac{(x_i - \bar{x})^2}{c}\right) = \sigma^2\left(\frac{n-1}{n} - \frac{(x_i - \bar{x})^2}{c}\right)$$

따라서 오차의 분산보다 잔차의 분산이 작다 즉, 과적합(overfitting)된다는 의미이다. 또한 데이터가 평균에서 멀어질수록 식에서 보듯이 $\frac{(x_i - \bar{x})^2}{c}$의 값이 커지게 되어 잔차의 분산은 매우 작아진다. 즉, 잔차의 위치에 따라 분산이 일정하지 않게 된다. 이를 해결하는 방법을 알아보자.

오차에 대한 추론을 하기 위해서 앞에서 설명했듯이 다음과 같은 통계량을 고려한다.

$$Z_i = \frac{\epsilon_i - E(\epsilon_i)}{\sqrt{Var(\epsilon_i)}} = \frac{\epsilon_i}{\sigma} = \frac{Y_i - (\beta_0 + \beta_1 x_i)}{\sigma} \sim N(0,1)$$

그런데 실제 관측하는 것은 (x_i, Y_i)이고 이로부터 추정된 $\hat{\beta}_0$, $\hat{\beta}_1$, $\hat{\sigma}^2$을 사용하므로 주어진 식을 사용할 수 없다. 따라서 다음과 같이 모집단 오차의 대안으로 잔차를 생각하고 다음과 같은 통계량을 사용한다.

$$T_i = \frac{Y_i - (\hat{\beta}_0 + \hat{\beta}_1 x_i)}{\sqrt{\widehat{Var(r_i)}}} = \frac{r_i}{\hat{\sigma}_i}$$

이를 (내부) 스튜던트화 잔차(internally Studentized residual) 또는 표준화잔차

(standardized residual)라고 한다. 여기서 $\hat{\sigma}_i = \hat{\sigma}^2\left(1-\left(\frac{1}{n}+\frac{(x_i-\bar{x})^2}{c}\right)\right)$이다.

스튜던트화 잔차에서 $\frac{r_i}{\sqrt{Var(r_i)}}$의 평균과 분산은 각각 0과 1이다. 즉, 잔차의 위치에 무관하게 분산이 일정함을 알 수 있다. 이런 이유에서 스튜던트화 잔차를 이용하여 분산을 일정하게 유지한다. 스튜던트화 잔차를 구하는 과정을 살펴보기로 하자.

```
> ## 스튜던트화 잔차 계산
> size <- c(100)
> # 재현성을 위하여
> set.seed(123)
> sdf <- sample_n(df, size)
>
> # 모델 적합
> fit <- lm(medv~rm, data=sdf)
>
> # 내부 스튜던트화 잔차 또는 표준화잔차
> sigma <- summary(fit)$sigma
> n <- nrow(sdf)
> sxx <- (n-1)*var(sdf$rm)
> Ti <- (sdf$medv-fit$fitted.values)/sqrt(sigma^2*(1-1/n-(sdf$rm-mean(sdf$rm))/sxx))
> head(Ti)
       146        399        207        445        473         23
-1.4147545 -1.6806679  0.1866825 -1.4127312 -0.2685395 -1.1749347
>
> # 함수 이용
> head(rstandard(fit))
       146        399        207        445        473         23
-1.4175973 -1.7035488  0.1866956 -1.4209388 -0.2683378 -1.1771349
```

결과를 보면 함수를 이용한 결과와 차이가 있음을 알 수 있다. 실제 함수에서는 위의 식 이외에도 약간의 조정을 하였으나 문서상에는 나와 있지 않아 규명할 수는 없었다.

11.8.1 독립성에 대한 검정

오차의 독립성을 하나의 값으로 검정할 수 있는 정의된 통계량은 없다. 또한 오차의 추정량이라고 할 수 있는 잔차는 기본적으로 독립이 아니다. 왜냐하면 $\sum_i r_i = 0$이기 때문이다. 따라서 그림상으로 독립임을 직접적으로 확인하는 방법이 제일 중요하다. 물론 오차의 독립성은 일반적으로 관측된 순서에 따라 서로 상관관계가 있는지 여부를 판단하는 경우가 많으므로 바로 직전 데이터와의 자기상관(autocorrelation)을 검정하는 더빈–왓슨(Durbin–Watson) 통계량이 있다.

$$r_i = \rho r_{i-1} + \nu_i$$

여기서 독립성이 없다면 $\rho = 0$이어야 한다. 이를 검정하는 통계량은 다음과 같이 정의한다.

$$d = \frac{\sum_{i=2}(r_i - r_{i-1})^2}{\sum_{i=1} r_i^2}$$

더빈–왓슨 통계량의 값이 1보다 작으면 양의 상관관계가 있다고 하고, 2보다 크면 음의 상관관계가 있다고 한다. 즉, 이 값이 1보다 크고 2보다 작으면 독립성에 큰 문제가 없다고 판단한다.

그림상으로 독립이라면 독립변수의 값의 변화에 스튜던트화 잔차가 임의의 값이 나와야 한다. 즉 전체적으로 볼 때는 아무런 유형(pattern)이 없어야 한다.

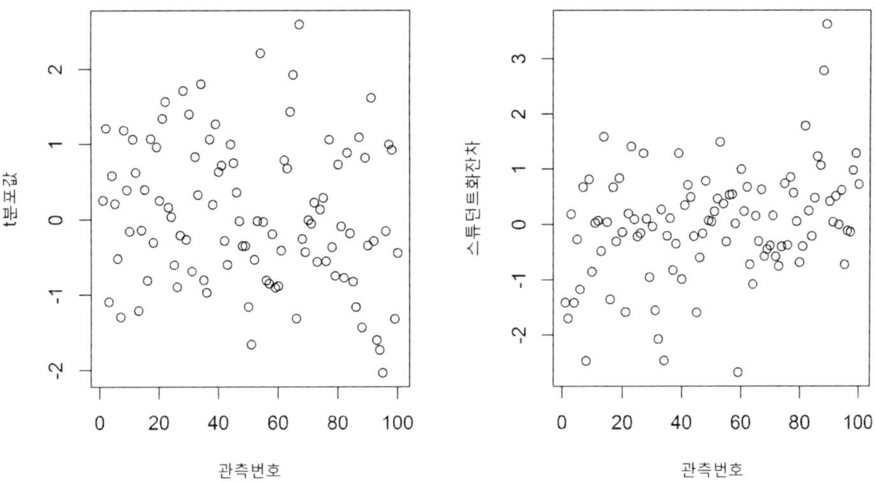

|그림 11.6| 독립성검정 예시

|그림 11.6|은 자유도가 98인 t분포에서 임의로 크기가 100인 표본과 실 데이터에서의 스튜던트화 잔차를 관측번호에 따라 그린 것이다. 만약 관측 순서(여기서는 관측번호)에 따라 어떠한 경향이 보이지 않는다면 임의표본과 큰 차이가 없어야 한다. 그림에서 보듯이 정형화된 유형이 없다. 이런 경우 독립성이 어느 정도 충족되었다고 판단한다. 경우에 따라 매우 특별한 유형이 다양하게 발생할 수 있다.

11.8.2 등분산성에 대한 검정

독립변수 x가 갖는 모든 값에 대하여 오차는 동일한 분산을 갖는다고 가정하였다. 이를 검정해보자.

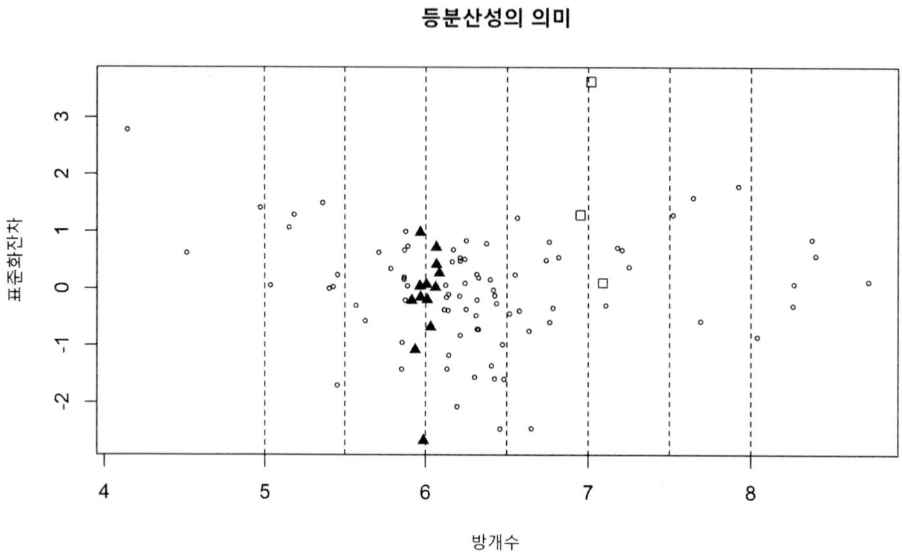

|그림 11.7| 등분산성 예시

등분산성(homoscedasticity, homogeneity of variance)은 **|그림 11.7|**과 같이 x의 각 값에 대하여 동일한 분산을 갖는지를 살펴보는 것이다. 그림에서 방개수가 6개일 때의 삼각형 데이터의 산포와 7개일 때의 네모 데이터의 주변 산포는 어느 정도 비슷하다. 이와 같이 그림으로 간단히 확인할 수 있다.

설명변수가 많은 경우에는 모든 설명변수에 대하여 그림을 전부 확인해야 하는 번거로움이 있다. 이런 경우에는 일반적으로 예측값 대 표준화잔차 그림을 통하여 이를 대체한다.

11.8.3 정규성에 대한 검정

오차에 대하여 최종적으로 정규성에 대한 가정을 하였다. 마찬가지로 오차에 대한 하나의 추정량으로서 잔차를 생각하고 스튜던트화 잔차에 대하여 정규성 여부를 판단한다.

이에 대한 검정으로 시각적 방법인 분위수-분위수 그림(Q-Q plot: quantile-quantile plot)과 통계량에 의한 검정으로 샤피로-윌크 검정(Shapiro-Wilk test),

콜모고로프-스미르노프 검정(Kolmogorov-Smirnov test)이 있다.

11.8.3.1 분위수-분위수 그림

분위수-분위수 그림(이하 QQplot)은 2개의 확률분포를 비교하는 시각화 방법으로서 확률그림이다. 예를 들어 정규분포의 검정을 위하여 x축은 이론적인 정규분포의 분위수를 계산하고 y축은 실제 데이터에 대한 분위수를 계산하여 그린다. 이때 실제 데이터가 정규분포라면 분위수값들이 서로 일치해야 하므로 $y = x$ 직선 위에 대부분의 점들이 있어야 한다.

먼저 표본으로부터 생성되는 경험분포(empirical distribution) 함수를 생성한다.

$$F_n(x) = \frac{x\text{보다 작은 데이터 개수}}{n} = \frac{1}{n}\sum_{i} 1_{X_i \le x}$$

경험분포의 함수의 결과 값은 0과 1 사이가 된다. 이때 하나의 데이터 x에 대한 분위수는 $F_n^{-1}(x)$가 된다. 이런 의미에서 F_n^{-1}을 분위수함수(quantile function)라고 한다.

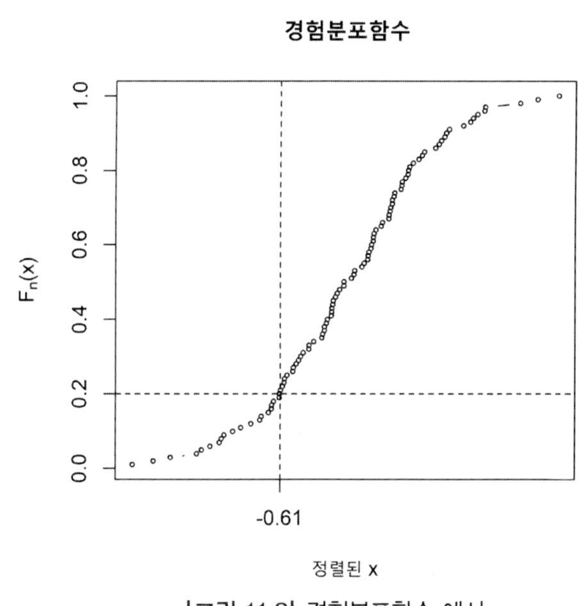

|그림 11.8| 경험분포함수 예시

|그림 11.8|은 표준정규분포에서 크기가 100인 임의표본을 구성한 후 경험분포함수를 구한 것이다. 확률이 0.2일 때 이에 대응하는 x의 값, 즉 분위수는 -0.61이다. 이때 $-0.61 = F_n^{-1}(0.2)$와 같이 표현한다. 즉, 주어진 데이터에 대하여 $F_n^{-1}\left(\frac{1}{m+1}\right)$, $F_n^{-1}\left(\frac{2}{m+1}\right), \ldots, F_n^{-1}(\frac{m}{m+1})$ 값을 계산하면 이 값이 바로 경험분포함수의 값이 되는 것이다. 여기서 m은 생성하고자 하는 분위수 개수이다.

이를 이용하여 스튜던트화 잔차에 대한 QQplot을 그려보자.

```
> # 데이터 구성
> size <- c(300)
> # 재현성을 위하여
> set.seed(123)
> sdf <- sample_n(df, size)
>
> # 모델 적합
> fit <- lm(medv~rm, data=sdf)
>
> # 이론적인 값
> m <- size
> probs <- seq(1, m)/(m+1)
> length(probs)
[1] 300
> x <- qnorm(probs)
> head(x)
[1] -2.714154 -2.475928 -2.327596 -2.217659 -2.129383 -2.055123
>
> # 경험분포 값
> y <- quantile(rstandard(fit), probs=probs)
> head(y)
0.3322259% 0.6644518% 0.9966777% 1.3289037% 1.6611296% 1.9933555%
  -2.443581   -2.192566   -2.156233   -2.149539   -2.092450   -1.960217
```

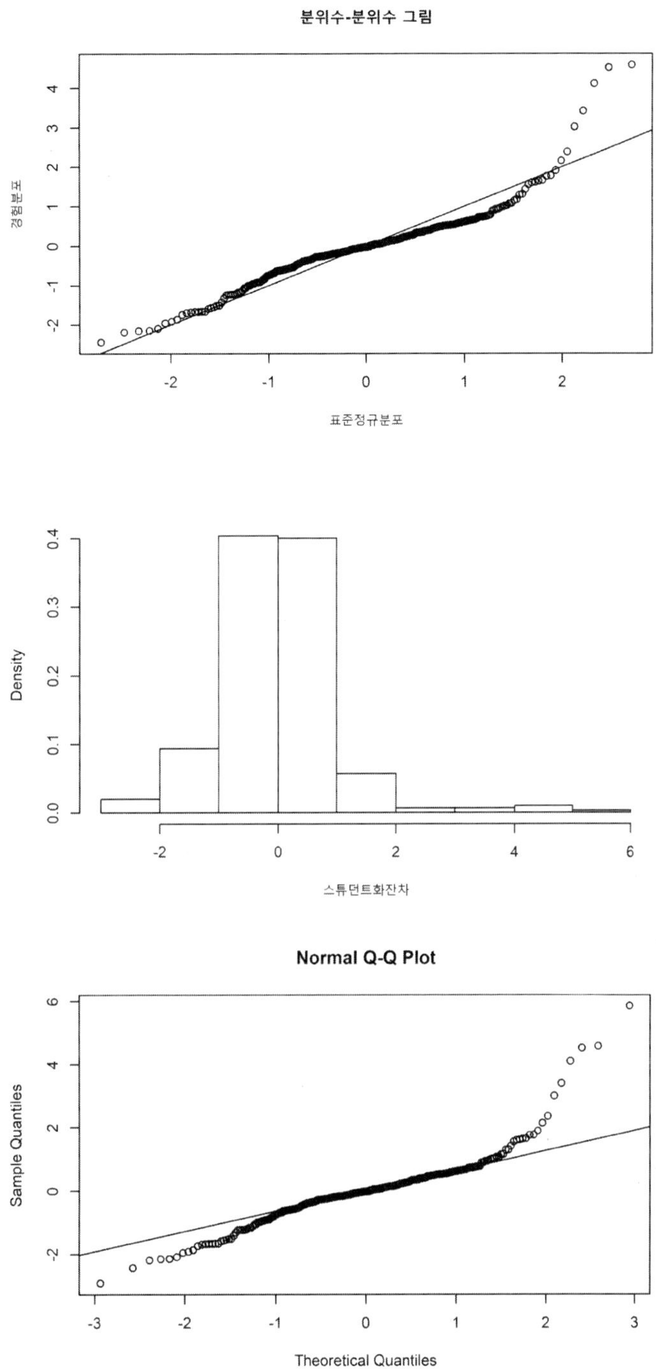

|그림 11.9| QQplot, 히스토그램, 내장함수 이용 QQplot

|그림 11.9|의 위쪽 그림을 보면 직선과 대부분 일치하지만 오른쪽 끝부분이 직선에서 많이 벗어나 있다. 가운데 그림인 히스토그램을 보면 오른쪽으로 긴 꼬리를 하고 있다. 마지막 아래 그림은 내장함수를 호출하여 그린 것이다.

```
> # 경험분포값
> y <- quantile(rstandard(fit), probs=probs)
> head(y)
0.3322259% 0.6644518% 0.9966777% 1.3289037% 1.6611296% 1.9933555%
 -2.443581  -2.192566  -2.156233  -2.149539  -2.092450  -1.960217
> # QQplot
> png(paste0(path, 'r_program/png/regression_residual_normal_check_qqplot_housing.png'),
+       width=500, height=900)
> par(mfrow=c(3,1))
>
> plot(x, y, xlab='표준정규분포', ylab='경험분포', main='분위수-분위수 그림')
> abline(a=0, b=1)
>
> hist(rstandard(fit), xlab='스튜던트화 잔차', freq=F, main='')
>
> # 함수 호출
> qqnorm(rstandard(fit))
> qqline(rstandard(fit))
>
> par(mfrow=c(1,1))
> dev.off()
```

그림을 보면 대략적으로 정규분포를 따르지만 꼬리부분이 길게 있으므로 사실은 t분포에 가깝다고 볼 수 있다. 이는 스튜던트화 잔차가 T통계량과 동일하게 구성된 것과 무관하지 않다.

11.8.3.2 통계량에 의한 검정

통계량에 의한 정규성검정 중에 가장 잘 알려진 검정 방법은 샤피로-윌크 검정(Shapiro-Wilk test)이다. 이 검정방법의 영가설은 "주어진 분포는 정규분포"이다. 따라서 유의확률값이 주어진 유의수준보다 작다면 영가설은 기각된다.

```
> # 통계량에 의한 정규성검정
> shapiro.test(rstandard(fit))

        Shapiro-Wilk normality test

data:  rstandard(fit)
W = 0.88444, p-value = 2.743e-14
```

결과를 보면 유의확률값이 거의 0 이므로 영가설이 기각되어 정규분포라고 할 수 없다.

이런 경우에 대처하는 방안 중 하나는 종속변수의 분포가 정규분포가 아니므로 이를 정규분포로 변환하는 변수변환기법이 필요하다. 이때 로그 또는 제곱근 변환 등을 하게 되는데 이 중 대표적인 것으로 박스-칵스 변환(Box-Cox transform)이 있다. 이 내용은 생략하며 [KANG] 문헌을 참조한다.

11.8.4 오차 가정에 대한 검정 요약

오차 가정에 대한 검정을 다음과 같이 하나의 표로 요약해보자.

검정 항목	그림 검정	통계량 검정
독립성	관측번호 대 표준화잔차 그림	더비-왓슨 통계량
등분산성	설명변수 대 표준화잔차 그림 예측값 대 표준화잔차 그림	
정규성	표준화잔차의 분위수-분위수 그림	샤피로-윌크 검정 콜모고로프-스미르노프 검정

등분산성에 대한 통계량 검정 방법은 여러 가지 방법이 있으나 이를 생략한다.

12장

다중선형회귀분석

앞 장에서는 독립변수가 1개인 단순선형회귀를 살펴보았다. 이 장에서는 독립변수가 2개 이상인 다중선형회귀(multiple linear regression)에 대하여 알아보자.

모형은 다음과 같다.

$$Y_i = \beta_0 + \beta_1 x_{i1} + \cdots + \beta_k x_{ik} + \epsilon_i, \qquad i = 1, \ldots, n$$

여기서 오차항은 $\epsilon_i \overset{iid}{\sim} N(0, \sigma^2)$이다.

모형이 선형이라는 의미는 모수에 대한 1차식이기 때문이다. 따라서 $Y_i = \beta_0 + \beta_1 x_{i1}^2 + \cdots + \beta_k x_{ik}^2 + \epsilon_i$도 선형모형이다.

이 장에서는 벡터와 행렬 연산, 벡터 미분 등에 대한 이해가 필요하며 이는 해당 장을 참조한다.

12.1 모수의 추정

다중선형회귀모형에서는 추정해야 할 모수가 $k+1$개이다. 이를 추정하기 위해서는 단순선형회귀와 마찬가지로 최소제곱법에 의하여 추정한다. 표본의 크기가 n개인 경우에 선형회귀모형을 관측값 형식으로 표현하면 다음과 같다.

$$\begin{gathered} y_1 = \beta_0 + \beta_1 x_{11} + \cdots + \beta_k x_{1k} + \epsilon_1 \\ \cdots \\ y_n = \beta_0 + \beta_1 x_{n1} + \cdots + \beta_k x_{nk} + \epsilon_n \end{gathered}$$

이를 행렬로 표현하면 다음과 같다.

$$y = \mathrm{X}\beta + \epsilon$$

$$y = (y_1, \ldots, y_n)^T, \mathrm{X} = \begin{pmatrix} 1 & x_{11} & \ldots & x_{1k} \\ . & . & . & . \\ 1 & x_{n1} & \ldots & x_{nk} \end{pmatrix}, \beta = (\beta_0, \beta_1, \ldots, \beta_k)^T, \epsilon = (\epsilon_1, \ldots, \epsilon_n)^T$$

따라서 최소제곱법은 다음의 식을 만족해야 한다.

$$\underset{\beta}{\text{minimize}}\left((y - \mathrm{X}\beta)^T (y - \mathrm{X}\beta)\right)$$

주어진 식을 벡터 β에 대하여 미분하여 정리하면 다음과 같다.

$$
\begin{aligned}
\epsilon^T\epsilon = (y - X\beta)^T(y - X\beta) &= y^Ty - 2y^TX\beta + \beta^TX^TX\beta \\
&\Rightarrow \frac{\partial \epsilon^T\epsilon}{\partial \beta} = -2y^TX + 2\beta^TX^TX = 0 \\
&\Rightarrow \beta^TX^TX = y^TX \\
&\Rightarrow X^TX\beta = X^Ty
\end{aligned}
$$

이때 $X^TX\beta = X^Ty$를 정규방정식(normal equation)이라고 한다. 벡터의 미분에 대한 사항은 행렬 미분 장을 참조한다.

X^TX 역행렬이 존재하면 다음과 같이 최소제곱법에 의한 추정값을 계산할 수 있다.

$$\hat{\beta} = (X^TX)^{-1}X^Ty$$

데이터를 이용하여 계산과정을 살펴보기로 하자. 데이터는 [HOUSING] 데이터를 사용하였으며 아래 그림의 독립변수와 종속변수를 사용하였다.

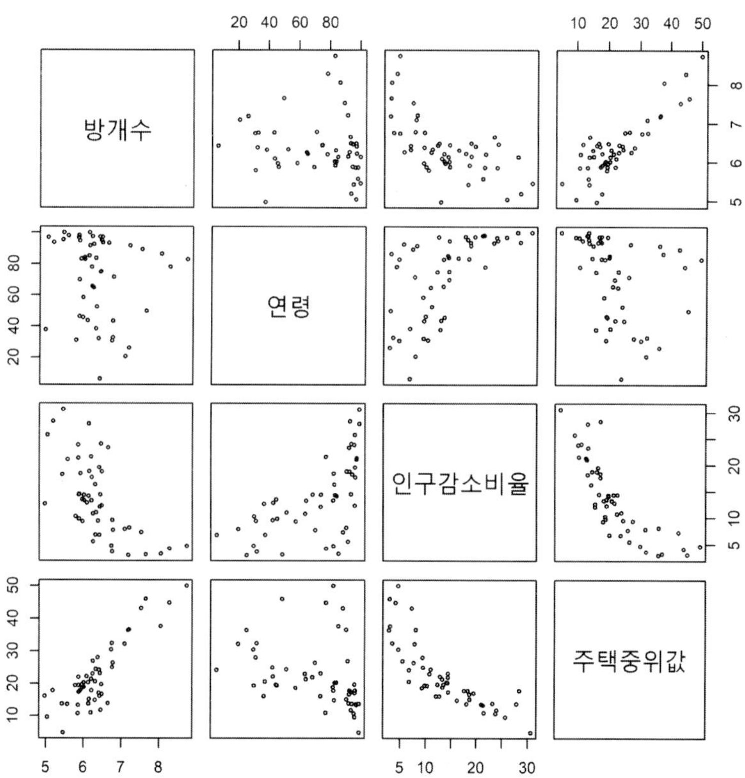

|그림 12.1| 산점도행렬

```
> # [HOUSING] 데이터
> url <- c("https://archive.ics.uci.edu/ml/machine-learning-databases/housing/housing.data")
> df <- fread(url)

  % Total    % Received % Xferd  Average Speed   Time    Time     Time  Current
                                 Dload  Upload   Total   Spent    Left  Speed
100 49082  100 49082    0     0  49880      0 --:--:-- --:--:-- --:--:-- 49880> head(df)
         V1 V2   V3 V4    V5    V6   V7     V8 V9 V10   V11    V12  V13  V14
1: 0.00632 18 2.31  0 0.538 6.575 65.2 4.0900  1 296 15.3 396.90 4.98 24.0
2: 0.02731  0 7.07  0 0.469 6.421 78.9 4.9671  2 242 17.8 396.90 9.14 21.6
3: 0.02729  0 7.07  0 0.469 7.185 61.1 4.9671  2 242 17.8 392.83 4.03 34.7
4: 0.03237  0 2.18  0 0.458 6.998 45.8 6.0622  3 222 18.7 394.63 2.94 33.4
5: 0.06905  0 2.18  0 0.458 7.147 54.2 6.0622  3 222 18.7 396.90 5.33 36.2
6: 0.02985  0 2.18  0 0.458 6.430 58.7 6.0622  3 222 18.7 394.12 5.21 28.7
> names(df) <-
tolower(c('CRIM','ZN','INDUS','CHAS','NOX','RM','AGE','DIS','RAD','TAX','PTRATIO','B','LSTAT','MEDV'))
>
> # 데이터 구성
> size <- c(50)
> # 재현성을 위하여
> set.seed(123)
> sdf <- sample_n(df, size)
>
> xvars <- c('rm', 'age', 'lstat')
>
> # 산점도로 대략적인 관련성 파악
> png(paste0(path, 'r_program/png/regression_mutiple_pairs_housing.png'),
+       width=600, height=600)
> pairs(sdf[, c(xvars, 'medv'), with=F], cex=0.5, labels = c('방개수', '연령', '인구감소비율', '주택중위
값'))
> dev.off()
RStudioGD
          2
>
> ## 모수의 추정
> # 데이터 행렬 구성
> ones <- matrix(c(1), nrow=nrow(sdf))
> X <- cbind(ones, as.matrix(sdf[, xvars, with=F]))
> y <- as.matrix(sdf$medv)
>
> # 직접 계산
> ginv(t(X) %*% X) %*% t(X) %*% y
              [,1]
```

```
[1,] -16.624733623
[2,]   7.432012023
[3,]   0.004901236
[4,]  -0.633911728
>
> # 정규방정식 이용
> qr.solve(t(X) %*% X, t(X) %*% y)
                [,1]
        -16.624733623
rm        7.432012023
age       0.004901236
lstat    -0.633911728
>
> # 함수 이용
> lm(medv ~ rm+age+lstat, data=sdf)

Call:
lm(formula = medv ~ rm + age + lstat, data = sdf)

Coefficients:
(Intercept)           rm          age        lstat
 -16.624734     7.432012     0.004901    -0.633912
```

결과를 보면, 직접 계산한 결과와 함수를 이용한 결과가 동일함을 알 수 있다. 여기서 모수의 추정에 사용하는 방법은 행렬의 QR 분해를 사용한다. 이 방법을 사용하면 X^TX 행렬의 역행렬을 구하지 않아도 된다. 이는 벡터와 행렬 장을 참조한다.

추정된 모수를 이용하여 추정된 예측값은 다음과 같다.

$$\hat{y} = X\hat{\beta} = X(X^TX)^{-1}X^Ty = Hy$$

여기서 H 행렬은 y를 H로 보내주는 하나의 변환이라고 생각할 수 있으며, 모자(hat) 행렬이라고 한다. 모자행렬은 다음과 같은 몇 가지 속성을 가지고 있다.

$$1)\ HX = X$$
$$2)\ HH = H^2 = H$$

첫 번째는 H의 열로 구성된 공간과 X의 열로 구성된 공간이 같다는 의미이며 두 번째는 멱등행렬임을 의미한다. 즉, 일종의 정사영행렬이다. 이를 해석해보면 데이터 행렬인 X의 열로 구성된 공간에 정사영을 내렸을 때의 벡터가 $Hy = \hat{y}$가 되는 것이다.

12.2 오차분산의 추정

단순선형회귀와 마찬가지로 다중선형회귀에서도 오차분산을 행렬을 이용하여 추정할 수 있다. 표본잔차를 $r_i = y_i - \hat{y}_i$이라고 하며, 이때 표본오차분산을 다음과 같이 정의하였다.

$$\hat{\sigma}^2 = \frac{\sum_i (y_i - \hat{y}_i)^2}{n-p} = \frac{SSE}{n-p}$$

여기서 p는 절편을 포함한 추정해야 할 모수의 개수이다. 이를 정리하면 다음과 같다.

$$\frac{1}{n-p}\left(y - \mathrm{X}\hat{\beta}\right)^T\left(y - \mathrm{X}\hat{\beta}\right) = \frac{1}{n-p}\left(y^T y - y^T \mathrm{X}(\mathrm{X}^\mathrm{T}\mathrm{X})^{-1}\mathrm{X}^\mathrm{T} y\right) = \frac{1}{n-p} y^T(\mathrm{I} - \mathrm{H})y$$

결과를 보면 $\mathrm{H}y$는 예측값이 되며 데이터 행렬인 X의 설명 안 되는 부분은 $(\mathrm{I} - \mathrm{H})y$이며 이의 제곱합이라고 할 수 있다. 즉, $\left((\mathrm{I} - \mathrm{H})y\right)^\mathrm{T}(\mathrm{I} - \mathrm{H})y = y^\mathrm{T}(\mathrm{I} - \mathrm{H})^\mathrm{T}(\mathrm{I} - \mathrm{H})y = y^\mathrm{T}(\mathrm{I} - \mathrm{H})y$ 이다. 이를 자유도로 나눈 값이 오차분산에 대한 추정값이다.

아래는 직접 오차분산을 행렬식에 의하여 계산하는 코드이다.

```
> ## 오차분산의 추정: 행렬식에 의한 계산
> H <- X %*% ginv(t(X) %*% X) %*% t(X)
> dim(H)
[1] 50 50
> I <- diag(nrow=dim(H)[1])
> > n <- nrow(sdf)
> p <- 3
> r <- I-H
> SSE <- t(y) %*% r %*% y
> MSE <- SSE / (n-p)
> RSE <- sqrt(MSE) # Residual standard error
> print(RSE)
         [,1]
[1,] 3.883988
```

결과는 앞의 잔차 표준오차와 일치함을 알 수 있다.

오차분산의 실제 모분산을 추정하는 비편향추정량인지를 살펴보자. 이때 다음의 성질을 이용하자.

$$y\sim\ (\mu,\Sigma)\Rightarrow \mathrm{E}(y^T\mathrm{A}y)=tr(\mathrm{A}\Sigma)+\mu^T\mathrm{A}\mu$$

따라서 다음의 성질을 만족한다.

$$\mathrm{E(SSE)}=\mathrm{E}(Y^{\mathrm{T}}(\mathrm{I}-\mathrm{H})Y)=tr\big((\mathrm{I}-\mathrm{H})\mathrm{I}\sigma^2\big)+\beta^T\mathrm{X}^{\mathrm{T}}(\mathrm{I}-\mathrm{H})\mathrm{X}\beta=\sigma^2\big(n-tr(\mathrm{H})\big)$$
$$=\sigma^2\big(n-tr(\mathrm{X}(\mathrm{X}^{\mathrm{T}}\mathrm{X})^{-1}\mathrm{X}^{\mathrm{T}})\big)=\sigma^2\big(n-tr((\mathrm{X}^{\mathrm{T}}\mathrm{X})^{-1}\mathrm{X}^{\mathrm{T}}\mathrm{X})\big)=\sigma^2(n-p)$$

즉, $\mathrm{E}\left(\frac{\mathrm{SSE}}{n-p}\right)=\sigma^2$이다.

12.3 모수의 추론

다중선형회귀모형에서의 모수는 $\beta_0,\cdots,\beta_k$이다. 각각의 모수에 대한 추론을 해보기로 하자.

선형회귀모형에 대한 추론을 하기 위해서 앞 장과 같이 오차에 대한 정규분포를 가정하였다. 즉, $Y\sim\mathrm{N}(\mathrm{X}\beta,\mathrm{I}\sigma^2)$이다. 그런데 $\mathrm{E}(\hat{\beta})=\mathrm{E}((\mathrm{X}^{\mathrm{T}}\mathrm{X})^{-1}\mathrm{X}^{\mathrm{T}}Y)=(\mathrm{X}^{\mathrm{T}}\mathrm{X})^{-1}\mathrm{X}^{\mathrm{T}}\mathrm{E}(Y)=\beta$이고, $\mathrm{Cov}(\hat{\beta})=\mathrm{Cov}((\mathrm{X}^{\mathrm{T}}\mathrm{X})^{-1}\mathrm{X}^{\mathrm{T}}Y)=(\mathrm{X}^{\mathrm{T}}\mathrm{X})^{-1}\mathrm{X}^{\mathrm{T}}\mathrm{Cov}(y)((\mathrm{X}^{\mathrm{T}}\mathrm{X})^{-1}\mathrm{X}^{\mathrm{T}})^T=(\mathrm{X}^{\mathrm{T}}\mathrm{X})^{-1}\mathrm{X}^{\mathrm{T}}\{\mathrm{I}\sigma^2\}\mathrm{X}(\mathrm{X}^{\mathrm{T}}\mathrm{X})^{-1}=(\mathrm{X}^{\mathrm{T}}\mathrm{X})^{-1}\sigma^2$이다. 여기서 $\mathrm{Cov}(\hat{\beta})=E\left(\left(\hat{\beta}-E(\hat{\beta})\right)\left(\hat{\beta}-E(\hat{\beta})\right)^T\right)$이고 $E(\hat{\beta})=E((\mathrm{X}^{\mathrm{T}}\mathrm{X})^{-1}\mathrm{X}^{\mathrm{T}}Y)=(\mathrm{X}^{\mathrm{T}}\mathrm{X})^{-1}\mathrm{X}^{\mathrm{T}}E(Y)$를 이용하여 구한다.

따라서 $\hat{\beta}\sim\mathrm{N}(\beta,(\mathrm{X}^{\mathrm{T}}\mathrm{X})^{-1}\sigma^2)$이다. 또한 $\frac{(n-p)\hat{\sigma}^2}{\sigma^2}\sim\chi^2(n-p)$이고 $\hat{\beta},\hat{\sigma}^2$이 서로 독립인 성질을 이용하면 다음과 같은 성질이 성립한다. $\sqrt{(\mathrm{X}^{\mathrm{T}}\mathrm{X})^{-1}}=\mathrm{D}$라고 하자.

$$\frac{\hat{\beta}_k-\beta_k}{\frac{\mathrm{D}_{kk}\hat{\sigma}}{\sqrt{n-p}}}=\frac{\sqrt{n-p}\,(\hat{\beta}_k-\beta_k)}{\mathrm{D}_{kk}\hat{\sigma}}\sim t(n-p)$$

따라서 영가설 $\mathrm{H}_0:\beta_k=0$에 대한 검정통계량 값을 t_{k0}이라고 하면 이 값의 절댓값이 $t_{\frac{\alpha}{2}}(\mathrm{n}-\mathrm{p})$보다 크면 영가설을 기각할 수 있다. 여기서 α는 유의수준이다.

아래는 모수, 즉 회귀계수에 대한 추론에 대한 코드이다.

```
> ## 회귀계수에 대한 추론
> D <- ginv(t(X) %*% X)
> SSE <- sum(fit$residuals^2) # 잔차제곱합
> MSE <- SSE/(n-p) # 평균제곱오차
> RSE <- sqrt(MSE) # Residual standard error
>
> print('표준오차(Std. Error):-----')
[1] "표준오차(Std. Error):-----"
> d <- diag(D)
> print(RSE*sqrt(d))
[1] 7.51717324 1.08755361 0.03058641 0.14267450
> print('회귀계수에 대한 t 값(t value):-----')
[1] "회귀계수에 대한 t 값(t value):-----"
> print(coef(fit) / (RSE*sqrt(d)))
(Intercept)          rm         age       lstat
 -2.2115672   6.8336972   0.1602422  -4.4430627
>
> print('회귀계수에 대한 P 값(Pr(>|t|)):-----')
[1] "회귀계수에 대한 P 값(Pr(>|t|)):-----"
> t0 <- coef(fit) / (RSE*sqrt(d))
> n <- nrow(sdf)
> p <- length(fit$coefficients)
> print(2*(1-pt(abs(t0), df=n-p)))
 (Intercept)           rm          age        lstat
3.200437e-02 1.618937e-08 8.733919e-01 5.541145e-05
> #함수 이용
> summary(fit)

Call:
lm(formula = medv ~ rm + age + lstat, data = sdf)

Residuals:
    Min      1Q  Median      3Q     Max
-7.7666 -2.5805 -0.0308  1.6317 13.3750

Coefficients:
              Estimate Std. Error t value Pr(>|t|)
(Intercept) -16.624734   7.517173  -2.212    0.032 *
rm            7.432012   1.087554   6.834 1.62e-08 ***
age           0.004901   0.030586   0.160    0.873
lstat        -0.633912   0.142674  -4.443 5.54e-05 ***
---
Signif. codes:  0 '***' 0.001 '**' 0.01 '*' 0.05 '.' 0.1 ' ' 1
```

12.4 회귀직선의 유의성검정

회귀직선에 대한 유의성검정은 "모든 회귀계수가 0이다"라는 영가설을 검정하는 것과 일부 회귀계수의 집합의 유의성을 검정하는 것으로 나눌 수가 있다. 이 책에서는 전자의 영가설을 검정하는 것을 살펴보기로 하자. 여기서 말하는 회귀계수는 절편을 제외한 회귀계수를 의미한다.

앞 장에서 변동이 어떻게 분해되는지를 설명하였다.

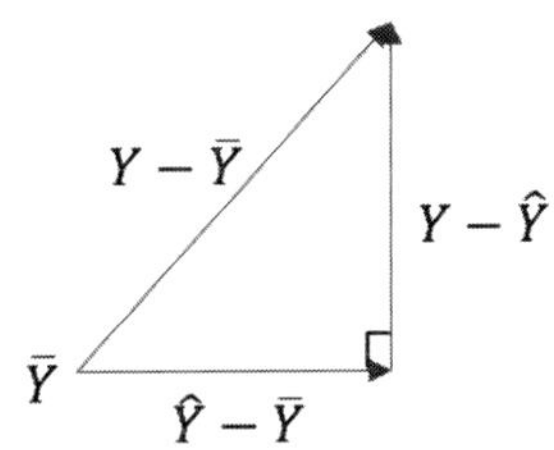

|그림 12.2| 변동의 분해

|그림 12.2|와 같이 변동, 즉 $\sum(Y_i-\bar{Y})^2$은 회귀직선에 의한 변동과 회귀직선에 의하여 설명되지 않는 잔차 변동으로 나눌 수 있다. 여기서 $\hat{Y}, Y-\hat{Y}$는 서로 직교한다. 즉, $\mathrm{H}Y, (\mathrm{I}-\mathrm{H})Y$의 내적은 0이다. 그림은 단지 2개의 벡터의 중심을 $\bar{Y}$로 이동한 것이다.

변동의 분해 결과 다음의 식이 성립한다.

$$\left(Y-\frac{1}{n}1^TY\right)^T\left(Y-\frac{1}{n}1^TY\right)=\left(\hat{Y}-\frac{1}{n}1^TY\right)^T\left(\hat{Y}-\frac{1}{n}1^TY\right)+\left(Y-\hat{Y}\right)^T\left(Y-\hat{Y}\right)$$

즉, $\mathrm{SST}=\mathrm{SSR}+\mathrm{SSE}$가 된다. 따라서 "모든 회귀계수가 0이다"라는 영가설하에서는 다음의 식이 성립한다.

$$F=\frac{SSR/k\sigma^2}{SSE/(n-k-1)\sigma^2}\sim F(k,n-k-1)$$

여기서 k는 절편을 제외한 모수의 개수이다. 따라서 다음과 같은 추론을 할 수 있다.

요인	제곱합	자유도	평균제곱	F값	P값
회귀	SSR	k	$MSR = \frac{SSR}{k}$	$f_0 = \frac{MSR}{MSE}$	$\Pr(F \geq f_0)$
잔차	SSE	$n-k-1$	$MSE = \frac{SSE}{n-k-1}$		
계	SST	$n-1$			

회귀직선의 유의성검정을 코드로 확인해보자.

```
> ## 회귀직선의 유의성검정
> n <- nrow(sdf)
> p <- length(fit$coefficients)
> SSE <- sum(fit$residuals^2) # 잔차제곱합
> MSE <- SSE/(n-p) # 평균제곱오차
>
> SST <- (n-1)*var(y)
> SSR <- SST-SSE
> f0 <- (SSR/(p-1))/(SSE/(n-p))
> pvalue <- 1-pf(f0, df1=(p-1), df2=n-p)
> print(paste('F-statistic: ',f0, 'on ',  SSR[1], 'and ', SSE[1],' DF, ', 'p-value: ', pvalue))
[1] "F-statistic:  89.5454254755116 on  4140.57295430193 and  709.012045698067  DF,  p-
value:  0"
>
> #함수 이용
> summary(fit)

Call:
lm(formula = medv ~ rm + age + lstat, data = sdf)

Residuals:
    Min      1Q  Median      3Q     Max
-7.7666 -2.5805 -0.0308  1.6317 13.3750

Coefficients:
              Estimate Std. Error t value  Pr(>|t|)
(Intercept) -16.624734   7.517173  -2.212    0.032 *
rm            7.432012   1.087554   6.834 1.62e-08 ***
age           0.004901   0.030586   0.160    0.873
lstat        -0.633912   0.142674  -4.443 5.54e-05 ***
---
```

```
Signif. codes:  0 '***' 0.001 '**' 0.01 '*' 0.05 '.' 0.1 ' ' 1

Residual standard error: 3.926 on 46 degrees of freedom
Multiple R-squared:  0.8538,  Adjusted R-squared:  0.8443
F-statistic: 89.55 on 3 and 46 DF,  p-value: < 2.2e-16
```

계산 결과와 함수를 이용한 결과가 일치함을 알 수 있다. 또한 결과를 보면 주어진 회귀직선이 유의미함을 알 수 있다.

12.5 오차 가정에 대한 검정

잔차 벡터를 다음과 같이 표현하자.

$$r = y - \hat{y} = (\mathrm{I} - \mathrm{H})y$$

오차 벡터와는 다음이 성립한다.

$$r = (\mathrm{I} - \mathrm{H})y = (\mathrm{I} - \mathrm{H})(\mathrm{X}\beta + \epsilon) = (\mathrm{I} - \mathrm{H})\epsilon$$

즉, $r_i = \epsilon_i - \sum_j H_{ij}\epsilon_j, j = 1, \ldots, n$이므로 H_{ij}가 작아지면 원래 오차와 같아지게 된다.

잔차 벡터의 몇 가지 성질을 알아보자.

$$\mathrm{E}(r) = 0$$

$$\mathrm{Cov}(r) = \sigma^2(\mathrm{I} - \mathrm{H})$$

$$\mathrm{Cov}(r, \mathrm{y}) = \sigma^2(\mathrm{I} - \mathrm{H})$$

$$\mathrm{Cov}(r, \hat{y}) = 0$$

$$\bar{r} = \frac{r^T 1}{n} = \frac{y^T(\mathrm{I} - \mathrm{H})1}{n} = \frac{y^T(1 - \mathrm{H}1)}{n} = 0 \quad (\because \mathrm{HX} = \mathrm{X} \Rightarrow \mathrm{H}1 = 1, \mathrm{HX}_{:,j} = \mathrm{X}_{:,j})$$

$$r^T\hat{y} = 0$$

위의 성질을 보면 잔차와 오차는 평균은 같지만 분산은 다르다. 그럼에도 불구하고 데이터가 크면 H_{ij}가 작아지는 성질이 있으므로 오차에 대한 각종 검정은 데이터로부터 계산되는 잔차를 통하여 검정하여도 무방하다. 또한 이론적으로 잔차와 예측값은 서로 독립이다. 따라서 독립성에 대한 검정은 잔차 대 예측값 산점도를 통하여 아무런 유형이 나타나지 않는 것으로 검정한다. 물론 이론적으로 잔차와 데이터 행렬의 모든 열과는 서로 독립이다. 즉, 다음이 성립한다.

$$\left((\mathrm{I}-\mathrm{H})y\right)^{\mathrm{T}}\mathrm{X}_{:,j} = y^{T}(\mathrm{I}-\mathrm{H})\mathrm{X}_{:,j} = 0, (\because\ (\mathrm{I}-\mathrm{H})\mathrm{X} = 0)$$

12.5.1 모자행렬

대칭이며 멱등행렬인 모자행렬 H는 다음의 성질을 갖는 것으로 알려져 있다.

$$\frac{1}{n} \le \mathrm{H}_{ii} \le 1, \forall i$$

$$-0.5 \le \mathrm{H}_{ij} \le 0.5, \forall j \ne i$$

$$\mathrm{tr}(\mathrm{H}) = \sum_{i} \mathrm{H}_{ii} = k + 1$$

모자행렬의 원소를 이용하여 잔차분석을 해보자.

12.5.2 스튜던트화 잔차

잔차의 분산은 $\sigma^2(\mathrm{I}-\mathrm{H})$이므로 이의 스튜던트화 잔차는 다음과 같이 정의할 수 있다.

$$t_{\mathrm{i}} = \frac{r_i}{\hat{\sigma}\sqrt{1-\mathrm{H}_{ii}}}$$

스튜던트화 잔차는 앞 장에서 서술한 대로 잔차의 위치에 관계없이 분산이 일정함을 설명하였다. 이를 이용하여 각종 가정에 대한 검정을 코드를 통하여 살펴보기로 하자.

```
> ## 독립성 확인
> # 잔차 대 예측값 확인
> # 데이터 구성
> size <- c(50)
> # 재현성을 위하여
> set.seed(123)
> sdf <- as.data.table(sample_n(df, size))
>
```

```
> # 예측값 및 잔차
> fit <- lm(medv~., data=sdf)
> yhat <- predict(fit, sdf)
> # resi <- fit$fitted.values
> t <- rstandard(fit)
>
> png(paste0(path,
'r_program/png/regression_residual_predicted_studentized_residual_plot_housing.png'),
+       width=500, height=500)
> plot(yhat, t, main='예측값 대 스튜던트화 잔차 산점도', xlab='예측값', ylab='스튜던트화 잔차'
> dev.off()
RStudioGD
        2
```

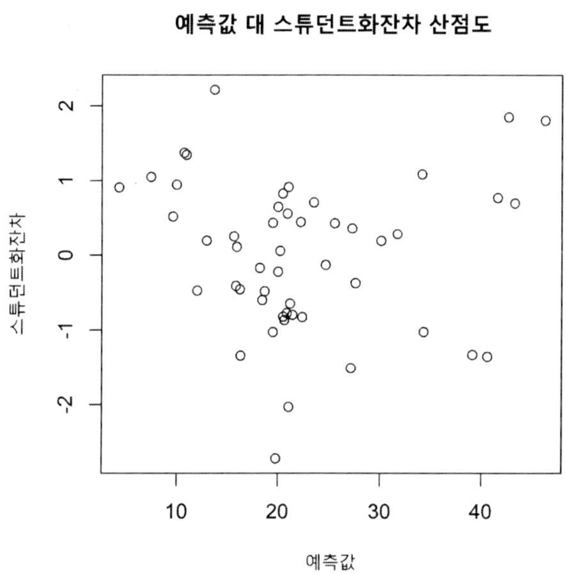

|그림 12.3|

```
>
> # 함수로 확인
> plot(fit, which = 1)
>
> ## 등분산성 확인
> fit <- lm(medv~., data=sdf)
> yhat <- predict(fit, sdf)
> t <- rstandard(fit)
```

```
> t2 <- sqrt(abs(t))
>
> png(paste0(path,
'r_program/png/regression_residual_predicted_studentized_plot_housing.png'),
+       width=500, height=500)
> # plot(yhat, t2, main='예측값 대 내부스튜던트화 잔차 산점도', xlab='예측값', ylab='내부스튜던트화 잔차')
> plot(yhat, t2, main=TeX('$₩₩sqrt{|Studetized Residual|}$'), xlab='예측값',
+        ylab=TeX('$₩₩sqrt{|Studetized Residual|}$'))
> dev.off()
RStudioGD
        2
```

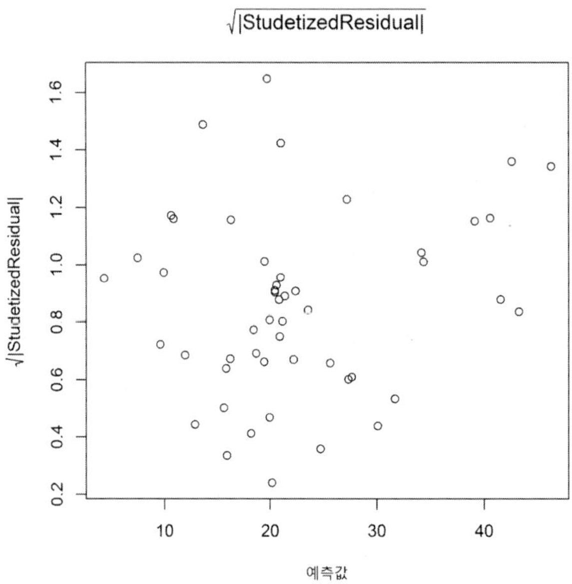

|그림 12.4|

```
> # 함수로 확인
> plot(fit, which = 3)
```

결과적으로 산출된 2개의 그림(|그림 12.3|, |그림 12.4|)을 보면 독립성과 등분산성에 큰 문제가 없음을 알 수 있다.

12.6 이상점의 판정

이상값(outlier)은 평균으로부터 멀리 떨어진(outlying) 값을 의미한다. 선형회귀분석에서는 오차값이 매우 큰 값을 의미한다. 즉, 오차는 평균이 0인 정규분포를 따르므로 $\pm 3\sigma$을 벗어날 확률은 매우 작다. 따라서 매우 큰 값을 주는 경우를 이상값이라고 정의할 수 있다. 오차는 알 수 없는 값이기 때문에 이의 추정량으로 잔차를 사용하여 이상값을 주는 관측값을 판정할 수 있다.

가장 기본적인 방법은 잔차 대 예측값 산점도를 통하여 파악할 수 있다. 그러나 잔차는 다음과 같은 성질을 갖고 있다.

$$\mathrm{var}(r_i) = \sigma^2(1 - \mathrm{H}_{ii})$$

이때 x_i가 $\bar{x}$로부터 멀어지면 H_{ii}는 커지고 따라서 분산이 작아진다. 즉, 데이터가 중심으로부터 멀어지면 분산이 작아지므로 잔차가 작아지게 되고 따라서 이상값이 될 가능성이 상대적으로 작아진다. 이런 위치 문제를 제거해주는 것이 표준화잔차 또는 내부 스튜던트화 잔차이다.

$$t_i = \frac{r_i}{\hat{\sigma}\sqrt{1 - \mathrm{H}_{ii}}}$$

따라서 표준화잔차값을 크게 주는 관측값이 있다면 이상값일 가능성이 크다고 할 수 있다.

이러한 위치 문제를 해결해주는 또 다른 통계량이 있다.

$$t_{(i)} = \frac{r_i}{\hat{\sigma}_{(i)}\sqrt{1 - \mathrm{H}_{ii}}}$$

여기서 $\hat{\sigma}_{(i)}$는 $(y_i,\ x_i)$ 관측값을 제거한 후 계산한 표준오차이다. 제거 표준오차는 다음과 같이 계산된다.

$$\hat{\sigma}^2_{(i)} = \frac{SSE_{(i)}}{n-k-2} = \frac{SSE - \dfrac{r_i^2}{1 - \mathrm{H}_{ii}}}{n-k-2}$$

이 통계량을 외부 스튜던튜화 잔차(externally studentized residual, studentized deleted residual, R student)라고 한다. 일반적으로 표준화잔차라고 하면 내부 스튜던트화 잔차를 의미하며, 스튜던트화 잔차라고 하면 외부 스튜던트화 잔차를 의미한다.

스튜던트화 잔차는 만약 해당 관측값이 이상값이라고 한다면 그 값을 빼고 표준오차를 구했기 때문에 표준화잔차보다 큰 값으로 나타난다. 즉, 쉽게 식별할 수 있다. 예를 들어 아래와 같은 데이터가 생성되었다고 하자.

```
> # 데이터 구성
> set.seed(0)
> x <- rnorm(8, sd=2)
> x <- c(-2.0, x)
> y <- 2 + 0.3*x + rnorm(9)
> plotdf <- data.frame(obsnum=1:9, x,y)
>
> # 선형회귀적합
> fit <- lm(y~x)
>
> # 초기 그림
> pngfile <- paste0(graph_path, '/그림 12.5.png')
> png(filename =pngfile, width=500, height = 500)
>
> plot(x,y, type='n')
> abline(fit,  lty=2)
> text(plotdf$x, plotdf$y, plotdf$obsnum, cex=0.8)
> legend(-3,5, '적합된 직선', lty=2, box.col='white')
>
> dev.off()
RStudioGD
        2
```

데이터에 대한 적합된 회귀직선과 산점도는 다음과 같다.

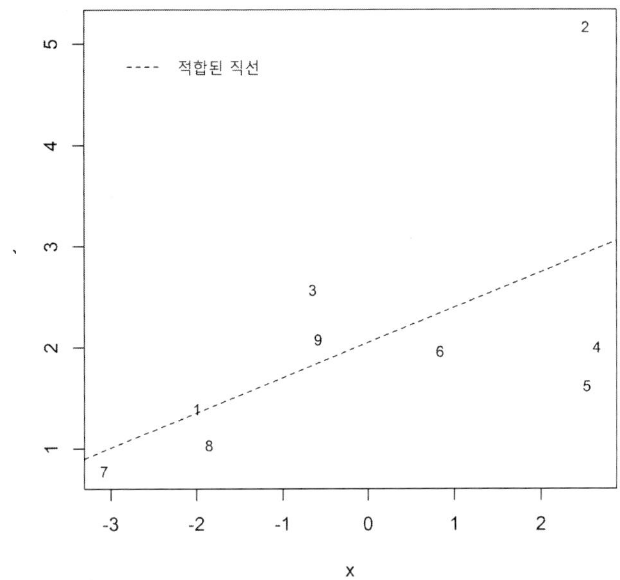

|그림 12.5| 산점도와 적합된 회귀직선

|그림 12.5|를 보면 2, 4, 5번 관측값이 상대적으로 잔차가 크다는 것을 알 수 있다. 이에 대한 표준화잔차와 스튜던트화 잔차를 구해보자.

```
> # 표준화잔차 계산
> plotdf <- data.frame(plotdf, rstandard=rstandard(fit))
>
> # 스튜던트화 잔차 계산
> plotdf <- data.frame(plotdf, rstudent=rstudent(fit))
> print(plotdf)
  obsnum          x         y  rstandard    rstudent
1      1 -2.0000000 1.3942328  0.04001942  0.03705503
2      2  2.5259086 5.1624260  2.36092351  4.84274562
3      3 -0.6524667 2.5678534  0.71693270  0.68954925
4      4  2.6595985 1.9988703 -1.04315236 -1.05090216
5      5  2.5448586 1.6158006 -1.39526039 -1.52035695
6      6  0.8292829 1.9593233 -0.36547999 -0.34164409
7      7 -3.0799001 0.7768149 -0.22967018 -0.21343897
8      8 -1.8571341 1.0313489 -0.37744084 -0.35305339
9      9 -0.5894409 2.0753912  0.22140471  0.20570245
```

결과를 보면 2, 4, 5번의 값이 높게 나타남을 알 수 있고 특히 스튜던트화 잔차에서 그 값들이 더 높게 나타남을 알 수 있다. 결과적으로 2번 관측값이 이상점이라고 생각할 수 있다.

패키지에서 지원되는 진단 그림으로 확인해보자.

```
> ## 진단 그림으로 확인
> pngfile <- paste0(graph_path, '/그림 12.6.png')
> png(filename =pngfile, width=500, height = 1000)
>
> par(mfrow=c(2,1))
>
> # 독립성 및 이상값
> plot(fit, which=1, main='독립성 및 이상값 진단')
>
> # 등분산성 및 이상값
> plot(fit, which=3, main='등분산성 및 이상값 진단')
>
> par(mfrow=c(1,1))
>
> dev.off()
RStudioGD
        2
```

결과 그림은 **|그림 12.6|**과 같다.

독립성과 등분산성은 어느 정도 준수가 되지만 이상값 진단에는 문제가 있음을 보여주었다.

실무에서는 이러한 이상값이 발견되고 나면 우선은 데이터 값이 유효하고 정확한지를 판단하고 그 이유를 반드시 규명해야 한다. 이때 이 값을 조정하고 갈 것인지 아니며 제거하고 분석할 것인지에 대한 판단도 해야 한다.

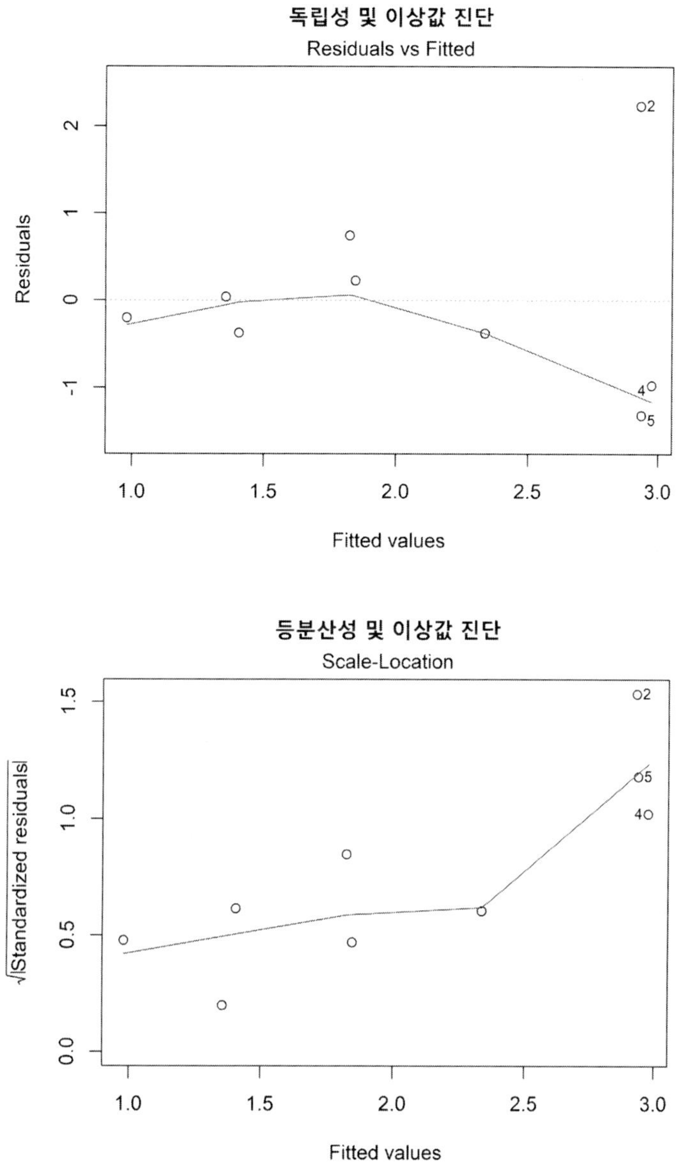

|그림 12.6| 이상값 판정을 위한 진단 산점도

12.7 영향점의 판정

영향점은 회귀계수의 추정값($\hat{\beta}$)과 예측값($X\hat{\beta}$)에 영향을 주는 관측값을 의미한다. 따라서 하나의 관측값이 이상점이라면 잠재적으로 영향점이 될 수 있는 가능성이 있다.

예측값에 영향을 주는 관측값을 알아보기 위하여 다음의 식을 고찰해보자.

$$\hat{y}_i = \sum_j H_{ij} y_j = H_{ii} y_i + \sum_{j \neq i} H_{ij} y_j$$

만약 H_{ii}가 매우 크면, 다른 H_{ij}는 모두 매우 작아진다. 즉, $\hat{y}_i$의 값에 y_i가 지배적으로 영향을 끼친다. 여기서 H_{ii}를 y_i의 지렛대(leverage)라고 한다. 결국 H_{ii}가 1에 가까우면 추정된 회귀직선은 y_i에 가까워진다. 즉, $y_i - \hat{y}_i$는 매우 작아진다. 그래서 일반적으로 $H_{ii} > \frac{2(k+1)}{n}$인 점을 고지렛대점이라고 한다. 참고로 H_{ii}의 평균은 $\frac{(k+1)}{n}$이다. ($\because \mathrm{tr}(H) = \sum_i H_{ii} = \mathrm{tr}(X(X^TX)^{-1}X^T) = \mathrm{tr}((X^TX)^{-1}X^TX) = \mathrm{tr}(I_{k+1}) = k+1$)

실무에서는 다른 값에 비해서 상대적으로 높은 값을 주는 경우를 지렛대점이라고 판단한다.

```
> # 지렛대 구하기
> influence(fit)$hat
        1         2         3         4         5         6         7         8
9
0.2199874 0.2721237 0.1237112 0.2899245 0.2745901 0.1272779 0.3655687 0.2052876
0.1215288
> plotdf <- data.frame(plotdf, hat=influence(fit)$hat)
>
> # 그림으로 확인하기
> pngfile <- paste0(graph_path, '/그림 12.7.png')
> png(filename =pngfile, width=500, height = 500)
>
> plot(plotdf$obsnum, plotdf$hat, type='n', xlab='관측값번호', ylab='레버리지')
> text(plotdf$obsnum, plotdf$hat, plotdf$obsnum, cex=0.8)
>
> dev.off()
RStudioGD
        2
```

결과를 그림으로 살펴보자.

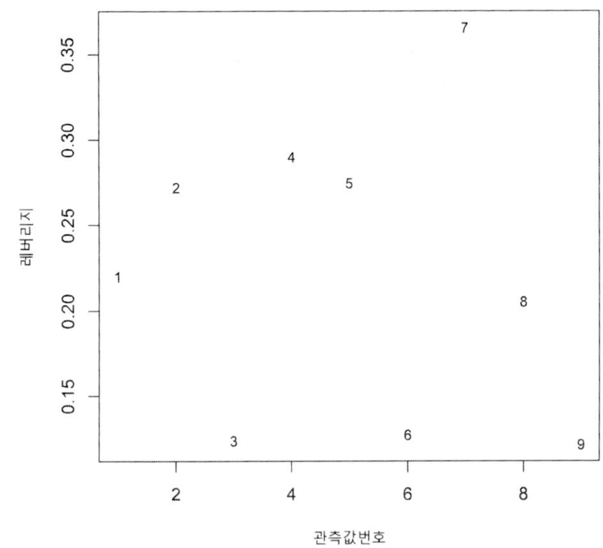

|그림 12.7| 레버리지 산점도

|그림 12.7|을 보면 7번 관측값이 제일 높은 레버리지를 갖고 있음을 알 수 있으며 그 다음 그룹이 2, 4, 5번 관측값이다. 결과를 보면 독립변수의 양 끝단의 값과 목표변수의 양 끝단의 값들이 영향력이 크다고 할 수 있다.

영향점을 알아보는 또 하나의 방법은 해당 관측값을 제거 후 추정값($\hat{\beta}$)과 예측값($X\hat{\beta}$)의 변화를 살펴보는 것이다. i 관측값을 제거한 후 추정된 값을 $\hat{\beta}_{(i)}$, $\hat{y}_{(i)}$이라고 하자. 이때 쿡의 거리(Cook's distance)는 다음과 같이 정의된다.

$$D_i = \frac{\left(\hat{\beta}_{(i)} - \hat{\beta}\right)^T X^T X \left(\hat{\beta}_{(i)} - \hat{\beta}\right)}{(k+1)\hat{\sigma}^2}$$

또한 다음과 같이 표현할 수도 있다.

$$D_i = \frac{\left(\hat{\beta}_{(i)} - \hat{\beta}\right)^T X^T X \left(\hat{\beta}_{(i)} - \hat{\beta}\right)}{(k+1)\hat{\sigma}^2} = \frac{\left(X\hat{\beta}_{(i)} - X\hat{\beta}\right)^T \left(X\hat{\beta}_{(i)} - X\hat{\beta}\right)}{(k+1)\hat{\sigma}^2} = \frac{\left(\hat{y}_{(i)} - \hat{y}\right)^T \left(\hat{y}_{(i)} - \hat{y}\right)}{(k+1)\hat{\sigma}^2}$$

식을 보면 $\hat{y}_{(i)}$와 $\hat{y}$ 간의 (유클리디안)거리와 비례함을 알 수가 있다. 따라서 만약에 쿡의 거리가 크다면 영향점이라고 판단할 수 있다. 실제 계산은 다음의 계산식을 사용한다.

$$D_i = \frac{r_i^2}{k+1}\left(\frac{\mathrm{H}_{ii}}{1-\mathrm{H}_{ii}}\right)$$

```
> # 쿡의 거리 구하기
> cooks.distance(fit)
           1            2            3            4            5            6
7
0.0002258436 1.0419398012 0.0362817679 0.2221497938 0.3684529436 0.0097403422
0.0151972038
           8            9
0.0184001161 0.0033907482
> plotdf <- data.frame(plotdf, Cook=cooks.distance(fit))
> print(plotdf[c("obsnum", "Cook")])
obsnum          Cook
1      1 0.0002258436
2      2 1.0419398012
3      3 0.0362817679
4      4 0.2221497938
5      5 0.3684529436
6      6 0.0097403422
7      7 0.0151972038
8      8 0.0184001161
9      9 0.0033907482
>
> # 그림으로 확인하기
> pngfile <- paste0(graph_path, '/그림 12.8.png')
> png(filename =pngfile, width=500, height = 500)
>
> plot(plotdf$obsnum,plotdf$Cook, type='n', xlab='관측값번호', ylab='쿡의 거리')
> text(plotdf$obsnum, plotdf$Cook, plotdf$obsnum, cex=0.8)
>
> dev.off()
RStudioGD
        2
```

위의 결과를 그림으로 확인해보자.

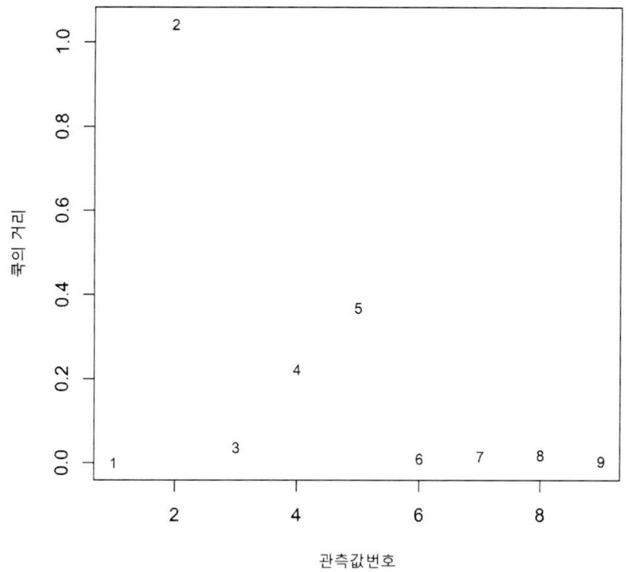

|그림 12.8| 쿡의 거리 산점도

결과를 보면 2, 5, 4 순서대로 영향이 있음을 알 수 있다. 2번과 5번의 회귀직선에 얼마나 영향을 주는지를 그림을 통하여 살펴보도록 하자.

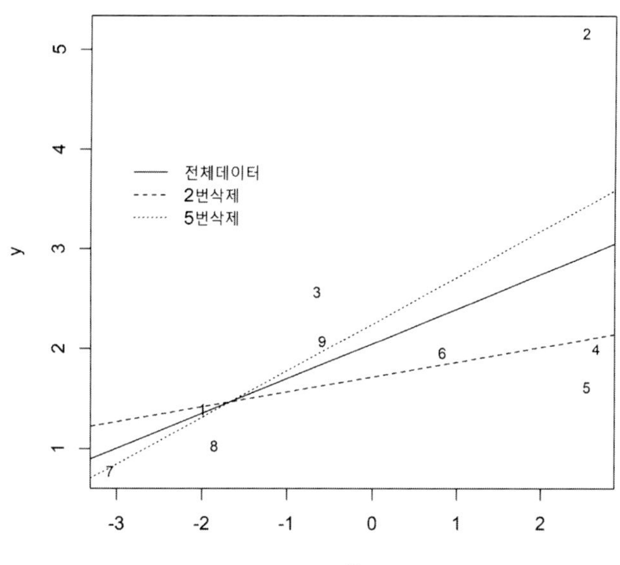

|그림 12.9| 회귀직선의 영향도 예시

|그림 12.9|를 보면 전체 데이터를 기준으로 한 회귀직선 대비 2번을 삭제한 경우가 훨씬 더 많은 분산을 주고 있음을, 즉 영향을 많이 주고 있음을 알 수 있다.

13장

정성변수의 처리

회귀분석에서 입력변수, 즉 독립변수는 범주변수가 아니다. 실무에서는 대부분의 데이터가 범주변수인 경우가 많으므로 이를 연속변수로 변환하는 법은 데이터 사전처리(preprocessing)에서 매우 중요하다.

13.1 [HFWS] 데이터

여기서 사용하는 데이터는 통계청 마이크로 데이터이며 자료명은 "가계금융복지조사(2017년 이후) > 가구마스터(제공)[2018가구금융복지조사]"이다.

```
> ## [HFWS] 통계청 마이크로데이터  2018 년 가계금융조사 데이터
> df <- fread(paste0(path, "/Data/mdis/MDIS_2018_HFWS.txt"))
> dim(df)
[1] 18640    161
> # [1] 18640    161
> str(df)
Classes 'data.table' and 'data.frame':    18640 obs. of   161 variables:
 $ V1  : int  2018 2018 2018 2018 2018 2018 2018 2018 2018 2018 ...
 $ V2  : int  10200261 10200371 10201191 10201211 10201241 10201331 10201361
10202191 10202311 10203171 ...
 $ V3  : chr  "P" "P" "P" "P" ...
 $ V4  : num  1128 2224 701 1140 1437 ...
 $ V5  : int  NA NA NA NA NA NA NA NA NA NA ...
 $ V6  : int  2255 4515 1424 2280 2872 4861 4821 4977 3179 3271 ...
 $ V7  : chr  "G2" "G1" "G1" "G2" ...
 $ V8  : int  1 1 1 2 1 1 2 1 2 2 ...
 $ V9  : int  2 4 4 1 4 4 2 4 3 1 ...
 $ V10 : chr  "G1" "G2" "G2" "G1" ...
 $ V11 : chr  "G2" "G2" "G2" "G2" ...
 $ V12 : chr  "G2" "G2" "G2" "G2" ...
 $ V13 : chr  "G2" "G2" "G2" "G2" ...
 $ V14 : chr  "G1" "G2" "G2" "G2" ...
...
```

데이터를 보면 문자화된 데이터가 곳곳에서 나타난다. 각 변수에 대한 의미에 대하여 코드 레이아웃을 참조하여 보면 다음과 같다.

```
> # 관심 있는 항목
> table(df$V8) # 가구주성별

    1     2
14061  4579
> # 1     남자
> # 2     여자
> table(df$V9) # 가구원수

   1    2    3    4    5    6    7    8    9
4188 5532 3771 3976  961  175   31    5    1
> table(df$V15) # 가구주 교육정도_학교

   1    2    3    4    5    6    7
1031 2362 2033 5883 1836 4427 1068
> # 1     안 받음(미취학 포함)
> # 2     초등학교
> # 3     중학교
> # 4     고등학교
> # 5     대학(3 년제 이하)
> # 6     대학교(4 년제 이상)
> # 7     대학원 이상
> table(df$V21) # 가구주 만나이

 19  20  21  22  23  24  25  26  27  28  29  30  31  32  33  34  35  36  37  38  39
40  41  42
  3   1   8  10  23  35  45  66  73  72 101 105 121 180 181 237 305 348 328 315 304
300 314 321
 43  44  45  46  47  48  49  50  51  52  53  54  55  56  57  58  59  60  61  62  63
64  65  66
 388 369 407 407 417 441 443 407 445 414 423 383 412 457 484 506 457 451 434 431 412
357 381 313
 67  68  69  70  71  72  73  74  75  76  77  78  79  80  81  82  83  84  85  86  87
88  89  90
 299 302 341 348 292 244 247 244 351 266 219 244 215 189 183 169 139 109 107  78  56
44  39  24
 91  92  93  94  95  96  97  99 100 107
 20  13   5   5   4   1   3   3   1   1
> table(df$V25) # 가구주 혼인상태

    1     2     3     4
 1616 12429  2682  1913
> # 1     미혼
> # 2     배우자있음
```

```
> # 3       사별
> # 4       이혼
> table(df$V27) # 입주형태 통합별

   G1    G2    G3    G4
11573  2963  2800  1304
> # G1              자기집
> # G2              전세
> # G3              월세
> # G4              기타
> table(df$V30) # 부채보유여부

   G1    G2
11185  7455
> # G1              부채 보유
> # G2              부채 미보유
> summary(df$V41) # 자산
   Min. 1st Qu.  Median    Mean 3rd Qu.    Max.
      0    7390   22511   40053   47552 2346200
> summary(df$V42) # 금융자산
   Min. 1st Qu.  Median    Mean 3rd Qu.    Max.
      0    1247    4516    9805   11065  804000
> summary(df$V47) # 실물자산
   Min. 1st Qu.  Median    Mean 3rd Qu.    Max.
      0    1251   15403   30248   35700 2210500
> summary(df$V57) # 담보대출
   Min. 1st Qu.  Median    Mean 3rd Qu.    Max.
      0       0       0    3964    3000  690000
> summary(df$V81) # 신용대출
   Min. 1st Qu.  Median    Mean 3rd Qu.    Max.
    0.0     0.0     0.0   688.8     0.0 154388.0
> summary(df$V109) # 순자산액
   Min. 1st Qu.  Median    Mean 3rd Qu.    Max.
-198700    5800   18076   33246   39924 1746200
> summary(df$V110) # 가구소득(경상소득)
   Min. 1st Qu.  Median    Mean 3rd Qu.    Max.
      0    1911    4032    5364    7051  239335
> # quantile(df$V110, probs = seq(0, 1, 0.01))
> summary(df$V118) # 지출
   Min. 1st Qu.  Median    Mean 3rd Qu.    Max.
    0.0   459.8  1283.5  2183.2  2973.0 116616.0
> table(df$V154) # 가구주 은퇴여부
   1    2
7412 1849
```

이처럼 문자나 숫자로 되어 있다고 하더라도 그것은 어떤 의미가 담겨 있는 코드임을 알 수 있다. 예를 들어 "가구주혼인상태" 변수는 비록 숫자로 1, 2, 3, 4로 되어 있지만 실제 그 의미는 숫자가 아님을 알 수 있다. 즉, 2가 1보다 크고 그 절대적인 차이가 1임을 나타내지 않는다. 이런 경우에 이를 어떻게 데이터로 구성할 수 있을까?

13.2 가변수 구성

예를 들어 어떤 가구주가 미혼이라면 미혼여부가 미혼이 "예" 이고 다른 상태는 " 아니오" 이다. 즉, 이혼에는 "아니오"가 되는 것이다. 이때 "예"를 1로 표시하고 "아니오"를 0으로 표시하면 일종의 숫자화가 되는 것이다. 이런 식으로 표시하게 되면 가구주혼인상태가 총 4개의 범주로 구성되어 있기 때문에 4개의 변수가 필요하게 되는 것이다.

데이터 값	미혼여부	배우자 있음 여부	사별여부	이혼여부
미혼	1	0	0	0
배우자 있음	0	1	0	0
사별	0	0	1	0
이혼	0	0	0	1

위의 표처럼 구성하는 것을 원핫 인코딩(one hot encoding)이라고 한다. 또는 가변수(dummy variable) 변환이라고도 한다. 이때 가구주혼인상태가 늘 4개의 범주만 있는 경우에 다음과 같이 코딩을 해도 된다.

데이터 값	미혼여부	배우자 있음 여부	사별여부
미혼	1	0	0
배우자 있음	0	1	0
사별	0	0	1
이혼	0	0	0

즉, 이혼여부는 앞의 모든 변수값이 0인 것으로 상정해도 되는 것이다. 이는 앞의 처음 표에서 모든 행의 각 열의 합은 항상 1이므로 각 열 중에 3개의 값을 알면 하나

를 자동으로 알 수 있기 때문에 열 간에 종속성이 있다고 할 수 있다. 이를 방지한 것이 2번째 표이다. 일반적으로 합이 1인 경우는 2번째 표와 같이 정성적인 변수를 정량적인 변수로 변환하는 것이다.

이와 같이 변환하는 프로그램을 생성해보기로 하자.

```
> #
> # 원핫 인코딩
> #
>
> # 목표 변수를 순자산액으로 한다.
> # 여기에 영향을 미칠 것이라고 생각하는 독립변수는 다음과 같다.
> # 가구주성별
> # 가구원수
> # 가구주교육정도_학교
> # 가구주만나이
> # 가구주혼인상태
> # 입주형태통합별
>
>
> # selected_var <- c('V8', 'V9', 'V15', 'V21', 'V25', 'V27', 'V30', 'V41',
> #                    'V42','V47', 'V57', 'V81','V109','V110', 'V118', 'V154')
> sel_vars <- c('V8', 'V9', 'V15', 'V21', 'V25', 'V27', 'V30', 'V109')
> df <- df[, sel_vars, with=F]
> str(df)
Classes 'data.table' and 'data.frame':   18640 obs. of  8 variables:
 $ V8  : int  1 1 1 2 1 1 2 1 2 2 ...
 $ V9  : int  2 4 4 1 4 4 2 4 3 1 ...
 $ V15 : int  4 5 6 1 6 6 5 4 4 3 ...
 $ V21 : int  79 55 54 83 41 46 65 53 46 70 ...
 $ V25 : int  2 2 2 3 2 2 2 3 2 4 3 ...
 $ V27 : chr  "G4" "G1" "G1" "G2" ...
 $ V30 : chr  "G2" "G1" "G1" "G2" ...
 $ V109: int  2 58522 101350 4516 78561 62552 19800 17290 1607 61504 ...
 - attr(*, ".internal.selfref")=<externalptr>
>
> # 변수 역할 정의
> cat_vars <- c('V8', 'V15', 'V25', 'V27', 'V30')
> num_vars <- c('V9', 'V21')
> input_vars <- c(cat_vars, num_vars)
```

```
> input_vars <- c(cat_vars, num_vars)
> target_var <- c('V109')
>
>   ## 가변수 만들기: data.table, get 이용
> # data.table 에서 get(varname)은 get(varname, df)와 동일
> # 환경리스트는 ls(df) 임
> for (j in 1:length(cat_vars)) {
+     varname <- cat_vars[j]
+     unique_list = sort(unique(df[, get(varname)]))
+
+     for(i in 1:length(unique_list)) {
+        # 첫 번째 범주값에 대해서는 만들지 않음
+        if (i > 1) {
+           unique_value = unique_list[i]
+           df[,paste(varname, unique_value, sep = "_")] <- ifelse(df[, get(varname)] ==
unique_value, 1, 0)
+        }
+     }
+ }
> # 기존 변수 삭제
> df[, (cat_vars):= NULL]
> str(df)
Classes 'data.table' and 'data.frame':    18640 obs. of  17 variables:
 $ V9    : int  2 4 4 1 4 4 2 4 3 1 ...
 $ V21   : int  79 55 54 83 41 46 65 53 46 70 ...
 $ V109  : int  2 58522 101350 4516 78561 62552 19800 17290 1607 61504 ...
 $ V8_2  : num  0 0 0 1 0 0 1 0 1 1 ...
 $ V15_2 : num  0 0 0 0 0 0 0 0 0 0 ...
 $ V15_3 : num  0 0 0 0 0 0 0 0 0 1 ...
 $ V15_4 : num  1 0 0 0 0 0 0 1 1 0 ...
 $ V15_5 : num  0 1 0 0 0 0 1 0 0 0 ...
 $ V15_6 : num  0 0 1 0 1 1 0 0 0 0 ...
 $ V15_7 : num  0 0 0 0 0 0 0 0 0 0 ...
 $ V25_2 : num  1 1 1 0 1 1 0 1 0 0 ...
 $ V25_3 : num  0 0 0 1 0 0 1 0 0 1 ...
 $ V25_4 : num  0 0 0 0 0 0 0 0 1 0 ...
 $ V27_G2: num  0 0 0 1 0 0 0 0 0 0 ...
 $ V27_G3: num  0 0 0 0 0 0 1 0 1 0 ...
 $ V27_G4: num  1 0 0 0 0 0 0 0 0 0 ...
 $ V30_G2: num  1 0 0 1 0 0 0 0 0 0 ...
 - attr(*, ".internal.selfref")=<externalptr>
```

프로그램의 내용을 보면 먼저 범주변수들을 정의하고 각 범주변수의 첫 번째 값에 대해서는 변수를 만들지 않고 나머지 범주변수의 값으로 변수를 만든다. 만든 변수 이름은 "원래변수이름_범주값"으로 생성하였다. 예를 들어 V25는 가구주혼인상태이며 범주값은 1–4이다. 이 중 1은 생략하고 V25_2, V25_3, V25_4를 만들었다. V25_2의 변수의 값은 가구주혼인상태가 2이면 1이고 아니면 0이다. 실제 데이터를 보면 다음과 같다.

```
> # 데이터 보기
> head(df[, .(V25_2, V25_3, V25_4)], 10)
    V25_2 V25_3 V25_4
 1:     1     0     0
 2:     1     0     0
 3:     1     0     0
 4:     0     1     0
 5:     1     0     0
 6:     1     0     0
 7:     0     1     0
 8:     1     0     0
 9:     0     0     1
10:     0     1     0
```

이렇게 구성된 가변수에 대하여 실제 회귀직선을 적합해보자.

```
> ## 가변수 이용 회귀분석
> names(df)
 [1] "V9"     "V21"    "V109"   "V8_2"   "V15_2"  "V15_3"  "V15_4"  "V15_5"  "V15_6"
"V15_7"
[11] "V25_2"  "V25_3"  "V25_4"  "V27_G2" "V27_G3" "V27_G4" "V30_G2"
>
> # 입력변수 만들기
> input_vars <- setdiff(names(df), target_var)
>
> # 식 만들기
> fmula <- paste0(target_var, '~', paste0(input_vars, collapse='+'))
> print(fmula)
[1]
"V109~V9+V21+V8_2+V15_2+V15_3+V15_4+V15_5+V15_6+V15_7+V25_2+V25_3+V25_4+V27_G2
+V27_G3+V27_G4+V30_G2"
>
```

```
> # 선형회귀 적합하기
> fit <- lm(as.formula(fmula), data=df)
> summary(fit)

Call:
lm(formula = as.formula(fmula), data = df)

Residuals:
    Min      1Q  Median      3Q     Max
-221033  -20751   -7082    7832 1677875

Coefficients:
             Estimate Std. Error t value Pr(>|t|)
(Intercept) -38718.32    3442.55 -11.247  < 2e-16 ***
V9            2135.04     431.66   4.946 7.64e-07 ***
V21            889.92      38.47  23.135  < 2e-16 ***
V8_2          -727.13    1208.30  -0.602  0.54733
V15_2         3419.26    1953.35   1.750  0.08006 .
V15_3        12001.03    2085.01   5.756 8.76e-09 ***
V15_4        23320.09    1989.18  11.723  < 2e-16 ***
V15_5        31606.97    2334.10  13.541  < 2e-16 ***
V15_6        46304.05    2125.98  21.780  < 2e-16 ***
V15_7        72651.66    2517.25  28.862  < 2e-16 ***
V25_2         2183.86    1770.91   1.233  0.21752
V25_3        -5705.00    2043.67  -2.792  0.00525 **
V25_4        -6093.96    1867.92  -3.262  0.00111 **
V27_G2      -14282.11    1097.96 -13.008  < 2e-16 ***
V27_G3      -26037.48    1172.59 -22.205  < 2e-16 ***
V27_G4      -26032.24    1541.96 -16.883  < 2e-16 ***
V30_G2       -6706.34     842.91  -7.956 1.88e-15 ***
---
Signif. codes:  0 '***' 0.001 '**' 0.01 '*' 0.05 '.' 0.1 ' ' 1

Residual standard error: 51280 on 18623 degrees of freedom
Multiple R-squared:  0.1803,  Adjusted R-squared:  0.1796
F-statistic:   256 on 16 and 18623 DF,  p-value: < 2.2e-16
```

적합된 회귀직선의 결과를 보면 모든 가변수에 대하여 적합됨을 알 수 있다. 이때 가변수로 구성되지 않은 변수의 효과는 어떻게 구할 수 있을까? 예를 들어 다른 모든 변수의 값이 고정되어 있다고 한다면 가구주혼인상태의 "미혼"은 V25_2, V25_3,

V25_4의 모수값이 다 0일 때의 값이 추정되는 효과이다. 이렇게 가변수로 변환하고 난 후 회귀분석모형을 적합하는 경우가 일반적이지만, 프로그램에 따라 이를 자동으로 처리하는 경우가 있다.

```
> ## 원래 df 에서 자동으로 적합하기: 가변수 처리 전 데이터로 구성
> fit <- lm(V109~as.factor(V25), data=df)
> summary(fit)

Call:
lm(formula = V109 ~ as.factor(V25), data = df)

Residuals:
    Min      1Q  Median      3Q     Max
-241117  -23958  -11418    5062 1703783

Coefficients:
                 Estimate Std. Error t value Pr(>|t|)
(Intercept)         14366       1371  10.481   <2e-16 ***
as.factor(V25)2     28052       1457  19.253   <2e-16 ***
as.factor(V25)3      2738       1735   1.578    0.115
as.factor(V25)4     -2128       1862  -1.143    0.253
---
Signif. codes:  0 '***' 0.001 '**' 0.01 '*' 0.05 '.' 0.1 ' ' 1

Residual standard error: 55100 on 18636 degrees of freedom
Multiple R-squared:  0.05297,Adjusted R-squared:  0.05282
F-statistic: 347.5 on 3 and 18636 DF,  p-value: < 2.2e-16
```

프로그램을 보면 자동으로 "변수이름범주값"으로 가변수를 구성함을 알 수 있다. 또한 첫 번째 범주변수값에 대해서는 가변수를 만들지 않음을 알 수 있다.

14장

유의미한 변수의 선택

잘 정의된 입력변수와 종속변수로 구성된 데이터가 있다고 하자. 이때 모든 변수를 입력변수로 하여 구성된 모형이 좋은 것인지 아니면 일부 유의미한 변수만을 선택하여 만든 모형이 좋은지에 대하여 살펴보기로 하자.

14.1 [HOUSING] 데이터

이 장에서 사용한 데이터의 출처는 https://archive.ics.uci.edu/ml/machine-learning-databases/housing/housing.data이며 보스턴 주의 각 지역의 주택중위가격을 예측하기 위한 제반 설명변수로 구성되었다. 편의상 [HOUSING] 데이터로 부르기로 한다.

	변수	유형	설명	한글 설명
1	CRIM	numeric	per capita crime rate by town	도시별 1인당 범죄율
2	ZN	numeric	proportion of residential land zoned for lots over 25,000 sq.ft.	25,000 sq.ft. 이상의 로트용 구역토지 비율
3	INDUS	numeric	proportion of non-retail business acres per town	도시별 비 소매 사업 땅의 비율
4	CHAS	categorical	Charles River dummy variable (= 1 if tract bounds river; 0 otherwise)	Charles River 경계여부
5	NOX	numeric	nitric oxides concentration parts per 10 million	천만당 산화질소 농도
6	RM	numeric	average number of rooms per dwelling	주거당 평균 방수
7	AGE	numeric	proportion of owner-occupied units built prior to 1940	1940년 이전에 건설된 소유주 차지 비율
8	DIS	numeric	weighted distances to five Boston employment centres	보스턴 고용 센터 5 곳까지의 가중치 거리
9	RAD	numeric	index of accessibility to radial highways	방사형 고속도로 접근성 지수
10	TAX	numeric	full-value property-tax rate per $10,000	$ 10,000 당 완전 가치 재산세 세율
11	PTRATIO	numeric	pupil-teacher ratio by town	도시별 학생 – 교사 비율
12	B	numeric	1000(Bk – 0.63)^2 where Bk is the proportion of blacks by town	100(도시별 흑인 비율–0.63)^2
13	LSTAT	numeric	% lower status of the population	인구 감소 % 상태
14	MEDV	numeric	Median value of owner-occupied homes in $1000's	1000 달러 단위 주택 소유 주택의 중간 값

14.2 모형의 선택과 기준

모형의 적합도(goodness of fit)가 비슷하다면 가급적 변수의 수를 줄이는 이유는 무엇일까? 주요한 이유는 차원의 저주를 피할 수 있고 해석하기가 용이하며 모델적합시간을 줄일 수 있다는 것이다. 그러나 무엇보다도 중요한 것은 목표변수, 즉 종속변수를 설명하는 데 불필요하거나(redundant) 관련 없는(irrelevant) 변수를 제거하는 것이다. 즉, 일종의 잡음(noise)까지 모형화하는 과적합을 피하고자 하는 것이다.

모형을 적합하는 것은 단지 현재의 데이터에만 잘 맞도록 하는 것이 아니다. 미래의 데이터가 주어졌을 때 얼마나 더 잘 적합되는, 즉 더 잘 예측되는 것이 중요하다. 이를 미래의 데이터에 대한 모형의 일반화 성능(generalization performance)이라고 한다. 일반화 성능을 높이기 위해서는 모형을 적합시키는 데이터와 모형을 검증하는 데이터가 분리되어 있어야 한다. 각각을 훈련 데이터와 검증 데이터라고 한다. 이를 통하여 선정된 모형을 최종적으로 평가 데이터를 통하여 모델의 성능을 최종적으로 평가받게 된다. 따라서 변수의 일부를 선택한다는 것은 여러 가지 모형을 만들어내는 것이며 이 중에 가장 적합한 모형을 선택하기 위해서는 데이터 분리를 통하여 모형들을 검정해야 한다.

데이터를 구성한 후 변수들에 대한 간단한 탐색을 해보자.

```
> ## [HOUSING] 보스턴주 타운들의 주택중위가격
> # df <- read.table(paste0(path, '/data/housing.data'))
> df <- fread("https://archive.ics.uci.edu/ml/machine-learning-databases/housing/housing.data")

  % Total    % Received % Xferd  Average Speed   Time    Time     Time  Current
                                 Dload  Upload   Total   Spent    Left  Speed
100 49082  100 49082    0     0  54174      0 --:--:-- --:--:-- --:--:-- 54174> dim(df)
[1] 506  14
> # [1] 506  14
> str(df)
Classes 'data.table' and 'data.frame':   506 obs. of  14 variables:
 $ V1 : num  0.00632 0.02731 0.02729 0.03237 0.06905 ...
 $ V2 : num  18 0 0 0 0 0 12.5 12.5 12.5 12.5 ...
```

```
 $ V3 : num  2.31 7.07 7.07 2.18 2.18 2.18 7.87 7.87 7.87 7.87 ...
 $ V4 : int  0 0 0 0 0 0 0 0 0 0 ...
 $ V5 : num  0.538 0.469 0.469 0.458 0.458 0.458 0.524 0.524 0.524 0.524 ...
 $ V6 : num  6.58 6.42 7.18 7 7.15 ...
 $ V7 : num  65.2 78.9 61.1 45.8 54.2 58.7 66.6 96.1 100 85.9 ...
 $ V8 : num  4.09 4.97 4.97 6.06 6.06 ...
 $ V9 : int  1 2 2 3 3 3 5 5 5 5 ...
 $ V10: num  296 242 242 222 222 222 311 311 311 311 ...
 $ V11: num  15.3 17.8 17.8 18.7 18.7 18.7 15.2 15.2 15.2 15.2 ...
 $ V12: num  397 397 393 395 397 ...
 $ V13: num  4.98 9.14 4.03 2.94 5.33 ...
 $ V14: num  24 21.6 34.7 33.4 36.2 28.7 22.9 27.1 16.5 18.9 ...
 - attr(*, ".internal.selfref")=<externalptr>
> # 변수명 소문자로 주기
> names(df) <- tolower(c("CRIM","ZN","INDUS","CHAS","NOX","RM","AGE",
+                        "DIS","RAD","TAX","PTRATIO","B","LSTAT","MEDV"))
> target_var <- c("medv")
> ## [HOUSING] 보스턴주 타운들의 주택중위가격
> df <- fread("https://archive.ics.uci.edu/ml/machine-learning-databases/housing/housing.data")

  % Total    % Received % Xferd  Average Speed   Time    Time     Time  Current
                                 Dload  Upload   Total   Spent    Left  Speed
100 49082  100 49082    0     0  54114      0 --:--:-- --:--:-- --:--:-- 54114> dim(df)
[1] 506  14
> str(df)
Classes 'data.table' and 'data.frame':	506 obs. of  14 variables:
 $ V1 : num  0.00632 0.02731 0.02729 0.03237 0.06905 ...
 $ V2 : num  18 0 0 0 0 0 12.5 12.5 12.5 12.5 ...
 $ V3 : num  2.31 7.07 7.07 2.18 2.18 2.18 7.87 7.87 7.87 7.87 ...
 $ V4 : int  0 0 0 0 0 0 0 0 0 0 ...
 $ V5 : num  0.538 0.469 0.469 0.458 0.458 0.458 0.524 0.524 0.524 0.524 ...
 $ V6 : num  6.58 6.42 7.18 7 7.15 ...
 $ V7 : num  65.2 78.9 61.1 45.8 54.2 58.7 66.6 96.1 100 85.9 ...
 $ V8 : num  4.09 4.97 4.97 6.06 6.06 ...
 $ V9 : int  1 2 2 3 3 3 5 5 5 5 ...
 $ V10: num  296 242 242 222 222 222 311 311 311 311 ...
 $ V11: num  15.3 17.8 17.8 18.7 18.7 18.7 15.2 15.2 15.2 15.2 ...
 $ V12: num  397 397 393 395 397 ...
 $ V13: num  4.98 9.14 4.03 2.94 5.33 ...
 $ V14: num  24 21.6 34.7 33.4 36.2 28.7 22.9 27.1 16.5 18.9 ...
 - attr(*, ".internal.selfref")=<externalptr>
>
```

```
> # 변수명 소문자로 주기
> names(df) <- tolower(c("CRIM","ZN","INDUS","CHAS","NOX","RM","AGE",
+                  "DIS","RAD","TAX","PTRATIO","B","LSTAT","MEDV"))
> target_var <- c("medv")
>
> # 데이터 탐색: 상관분석 및 상관열지도
> crr <- round(cor(df),1)
> print(crr)
        crim   zn indus chas  nox   rm  age  dis  rad  tax ptratio    b lstat medv
crim     1.0 -0.2   0.4 -0.1  0.4 -0.2  0.4 -0.4  0.6  0.6     0.3 -0.4   0.5 -0.4
zn      -0.2  1.0  -0.5  0.0 -0.5  0.3 -0.6  0.7 -0.3 -0.3    -0.4  0.2  -0.4  0.4
indus    0.4 -0.5   1.0  0.1  0.8 -0.4  0.6 -0.7  0.6  0.7     0.4 -0.4   0.6 -0.5
chas    -0.1  0.0   0.1  1.0  0.1  0.1  0.1 -0.1  0.0  0.0    -0.1  0.0  -0.1  0.2
nox      0.4 -0.5   0.8  0.1  1.0 -0.3  0.7 -0.8  0.6  0.7     0.2 -0.4   0.6 -0.4
rm      -0.2  0.3  -0.4  0.1 -0.3  1.0 -0.2  0.2 -0.2 -0.3    -0.4  0.1  -0.6  0.7
age      0.4 -0.6   0.6  0.1  0.7 -0.2  1.0 -0.7  0.5  0.5     0.3 -0.3   0.6 -0.4
dis     -0.4  0.7  -0.7 -0.1 -0.8  0.2 -0.7  1.0 -0.5 -0.5    -0.2  0.3  -0.5  0.2
rad      0.6 -0.3   0.6  0.0  0.6 -0.2  0.5 -0.5  1.0  0.9     0.5 -0.4   0.5 -0.4
tax      0.6 -0.3   0.7  0.0  0.7 -0.3  0.5 -0.5  0.9  1.0     0.5 -0.4   0.5 -0.5
ptratio  0.3 -0.4   0.4 -0.1  0.2 -0.4  0.3 -0.2  0.5  0.5     1.0 -0.2   0.4 -0.5
b       -0.4  0.2  -0.4  0.0 -0.4  0.1 -0.3  0.3 -0.4 -0.4    -0.2  1.0  -0.4  0.3
lstat    0.5 -0.4   0.6 -0.1  0.6 -0.6  0.6 -0.5  0.5  0.5     0.4 -0.4   1.0 -0.7
medv    -0.4  0.4  -0.5  0.2 -0.4  0.7 -0.4  0.2 -0.4 -0.5    -0.5  0.3  -0.7  1.0
>
> # 상관열지도
> pngfile <- paste0(graph_path, '/그림 14.1.png')
> png(filename =pngfile, width=600, height = 600)
>
> ggcorrplot(crr, colors=c('white', 'gray', 'black'))+ labs(title='상관열지도')
>
> dev.off()
RStudioGD
        2
```

상관계수를 통하여 의미가 있다고 생각하는 변수들, 예를 들어 상관계수가 0.5 이상인 변수들은 indus, rm, tax, pratio, lstat이며 가장 의미가 없다고 생각하는 변수는 chas, dis이다.

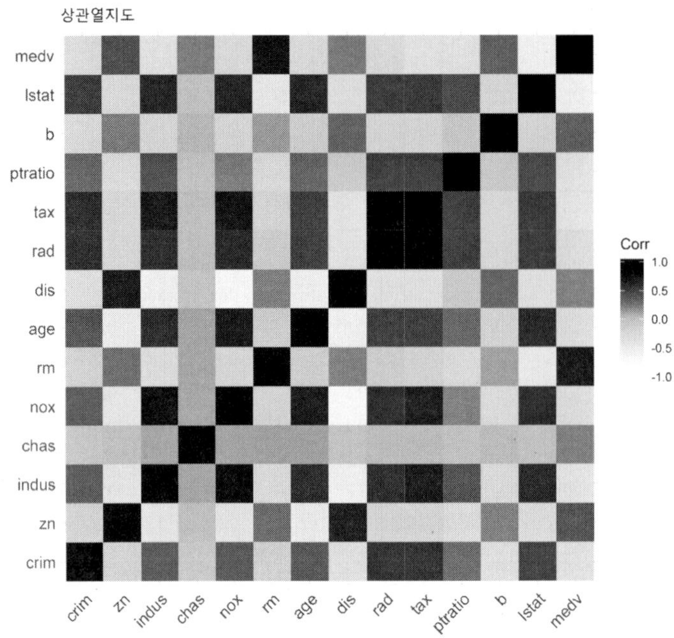

|그림 14.1| 상관계수 열지도

상관계수 열지도에서는 흰색과 검은색에 가까울수록 유의미하도록 색을 정하였다. 이때 유의미한 변수와 유의미하지 않은 변수를 다 넣은 모델과 유의미하지 않은 변수를 빼고 적합시킨 모델과를 비교해보자.

모든 변수를 넣었을 경우에 설명되지 않은 잔차를 SSE(full)라고 하고 유의미한 변수만 넣은 경우에 설명되지 않은 잔차를 SSE(reduced)라고 한다면 다음이 성립한다.

$$F = \frac{(SSE(reduced) - SSE(full))/d}{SSE(full)/(n-k-1)} \sim F(d, n-k-1)$$

여기서 d는 2개의 모델 간에 적합된 모수의 개수의 차이이다. 따라서 만약에 분자값이 크다면 축소모형의 잔자제곱합이 크다는 것이므로 유의미한 변수가 빠졌다는 것을 의미한다. 즉, 2개의 모델 간에는 유의미한 차이가 있다고 할 수 있다.

```
> ## 모델 비교
>
> # 모든 변수
> fit1 <- lm(medv~indus+rm+tax+ptratio+lstat+chas+dis, data=df)
> summary(fit1)

Call:
lm(formula = medv ~ indus + rm + tax + ptratio + lstat + chas +
    dis, data = df)

Residuals:
     Min       1Q   Median       3Q      Max
-16.5806  -2.8753  -0.7243   1.9119  28.5598

Coefficients:
              Estimate Std. Error t value  Pr(>|t|)
(Intercept)  24.689793   4.099525   6.023  3.34e-09 ***
indus        -0.131065   0.059666  -2.197  0.028506 *
rm            4.117131   0.422949   9.734   < 2e-16 ***
tax          -0.003251   0.002055  -1.582  0.114376
ptratio      -0.798299   0.121548  -6.568  1.29e-10 ***
lstat        -0.605484   0.048145 -12.576   < 2e-16 ***
chas          3.044820   0.904529   3.366  0.000821 ***
dis          -0.806633   0.155745  -5.179  3.24e-07 ***
---
Signif. codes:  0 '***' 0.001 '**' 0.01 '*' 0.05 '.' 0.1 ' ' 1

Residual standard error: 5.033 on 498 degrees of freedom
Multiple R-squared:  0.7047,  Adjusted R-squared:  0.7006
F-statistic: 169.8 on 7 and 498 DF,  p-value: < 2.2e-16

> # 유의미하지 않은 변수 1개 제거
> fit2 <- lm(medv~indus+rm+ptratio+lstat+chas+dis, data=df)
> summary(fit2)

Call:
lm(formula = medv ~ indus + rm + ptratio + lstat + chas + dis,
    data = df)

Residuals:
     Min       1Q   Median       3Q      Max
-16.9589  -2.7462  -0.6864   1.9027  27.8795
```

```
Coefficients:
             Estimate Std. Error t value  Pr(>|t|)
(Intercept) 25.61956   4.06326   6.305  6.34e-10 ***
indus       -0.17592   0.05257  -3.346  0.000881 ***
rm           4.01665   0.41878   9.591   < 2e-16 ***
ptratio     -0.85098   0.11707  -7.269  1.41e-12 ***
lstat       -0.62015   0.04731 -13.107   < 2e-16 ***
chas         3.15170   0.90336   3.489  0.000528 ***
dis         -0.80019   0.15593  -5.132  4.12e-07 ***
---
Signif. codes:  0 '***' 0.001 '**' 0.01 '*' 0.05 '.' 0.1 ' ' 1

Residual standard error: 5.04 on 499 degrees of freedom
Multiple R-squared:  0.7032,  Adjusted R-squared:  0.6997
F-statistic: 197.1 on 6 and 499 DF,  p-value: < 2.2e-16


>
> # 모델 비교
> anova(fit2, fit1)
Analysis of Variance Table

Model 1: medv ~ indus + rm + ptratio + lstat + chas + dis
Model 2: medv ~ indus + rm + tax + ptratio + lstat + chas + dis
  Res.Df   RSS Df Sum of Sq      F Pr(>F)
1    499 12677
2    498 12614  1    63.358 2.5015 0.1144
```

첫 번째 모델 적합결과 tax가 유의미하지 않다는 것을 알았고 이를 제거한 후 2번째 모델을 적합하였다. 첫 번째 모델의 R 제곱값은 0.7047, 두 번째 모델의 값은 0.7032로 아주 작게 감소하였다. 이를 비교해본 결과, SSE의 차이가 크게 나타나지 않았다. 즉, F값이 유의미하지 않았다. 즉, P값이 0.1144이므로 유의수준 5%에서는 해당 변수를 입력변수로 하지 않아도 큰 문제가 없다. 최종 결과는 산점도로 확인한다.

위와 같이 변수 각각에 대하여 의미를 살피고 넣고 빼는 작업은 실무에서는 반드시 필요하다. 그러나 모든 변수에 대하여 모든 가능한 조합을 만들어서 모형을 비교하는 것은 경우의 수를 따지는 방법이므로 매우 비효율적이다. 따라서 이를 효율적으로 처리할 수 있는 보다 발견적 방법(heuristic method)을 찾아보도록 하자.

14.3 교차검증

하나의 모형을 적합시킨다는 것은 주어진 표본만을 잘 적합시키는 것을 의미하지 않는다. 즉, 모집단 전체를 잘 적합시키는 모형이 필요한 것이다. 이를 일반화 성능이 좋은 모형이라고 한다. 이를 달성하기 위해서 표본 데이터를 모형을 적합시키기 위한 데이터와 이를 검증하는 데이터로 구분하는 방법이 있다. 이를 최근에는 훈련 데이터(training data)와 검증 데이터(validation data)라고 한다.

일반화 성능이 좋은 모형이 되기 위해서는 검증 데이터에서의 모델적합도가 좋아야 한다. 회귀분석에서의 모델적합도는 당연히 평균제곱합(MSE)을 통하여 확인할 수 있다. 이와 같이 검증 데이터를 통하여 모형을 선택하는 것을 교차검증(cross validation)에 의한 모형선택이라고 한다.

교차검증에서 표본 데이터를 2개로만 나누어 검증하는 방법을 단순 교차검증방법(simple cross validation), 일반적으로 K개로 나누어 검증하는 방법을 K-겹 교차검증방법(K-fold cross validation)이라고 한다.

단순 교차검증방법은 다음과 같다.

순서	내용	비고
1	데이터를 무작위로 분할한다. 분할한 데이터를 각각 S_{train}, S_{CV}로 한다.	일반적으로 훈련 데이터를 70%, 검증 데이터를 30%로 함.
2	모든 후보 모형에 대하여 훈련 데이터인 S_{train}로 학습시킨 후 모형 $\hat{f}_i$을 얻는다.	각 모형에서 추정되어야 할 모수들을 추정
3	모든 모형을 검증 데이터인 S_{CV}에 적용하여 가장 작은 오차를 주는 모형을 선택한다.	

프로그램에서 이를 확인해보자.

```
> ## 단순 교차검증
>
> # 데이터 표준화
> sdf <- as.data.table(standardize(df))
>
> # 데이터 분할
> train_index <- sample(1:nrow(sdf), size=round(nrow(sdf)*0.7))
> train <- sdf[train_index]
> valid <- sdf[-train_index]
>
> # 입력변수 만들기
> input_vars <- setdiff(names(sdf), target_var)
>
> # 각 변수를 하나씩 적합하기
> rss <- array()
> for (j in 1:length(input_vars)){
+     varname <- input_vars[j]
+     fit <- lm(as.formula(paste0(target_var,"~",varname)), data=train)
+     rss[j] <- sum((valid[, get(varname)]-predict(fit, valid))^2)
+ }
>
> # 잔차제곱합
> print(data.table(variable=input_vars, RSS=rss))
    variable       RSS
 1:     crim 243.97547
 2:       zn  53.87314
 3:    indus 378.82330
 4:     chas 107.69077
 5:      nox 308.21412
 6:       rm  17.05004
 7:      age 286.37600
 8:      dis  80.29100
 9:      rad 294.76084
10:      tax 324.28417
11:  ptratio 355.94568
12:        b  86.86987
13:    lstat 481.61282
>
> # 잔차제곱합이 최소인 변수 찾기
> print(input_vars[which.min(rss)])
[1] "rm"
```

프로그램에서는 모든 변수를 표준화하였다. 왜냐하면 비교를 위한 측도는 잔차 제곱합이므로 변수들이 표준화되어 있지 않으면 비교를 할 수 없기 때문이다.

독립변수가 1개인 경우를 전부 적합시키고 해당 모형으로 검증데이터의 잔차를 구한 후 잔차제곱합을 구하였다. 그 결과 rm(평균방개수) 독립변수가 검증 데이터에서 가장 작은 값을 주었다.

K-겹 교차검증의 알고리즘은 다음과 같다.

순서	내용	비고
1	데이터를 무작위로 균등하게 K개로 분할한다. 단, 서로 데이터가 겹치지 않도록 하여 $S_1, \cdots, S_K$을 구성한다.	데이터 개수가 100개이고 5등분한다면, 각 표본의 개수는 20개
2	모든 후보 모형에 대하여 S_j을 제외한 나머지 표본의 합을 이용하여 모형 $\hat{f}_{ij}$을 얻고 일반화 오차를 얻는다. 이 과정을 모든 분할된 표본에 적용하고 난 후 각 일반화 오차의 평균을 구한다.	
3	일반화 오차의 평균 중에 가장 낮은 값을 주는 모형을 선택한다.	

프로그램에서 이를 확인해보자.

```
> ## K겹 교차검증
>
> # 각 변수를 하나씩 적합하기
> library(mltools)
> nfolds <- 5
> folds <- folds(sdf, nfolds = nfolds)
>
> # 각 겹(fold)은 리스트의 원소
> print(class(folds))
[1] "list"
>
> # 결과값을 가져오기 위한 행렬 초기화: 행은 변수, 열은 겹
> rss <- matrix(nrow=length(input_vars), ncol=nfolds, byrow=T)
>
> for (j in 1:length(input_vars)){
+    varname <- input_vars[j]
+    # fit <- lm(as.formula(paste0(target_var,"~",varname)), data=train)
+
+    # 적합된 모델에 대하여 K겹 교차검증 실시
+    for (k in 1:nfolds){
```

```
+       # k-겹을 제외하여 훈련 데이터를 구성 후 모델 적합
+       index = setdiff(1:nfolds, k)
+       cv_train = rbindlist(folds[index])
+       fit <- lm(as.formula(paste0(target_var,"~",varname)), data=cv_train)
+       # k-겹을 이용하여 RSS 값 계산
+       rss[j,k] <- sum((folds[[k]][, get(varname)]-predict(fit, folds[[k]]))^2)
+   }
+ }
>
> # 각 변수별로 잔차 제곱합 평균하기
> RSS <- apply(rss, MARGIN = 1, mean)
> print(data.table(variable=input_vars, RSS=RSS))
    variable        RSS
 1:     crim 198.773002
 2:       zn  41.487548
 3:    indus 223.053118
 4:     chas  69.375264
 5:      nox 206.811130
 6:       rm   9.396053
 7:      age 192.251130
 8:      dis  56.382090
 9:      rad 192.907214
10:      tax 218.086440
11:  ptratio 231.482729
12:        b  44.891509
13:    lstat 305.138976
>
> # 잔차 제곱합이 최소인 변수 찾기
> print(input_vars[which.min(RSS)])
[1] "rm"
>
```

프로그램 결과를 보면 똑같이 rm이 선택되었지만, 평균적인 값은 K-겹 교차검증값이 작음을 알 수 있다.

14.4 단계적 모형선택

교차검증방법은 모형이 주어진 경우에 그 중에서 가장 좋은 모형을 선택하는 방법 중 하나이다. 따라서 훈련 데이터를 이용하여 일련의 좋은 모형이라고 생각하는 후보 모형을 우선 만드는 것이 중요하다. 이러한 방법 중 하나가 단계적 모형선택

(stepwise model selection) 방법으로, 종류로는 전진선택(forward stepwise selection), 후진제거(backward stepwise elimination), 혼성(hybrid) 방법이 있다.

14.4.1 전진선택

전진선택(forward search, forward stepwise selection)은 유의미한 변수를 1개씩 단계별로 선택하는 방법이다. 구체적인 알고리즘을 살펴보기로 하자.

변수선택 집합을 $M_0, M_1, \cdots$으로 표기하며, 변수의 개수는 절편을 포함하여 p이다.

순서	내용	비고
1	초기화를 한다. 즉, $M_0 = \emptyset$	변수를 1개도 사용하지 않은 경우를 일반적으로 널 모형(null model)이라 한다.
2	모든 $k = 0, \cdots, p-1$에 대하여 아래 과정을 반복한다. 1) 기존 모형인 M_k에 변수를 1개씩 추가하여 $p-k$개의 모형을 구성한다. 2) 모형 중에서 훈련 데이터에서 가장 좋은 적합도를 주는 모형을 $M_{(k+1)}$로 정의한다.	모형을 선택하는 기준(일종의 적합도)이 필요하다. 적합도는 RSS이나 R^2을 사용한다.
3	M_k 중에 교차검증 결과 가장 좋은 적합도를 나타내는 모형을 최적 모형으로 선택하며, 그 모형에 포함된 변수를 유의미한 변수로 선정한다.	교차검증 방법을 사용하지 않은 경우에는 2의 결과 모형에 대하여 AIC, AICC, BIC 등을 적용하여 모형을 선택한다.

알고리즘의 기본 구조 중에서 교차검증을 사용하지 않는 경우는 AIC, AICC, BIC 등을 모형선택의 기준이 되는 하나의 측도로 사용한다. 이러한 모형적합의 기준에 대하여 알아보자. 각각의 기준에 대한 공식은 다음과 같다.

측도	내용 또는 계산식
$\hat{\sigma}^2$	완전(full)모형을 적합한 후 순오차분산(pure error variance)의 추정값
SST (total sum of squaures)	$\sum_i (y_i - \bar{y})^2$
SSE, RSS (residual sum of squares)	$\sum_i (y_i - \hat{y}_i)^2$, 여기서 $\hat{y}_i$는 모형에 의하여 추정된 값
ASE (average squared errors)	$\frac{\text{SSE}}{n}$

MSE (mean squared errors)	$\frac{\text{SSE}}{n-p}$
R^2	$1-\frac{\text{SSE}}{\text{SST}}$
AdjRSQ (adjusted R square)	$1-\frac{(n-1)(1-R^2)}{n-p}$
AIC (Akaike information criterion)	$n\log\left(\frac{\text{SSE}}{n}\right)+2p+n+2$
AICC (corrected Akaike information criterion)	$n\log\left(\frac{\text{SSE}}{n}\right)+\frac{n(n+p)}{n-p-2}$
C_p	$\frac{\text{SSE}}{\hat{\sigma}^2}+2p-n$
RMSE	$\sqrt{\text{MSE}}$
BIC, SBC (Bayesian information criterion, Schwarz criterion)	$n\log\left(\frac{\text{SSE}}{n}\right)+p\log(n)$

여기서 AIC, 즉 아카이케 정보기준(Akaike information criterion)의 식을 보면 모형에 사용하는 독립변수의 수가 많으면 많을수록 $n\log\left(\frac{\text{SSE}}{n}\right)$ 값은 작아진다. 그러나 반대로 $2p+n+2$ 값은 커지게 된다. 따라서 적절한 독립변수의 개수, 즉 모수의 개수에서 AIC 값이 최솟값이 되면 그 값을 주는 모형이 최적의 모형이 되는 것이다.

이처럼 모수의 개수가 많아지면 서로 상충되는 항을 가지고 있는 측도들은 AdjRSQ, AIC, AICC, C_p, BIC가 있다. 프로그램으로 이러한 과정을 확인해보자.

```
> # 전진선택 모델 적합
> models <- regsubsets(medv ~ ., data = sdf, nvmax = length(input_vars), method = "forward")
> print(summary(models))
Subset selection object
Call: regsubsets.formula(medv ~ ., data = sdf, nvmax = length(input_vars),
    method = "forward")
13 Variables  (and intercept)
        Forced in  Forced out
crim        FALSE       FALSE
zn          FALSE       FALSE
indus       FALSE       FALSE
```

```
chas        FALSE       FALSE
nox         FALSE       FALSE
rm          FALSE       FALSE
age         FALSE       FALSE
dis         FALSE       FALSE
rad         FALSE       FALSE
tax         FALSE       FALSE
ptratio     FALSE       FALSE
b           FALSE       FALSE
lstat       FALSE       FALSE
1 subsets of each size up to 13
Selection Algorithm: forward
          crim zn  indus chas nox rm  age dis rad tax ptratio b   lstat
1  ( 1 ) " "  " " " "  " "  " " " " " " " " " " " " " "     " " "*"
2  ( 1 ) " "  " " " "  " "  " " " " "*" " " " " " " " " " " " "     " " "*"
3  ( 1 ) " "  " " " "  " "  " " " " "*" " " " " " " " " " " "*"     " " "*"
4  ( 1 ) " "  " " " "  " "  " " " " "*" " " " " "*" " " " " " " " " "*"     " " "*"
5  ( 1 ) " "  " " " "  " "  "*" "*" " " " " "*" " " " " " " " " "*"     " " "*"
6  ( 1 ) " "  " " " "  "*"  "*" "*" " " " " "*" " " " " " " " " "*"     " " "*"
7  ( 1 ) " "  " " " "  "*"  "*" "*" " " " " "*" " " " " " " " " "*"     "*" "*"
8  ( 1 ) " "  "*" " "  "*"  "*" "*" " " " " "*" " " " " " " " " "*"     "*" "*"
9  ( 1 ) "*"  "*" " "  "*"  "*" "*" " " " " "*" " " " " " " " " "*"     "*" "*"
10  ( 1 ) "*"  "*" " "  "*"  "*" "*" " " " " "*" "*" " " " " "*"     "*" "*"
11  ( 1 ) "*"  "*" " "  "*"  "*" "*" " " " " "*" "*" "*" "*"     "*" "*"
12  ( 1 ) "*"  "*" "*"  "*"  "*" "*" " " " " "*" "*" "*" "*"     "*" "*"
13  ( 1 ) "*"  "*" "*"  "*"  "*" "*" "*" "*" "*" "*" "*"     "*" "*"
>
> # 모델 기준에 따른 최적 모델 선택
> # 디폴트는 BIC
> pngfile <- paste0(graph_path, '/그림 14.2.png')
> png(filename =pngfile, width=500, height = 500)
>
> plot(models)
>
> dev.off()
RStudioGD
        2
```

결과를 보면 변수들이 어떤 순서대로 모형에 선택되었는지를 알 수 있다. 순서는 lstat, rm, ptratio, … 순으로 모형에서 선택되었다.

해당 함수의 기본은 BIC 기준으로 선택하였으며, 최종적으로 선택되는 모형은 **|그림 14.2|**로 확인할 수 있다.

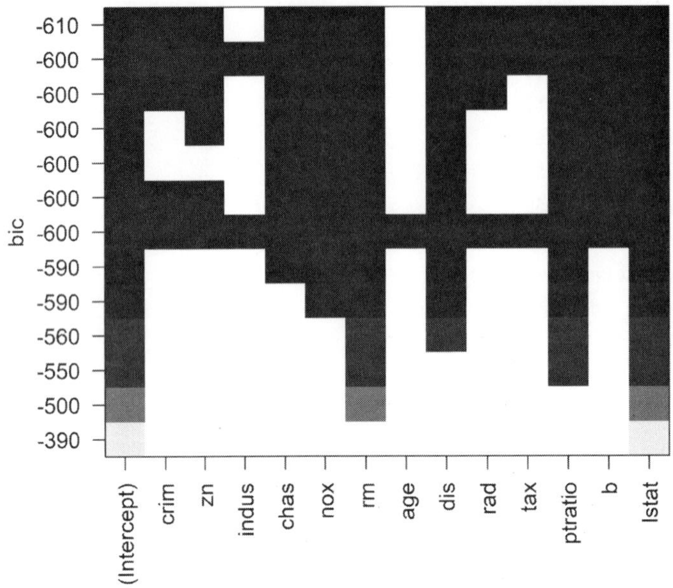

|그림 14.2| 전진선택 방법에 의한 변수선택

그림의 x축은 변수들의 이름이며, y축은 선택된 모형별로 BIC 값이다. 예를 들어 제일 상단은 변수 indus, age가 들어가지 않은 모형이며 BIC 값은 대략 −610을 의미한다. 그림의 색은 짙을수록 BIC 값이 작음을 나타낸다. 결과를 보면 맨 위 상단의 모형이 BIC 값이 가장 낮고 따라서 선택된 모형이다. 이와 마찬가지로 C_P, AdjRSQ 등도 적용할 수 있다.

```
> # 다른 기준 적용
> # "Cp", "adjr2", "r2" or "bic"
> plot(models, scale='adjr2')
> plot(models, scale='Cp')
```

위의 과정은 교차검증을 사용하지 않고 적합도 기준 통계량을 사용한 것이다.

이제 교차검증으로 모델을 선택하는 과정을 살펴보자.

```
> ## 전진선택: 교차검증
> library(caret)
>
> # 재현성을 위하여
> set.seed(1234)
>
> # 3 곱 교차검증 데이터 구성을 위한 조건 정의
> train.control <- trainControl(method = "cv", number = 3)
>
> # 모형적합 및 교차검증 적용
> fwd.model <- train(medv ~., data = sdf,
+                         method = "leapForward",
+                         tuneGrid = data.frame(nvmax = 1:length(input_vars)),
+                         trControl = train.control
+ )
> # 모형별 통계량 값
> print(fwd.model$results)
   nvmax      RMSE  Rsquared       MAE     RMSESD RsquaredSD      MAESD
1      1 0.6757858 0.5460545 0.4918022 0.04876188 0.01932862 0.03417262
2      2 0.6041737 0.6339098 0.4318408 0.05734568 0.05009381 0.03286877
3      3 0.5714607 0.6704712 0.3987749 0.07095428 0.06719002 0.03959991
4      4 0.5758488 0.6668048 0.3904020 0.07056951 0.06554262 0.03669248
5      5 0.5588939 0.6866664 0.3865802 0.06870272 0.06143564 0.03047476
6      6 0.5535754 0.6951820 0.3799881 0.06448438 0.05213824 0.03593693
7      7 0.5508968 0.6977976 0.3768914 0.06172412 0.04853627 0.03377818
8      8 0.5427340 0.7073429 0.3740002 0.06356038 0.04634190 0.03274146
9      9 0.5442593 0.7061252 0.3745193 0.06129733 0.04062269 0.03289935
10    10 0.5384354 0.7130364 0.3734148 0.05954893 0.03820980 0.03513573
11    11 0.5298929 0.7214837 0.3671312 0.06104588 0.03967056 0.03361411
12    12 0.5312168 0.7201483 0.3687943 0.06064183 0.03958375 0.03403481
13    13 0.5311689 0.7202046 0.3688074 0.06067974 0.03958703 0.03410925
>
> # 그림으로 확인
> pngfile <- paste0(graph_path, '/그림 14.3.png')
> png(filename =pngfile, width=500, height = 500)
>
> plot(fwd.model$results$nvmax, fwd.model$results$RMSE, type='b',
+      main='변수개수 대 RMSE', xlab='변수개수', ylab='RMSE')
>
> dev.off()
```

```
RStudioGD
        2
>
> # 선정된 모형
> print(fwd.model$bestTune)
   nvmax
11    11
> summary(fwd.model)
Subset selection object
13 Variables  (and intercept)
        Forced in  Forced out
crim        FALSE       FALSE
zn          FALSE       FALSE
indus       FALSE       FALSE
chas        FALSE       FALSE
nox         FALSE       FALSE
rm          FALSE       FALSE
age         FALSE       FALSE
dis         FALSE       FALSE
rad         FALSE       FALSE
tax         FALSE       FALSE
ptratio     FALSE       FALSE
b           FALSE       FALSE
lstat       FALSE       FALSE
1 subsets of each size up to 11
Selection Algorithm: forward
          crim zn  indus chas nox rm  age dis rad tax ptratio b   lstat
1  ( 1 ) " "  " " " "  " "  " " " " " " " " " " " " " "      " " "*"
2  ( 1 ) " "  " " " "  " "  " " "*" " " " " " " " " " "      " " "*"
3  ( 1 ) " "  " " " "  " "  " " "*" " " " " " " " " "*"      " " "*"
4  ( 1 ) " "  " " " "  " "  " " "*" " " "*" " " " " "*"      " " "*"
5  ( 1 ) " "  " " " "  " "  "*" "*" " " "*" " " " " "*"      " " "*"
6  ( 1 ) " "  " " " "  "*"  "*" "*" " " "*" " " " " "*"      " " "*"
7  ( 1 ) " "  " " " "  "*"  "*" "*" " " "*" " " " " "*"      "*" "*"
8  ( 1 ) " "  "*" " "  "*"  "*" "*" " " "*" " " " " "*"      "*" "*"
9  ( 1 ) "*"  "*" " "  "*"  "*" "*" " " "*" " " " " "*"      "*" "*"
10  ( 1 ) "*" "*" " "  "*"  "*" "*" " " "*" "*" " " "*"      "*" "*"
11  ( 1 ) "*" "*" " "  "*"  "*" "*" " " "*" "*" "*" "*"      "*" "*"
```

모형별 통계량 값을 보면 11개의 독립변수가 있을 때, RMSE 값이 0.5299로 가장 최저임을 알 수 있다. 이는 **|그림 14.3|**으로도 확인 가능하다.

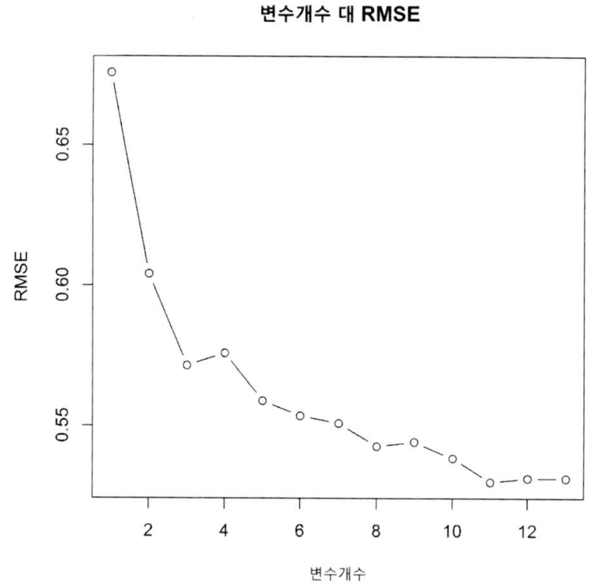

|그림 14.3| 변수개수 대 RMSE 산점도

14.4.2 후진제거

후진제거(backward search, backward stepwise elimination)는 모든 변수가 들어간 전체 모형에서 변수를 하나씩 제거하면서 가장 모형 적합도가 좋은 모형을 선택하는 과정이다.

순서	내용	비고
1	초기화를 한다. 즉, M_p을 모든 변수를 이용한 모형으로 정의한다.	M_p을 완전모형(full model)이라고 한다.
2	모든 k = p,p−1,⋯,0에 대하여 아래 과정을 반복한다. 1) 기존 모형인 M_k에 변수를 1개씩 제거하여 k개의 모형을 구성한다. 2) 모형 중에서 훈련 데이터에서 가장 좋은 적합도를 주는 모형을 M_{k-1}로 정의한다.	모형을 선택하는 기준(일종의 적합도)이 필요하다. 적합도는 RSS이나 R^2을 사용한다.
3	M_k 중에 교차검증 결과 가장 좋은 적합도를 나타내는 모형을 최고의 모형으로 선택하며, 그 모형에 포함된 변수를 유의미한 변수로 선정한다.	교차검증 방법을 사용하지 않은 경우에는 2의 결과 모형에 대하여 AIC, AICC, BIC 등을 적용하여 모형을 선택한다.

프로그램으로 이러한 과정을 확인해보자.

```
> ## 후진제거
> library(leaps)
>
> # 후진제거 모형 적합
> models <- regsubsets(medv ~ ., data = sdf, nvmax = length(input_vars), method =
"backward")
> print(summary(models))
Subset selection object
Call: regsubsets.formula(medv ~ ., data = sdf, nvmax = length(input_vars),
    method = "backward")
13 Variables  (and intercept)
        Forced in  Forced out
crim        FALSE       FALSE
zn          FALSE       FALSE
indus       FALSE       FALSE
chas        FALSE       FALSE
nox         FALSE       FALSE
rm          FALSE       FALSE
age         FALSE       FALSE
dis         FALSE       FALSE
rad         FALSE       FALSE
tax         FALSE       FALSE
ptratio     FALSE       FALSE
b           FALSE       FALSE
lstat       FALSE       FALSE
1 subsets of each size up to 13
Selection Algorithm: backward
          crim zn  indus chas nox rm  age dis rad tax ptratio b   lstat
1  ( 1 ) " "  " " " "  " "  " " " " " " " " " " " " " " " " " " " "     " " "*"
2  ( 1 ) " "  " " " "  " "  " " " " "*" " " " " " " " " " " " " " "     " " "*"
3  ( 1 ) " "  " " " "  " "  " " " " "*" " " " " " " " " " " " " "*"     " " "*"
4  ( 1 ) " "  " " " "  " "  " " " " "*" " " " " "*" " " " " " " "*"     " " "*"
5  ( 1 ) " "  " " " "  " "  "*" "*" " " " " "*" " " " " " " " " "*"     " " "*"
6  ( 1 ) " "  " " " "  " "  "*" "*" " " " " "*" " " " " " " " " "*"     "*" "*"
```

```
7  ( 1 )  " "   " " " "    " "   "*" "*" " " "*" "*" " " "*"       "*" "*"
8  ( 1 )  "*"   " " " "    " "   "*" "*" " " "*" "*" " " "*"       "*" "*"
9  ( 1 )  "*"   " " " "    " "   "*" "*" " " "*" "*" "*" "*"       "*" "*"
10  ( 1 ) "*"   "*" " "    " "   "*" "*" " " "*" "*" "*" "*"       "*" "*"
11  ( 1 ) "*"   "*" " "    "*"   "*" "*" " " "*" "*" "*" "*"       "*" "*"
12  ( 1 ) "*"   "*" "*"    "*"   "*" "*" " " "*" "*" "*" "*"       "*" "*"
13  ( 1 ) "*"   "*" "*"    "*"   "*" "*" "*" "*" "*" "*" "*"       "*" "*"
>
> # 모델 기준에 따른 최적 모델 선택
> # 디폴트는 BIC
> png(paste0(path, '/r_program/png/model_selection_backward_bic.png'),
+       width=500, height=500)
> plot(models)
> dev.off()
RStudioGD
        2
```

최종으로 선택된 모형은 **|그림 14.4|**로 판단한다.

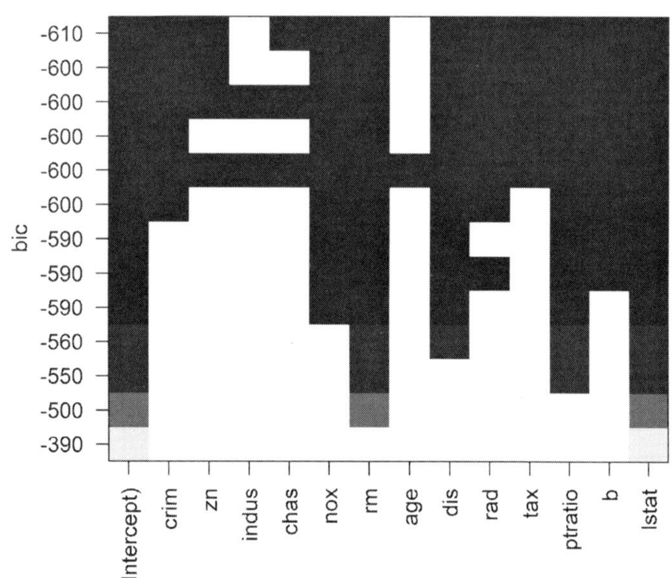

|그림 14.4| 후진제거 방법에 의한 변수선택

|그림 14.4|를 보면 전진선택 방법과는 약간 다른 모습임을 알 수 있다. 결과적으로 선택된 모형은 indus, age가 제거된 모형이다.

전진선택과 마찬가지로 교차검증에 의한 모형선택 프로그램은 다음과 같다.

```
> ## 후진제거: 교차검증
> library(caret)
>
> # 재현성을 위하여
> set.seed(1234)
>
> # 3 곱 교차검증 데이터 구성을 위한 조건 정의
> train.control <- trainControl(method = "cv", number = 3)
>
> # 모형적합 및 교차검증 적용
> bck.model <- train(medv ~., data = sdf,
+                    method = "leapBackward",
+                    tuneGrid = data.frame(nvmax = 1:length(input_vars)),
+                    trControl = train.control
+ )
> # 모형별 통계량 값
> print(bck.model$results)
   nvmax      RMSE  Rsquared       MAE     RMSESD RsquaredSD      MAESD
1      1 0.6757858 0.5460545 0.4918022 0.04876188 0.01932862 0.03417262
2      2 0.6041737 0.6339098 0.4318408 0.05734568 0.05009381 0.03286877
3      3 0.5714607 0.6704712 0.3987749 0.07095428 0.06719002 0.03959991
4      4 0.5648636 0.6804010 0.3954374 0.06092011 0.05320749 0.03342597
5      5 0.5502086 0.6974149 0.3876933 0.06400731 0.05301677 0.03586351
6      6 0.5535754 0.6951820 0.3799881 0.06448438 0.05213824 0.03593693
7      7 0.5533212 0.6961317 0.3798882 0.06013649 0.04470205 0.03579794
8      8 0.5488685 0.7005176 0.3795026 0.05965186 0.04227377 0.03630635
9      9 0.5459142 0.7034357 0.3749257 0.05944456 0.04051833 0.03646769
10    10 0.5397678 0.7108037 0.3718886 0.05998482 0.03919288 0.03720401
11    11 0.5298929 0.7214837 0.3671312 0.06104588 0.03967056 0.03361411
12    12 0.5312168 0.7201483 0.3687943 0.06064183 0.03958375 0.03403481
13    13 0.5311689 0.7202046 0.3688074 0.06067974 0.03958703 0.03410925
```

```
>
> # 그림으로 확인
> plot(bck.model$results$nvmax, bck.model$results$RMSE, type='b',
+         main='변수개수 대 RMSE', xlab='변수개수', ylab='RMSE')
>
> # 선정된 모형
> print(bck.model$bestTune)
   nvmax
11    11
```

결과를 보면 선정된 모형은 모수의 개수, 즉 변수의 개수가 11개인 모형임을 알 수 있다.

14.4.3 혼성 방법

혼성(hybrid) 방법은 전진선택 방법과 후진제거 방법을 혼성한 방법이다. 기본 구조는 전진선택이지만 단계마다 후진제거 방식에 의한 변수제거를 하는 것이다. 예를 들어 전진선택에 의하여 한 번에 하나의 변수가 추가되고 들어온 변수들에 대하여 후진제거 방식에 의하여 제거할 변수가 있으면 제거하는 것이다. 이러한 과정을 순차대체(sequential replacement)라고 한다.

프로그램으로 이를 확인해보자.

```
> ## 순차대체
> library(leaps)
>
> # 순차대체 모델 적합
> models <- regsubsets(medv ~ ., data = sdf, nvmax = length(input_vars), method =
"seqrep")
> print(summary(models))
Subset selection object
Call: regsubsets.formula(medv ~ ., data = sdf, nvmax = length(input_vars),
    method = "seqrep")
13 Variables  (and intercept)
```

```
           Forced in  Forced out
crim           FALSE       FALSE
zn             FALSE       FALSE
indus          FALSE       FALSE
chas           FALSE       FALSE
nox            FALSE       FALSE
rm             FALSE       FALSE
age            FALSE       FALSE
dis            FALSE       FALSE
rad            FALSE       FALSE
tax            FALSE       FALSE
ptratio        FALSE       FALSE
b              FALSE       FALSE
lstat          FALSE       FALSE
1 subsets of each size up to 13
Selection Algorithm: 'sequential replacement'
          crim zn  indus chas nox rm  age dis rad tax ptratio b   lstat
1  ( 1 )  " "  " " " "   " "  " " " " " " " " " " " " " "     " " "*"
2  ( 1 )  " "  " " " "   " "  " " "*" " " " " " " " " " "     " " "*"
3  ( 1 )  " "  " " " "   " "  " " "*" " " " " " " " " "*"     " " "*"
4  ( 1 )  " "  " " " "   " "  " " "*" " " "*" " " " " "*"     " " "*"
5  ( 1 )  " "  " " " "   " "  "*" "*" " " "*" " " " " "*"     " " "*"
6  ( 1 )  " "  " " " "   "*"  "*" "*" " " "*" " " " " "*"     " " "*"
7  ( 1 )  " "  " " " "   "*"  "*" "*" " " "*" " " " " "*"     "*" "*"
8  ( 1 )  " "  "*" " "   "*"  "*" "*" " " "*" " " " " "*"     "*" "*"
9  ( 1 )  "*"  " " " "   "*"  "*" "*" " " "*" "*" " " "*"     "*" "*"
10  ( 1 ) "*"  "*" " "   " "  "*" "*" " " "*" "*" "*" "*"     "*" "*"
11  ( 1 ) "*"  "*" "*"   "*"  "*" "*" "*" "*" "*" "*" "*"     " " " "
12  ( 1 ) "*"  "*" "*"   "*"  "*" "*" "*" "*" "*" "*" "*"     "*" " "
13  ( 1 ) "*"  "*" "*"   "*"  "*" "*" "*" "*" "*" "*" "*"     "*" "*"
>
> # 모델 기준에 따른 최적 모델 선택
> # 디폴트는 BIC
> pngfile <- paste0(graph_path, '/그림 14.5.png')
> png(filename =pngfile, width=500, height = 500)
>
```

```
> plot(models)
>
> dev.off()
RStudioGD
        2
```

결과를 보면 각 변수의 개수별로 선정된 모형이 전진선택과 후진제거 방식에 의하여 선정된 것과 차이가 있음을 알 수 있다.

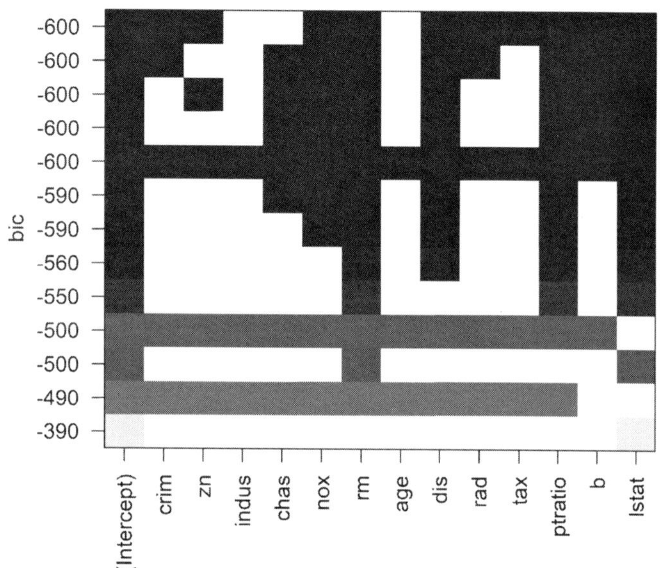

|그림 14.5| 순차대체에 의한 변수 선택

|그림 14.5|를 보면 선택된 모형이 indus, chas, age가 삭제된 모형임을 알 수 있다. 실제 이 세 가지 변수와 목표변수 간의 산점도를 보면 뚜렷한 경향을 찾을 수 없다.

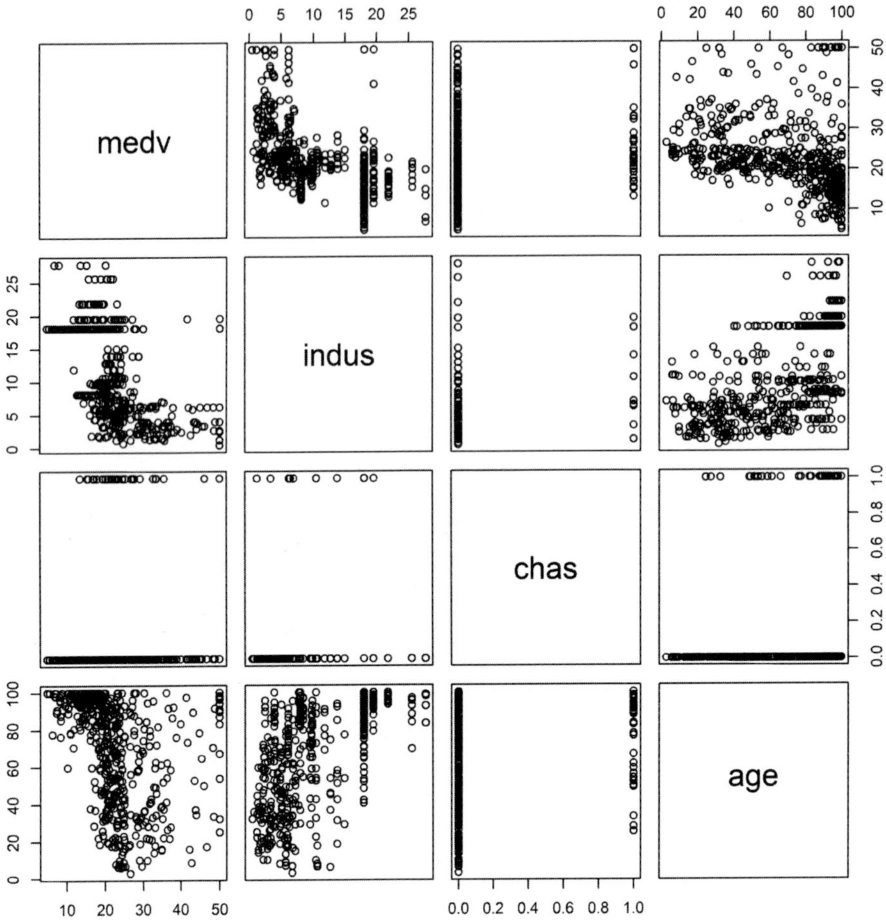

|그림 14.6| 제거변수와 목표변수 산점도

14.5 능형과 라쏘 회귀

단계적 모형선택 방법은 선형회귀모형을 적합하고 난 후 추가적인 과정을 거쳐서 모형을 선택하는 방법이다. 이에 반해 모형을 적합하는 과정에서 변수가 자동적으로 선택되는 방법이 있다. 즉, 모형선택이 내장된 방법이다. 이러한 방법 중에 대표적인 방법이 능형과 라쏘 회귀 적합 방법이다.

14.5.1 능형회귀

능형회귀(ridge regression)는 선형회귀모형에서 사용되는 손실함수 또는 비용함수에 다음과 같은 벌점함수가 추가된 경우이다.

$$J(\beta) = \frac{1}{2n}\sum_{i=1}^{n}\left(y_i - \beta_0 - \sum_{j=1}^{p}\beta_j x_{ij}\right)^2 + \lambda\sum_{j=1}^{p}\beta_j^2 = \text{RSS} + \lambda\sum_{j=1}^{p}\beta_j^2 = \text{RSS} + \text{축소벌점}$$

여기서 $\lambda \ge 0$는 조율모수(tuning parameter)라고 한다.

축소벌점(shrinkage penalty)의 의미는 각 β_j들이 0에 가까워진다는 의미이며 이는 0으로 축소되는 효과를 의미한다. 회귀계수가 0에 가깝다는 의미는 해당 모수의 변수가 유의미하지 않다는 의미이다. 비용함수와 람다(λ)의 관계를 살펴보자. 비용함수를 최소화하기 위해서 만약 람다가 0이면 일반적인 선형회귀모형이 되며, 만약 람다가 무한대에 가까운 큰 값이면 $\sum_{j=1}^{p}\beta_j^2$은 0에 가까워야 하고 따라서 모든 회귀계수값은 0에 가까운 값이어야 한다. 즉, 완전모형(full model)을 적합하면 비용함수는 RSS가 작아지지만 반대로 모수가 많기 때문에 축소벌점이 커진다. 따라서 적절한 모수를 갖는, 즉 적절한 변수를 갖는 모형이 비용함수를 최소화할 수 있다.

프로그램을 통하여 이를 확인해보자.

```
> #
> # 데이터 구성
> #
>
> ## [HOUSING] 보스턴주 타운들의 주택중위가격
> df <- fread("https://archive.ics.uci.edu/ml/machine-learning-databases/housing/housing.data")

  % Total    % Received % Xferd  Average Speed   Time    Time     Time  Current
                                 Dload  Upload   Total   Spent    Left  Speed
100 49082  100 49082    0     0  52382      0 --:--:-- --:--:-- --:--:-- 53234> dim(df)
[1] 506  14
> str(df)
Classes 'data.table' and 'data.frame':	506 obs. of  14 variables:
 $ V1 : num  0.00632 0.02731 0.02729 0.03237 0.06905 ...
```

```
 $ V2 : num   18 0 0 0 0 0 12.5 12.5 12.5 12.5 ...
 $ V3 : num   2.31 7.07 7.07 2.18 2.18 2.18 7.87 7.87 7.87 7.87 ...
 $ V4 : int   0 0 0 0 0 0 0 0 0 0 ...
 $ V5 : num   0.538 0.469 0.469 0.458 0.458 0.458 0.524 0.524 0.524 0.524 ...
 $ V6 : num   6.58 6.42 7.18 7 7.15 ...
 $ V7 : num   65.2 78.9 61.1 45.8 54.2 58.7 66.6 96.1 100 85.9 ...
 $ V8 : num   4.09 4.97 4.97 6.06 6.06 ...
 $ V9 : int   1 2 2 3 3 3 5 5 5 5 ...
 $ V10: num   296 242 242 222 222 222 311 311 311 311 ...
 $ V11: num   15.3 17.8 17.8 18.7 18.7 18.7 15.2 15.2 15.2 15.2 ...
 $ V12: num   397 397 393 395 397 ...
 $ V13: num   4.98 9.14 4.03 2.94 5.33 ...
 $ V14: num   24 21.6 34.7 33.4 36.2 28.7 22.9 27.1 16.5 18.9 ...
 - attr(*, ".internal.selfref")=<externalptr>
>
> # 변수명 소문자로 주기
> names(df) <- tolower(c("CRIM","ZN","INDUS","CHAS","NOX","RM","AGE",
+                        "DIS","RAD","TAX","PTRATIO","B","LSTAT","MEDV"))
>
> # 입력변수 만들기
> target_var <- c("medv")
> input_vars <- setdiff(names(sdf), target_var)
>
> ## 데이터 표준화
> library(robustHD)
> sdf <- as.data.table(standardize(df))
>
>
> #
> # 능형회귀
> #
>
> ## 데이터 구성하기
> X <- as.matrix(sdf[, input_vars, with=F])
> y <- as.matrix(sdf[, target_var, with=F])
>
> # 필요한 패키지
> library(glmnet)
> library(plotmo)
```

```
>
> # 람다값의 범위 정하기
> lambdas <- 10^seq(2, -4, by = -.1)
>
> # 적합: alpha=0 인 경우가 능형회귀
> fit <- glmnet(X, y, alpha=0, lambda = lambdas)
>
> # 람다값의 변화에 대한 적합
> head(data.frame(fit$dev.ratio, fit$lambda), 5)
   fit.dev.ratio   fit.lambda
1    0.04980373   100.00000
2    0.06150496    79.43282
3    0.07561663    63.09573
4    0.09246845    50.11872
5    0.11235794    39.81072
>
>
> # 람다값에 따른 표준화된 회귀계수의 변화
> pngfile <- paste0(graph_path, '/그림 14.7.png')
> png(filename =pngfile, width=600, height = 600)
>
> num_vars <- ncol(X)
> plot_glmnet(fit, ylab='표준화된 회귀계수' )
>
> dev.off()
RStudioGD
        2
```

능형회귀를 적합할 때 $\alpha = 0$인 이유는 벌점함수를 일반적으로 다음과 같이 정의하기 때문이다.

$$\lambda\left(\frac{1-\alpha}{2}\sum_j \beta_j^2 + \alpha\sum_j |\beta_j|\right)$$

결과를 보면 람다 값에 따라 이탈도 비율(deviance ratio)을 계산해주고 있다. 이탈도 비율은 오차항이 정규분포인 경우에는 일종의 R^2과 같이 해석해도 무방하다. 실제 람다 값에 따른 회귀계수의 변화는 **|그림 14.7|**로 확인할 수 있다.

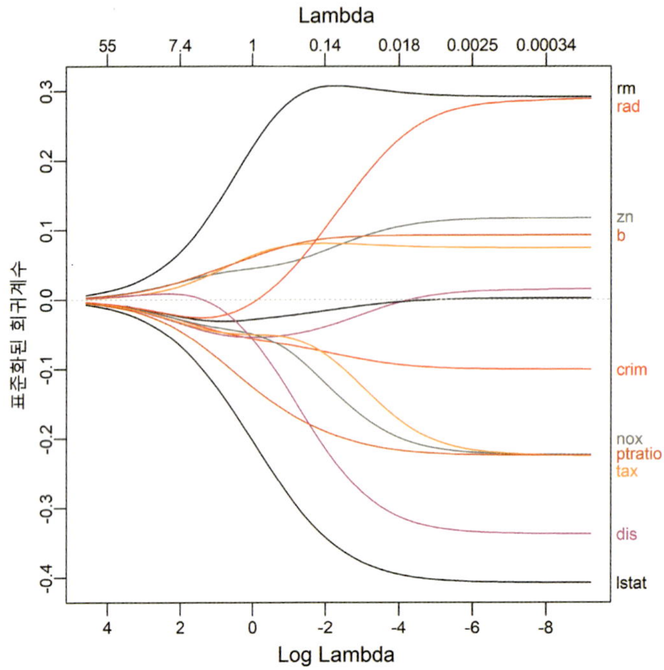

|그림 14.7| 람다 값의 변화에 따른 표준화된 회귀계수값의 변화

|그림 14.7|을 보면 람다 값이 큰 경우는 회귀계수값들이 0으로 축소됨을 알 수 있다. 이때 최적의 모델은 다음과 같은 교차검증 방법에 의하여 선정을 한다.

```
> # 최적 모형을 주는 람다 값 찾기
> set.seed(123)
> cv_fit <- cv.glmnet(X, y, alpha = 0, lambda = lambdas, nfolds = 5)
>
> pngfile <- paste0(graph_path, '/그림 14.8.png')
> png(filename =pngfile, width=600, height = 600)
>
> plot.cv.glmnet(cv_fit)
>
> dev.off()
RStudioGD
        2
>
> # 최적 람다 값
```

```
> print(cv_fit$lambda.min)
[1] 0.003981072
```

교차검증 방법에 의하여 찾은 람다 값은 0.00398이다.

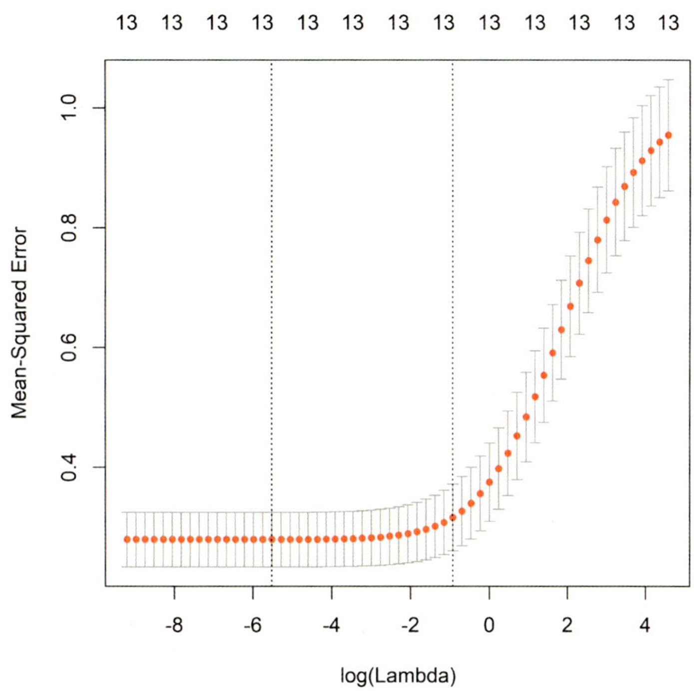

|그림 14.8| 람다 값의 변화에 따른 표준화된 회귀계수값의 변화

|그림 14.8|의 제일 왼쪽 선이 최솟값을 보여주는 선이다. 이 값을 이용하여 선정된 회귀계수값은 다음과 같이 구할 수 있다.

```
> # 선정된 모형과 회귀계수값
> coef.glmnet(fit, s=cv_fit$lambda.min)
14 x 1 sparse Matrix of class "dgCMatrix"
                        1
(Intercept) -8.761307e-16
crim        -9.899539e-02
zn           1.143762e-01
indus        9.997022e-03
```

```
chas          7.496097e-02
nox          -2.174731e-01
rm            2.929643e-01
age           7.552712e-04
dis          -3.319434e-01
rad           2.734247e-01
tax          -2.110085e-01
ptratio      -2.223320e-01
b             9.231132e-02
lstat        -4.046808e-01
```

회귀계수값을 보면 age, indus, chas 등이 매우 작음을 알 수 있다. 즉, 상대적으로 덜 유의미함을 알 수 있는데 **|그림 14.9|**를 통해 확인할 수 있다.

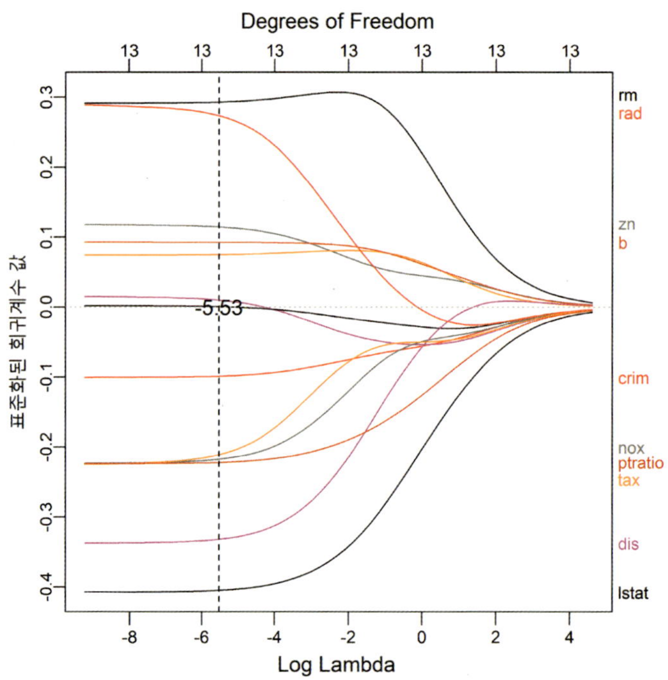

|그림 14.9| 최소 MSE 값을 주는 로그 람다 값과 회귀계수값

그림의 상단의 13은 해당 람다 값에 따른 0이 아닌 회귀계수의 개수를 의미한다.

14.5.2 라쏘 회귀

능형회귀에서는 비용함수에 $\lambda\sum_{j=1}^{p}\beta_j^2$의 벌점을 주고 있다. 이때 람다를 제외한 $\sum_{j=1}^{p}\beta_j^2$의 벌점을 주는 것을 L_2 정칙화(regularization)라고 한다. 이에 반해 라쏘(LASSO: least absolute shrinkage and selection operator) 회귀는 $\sum_{j=1}^{p}|\beta_j|$와 같은 회귀계수에 대한 절댓값으로 벌점을 준다. 이런 의미에서 L_1 벌점함수를 주고 있다. 라쏘의 영문명을 보면 선택 연산자(selection operator)라는 이름을 갖고 있다. 즉 자동으로 변수를 선택한다는 것이다. 앞서 능형회귀에서는 최솟값을 주는 람다에서 회귀계수가 0에는 가깝지만 0은 아니어서 해당 변수의 선택 여부를 판단하기가 어려웠다.

라쏘 회귀의 비용함수는 다음과 같다.

$$J(\beta) = \frac{1}{2n}\sum_{i=1}^{n}\left(y_i - \beta_0 - \sum_{j=1}^{p}\beta_j x_{ij}\right)^2 + \lambda\sum_{j=1}^{p}\beta_j^2 = \text{RSS} + \lambda\sum_{j=1}^{p}|\beta_j| = \text{RSS} + \text{축소벌점}$$

능형회귀와 마찬가지로 적절한 람다 값에 대하여 비용함수가 최소화된다. 이를 프로그램으로 확인해보자.

```
> # 적합: alpha=1 인 경우가 라쏘 회귀
> fit <- glmnet(X, y, alpha=1, lambda = lambdas)
>
> # 람다값의 변화에 대한 적합
> head(data.frame(fit$dev.ratio, fit$lambda), 5)
  fit.dev.ratio  fit.lambda
1             0   100.00000
2             0    79.43282
3             0    63.09573
4             0    50.11872
5             0    39.81072
>
> # 람다값에 따른 표준화된 회귀계수의 변화
> pngfile <- paste0(graph_path, '/그림 14.10.png')
> png(filename =pngfile, width=600, height = 600)
>
```

```
> plot_glmnet(fit, xvar="lambda", ylab='표준화된 회귀계수')
>
> dev.off()
RStudioGD
        2
```

결과를 보면 변수의 개수가 13개가 아님에도 불구하고 일정 정도의 이탈도 비율을 보여주고 있다. 예를 들어 변수가 9개일 때 이탈도 비율은 0.7190이고 변수가 13개, 즉 전부 들어간 모형일 때 이탈도 비율은 0.7406이다.

회귀계수의 변화를 람다 값의 변화에 따라 살펴보면 **|그림 14.10|**과 같다.

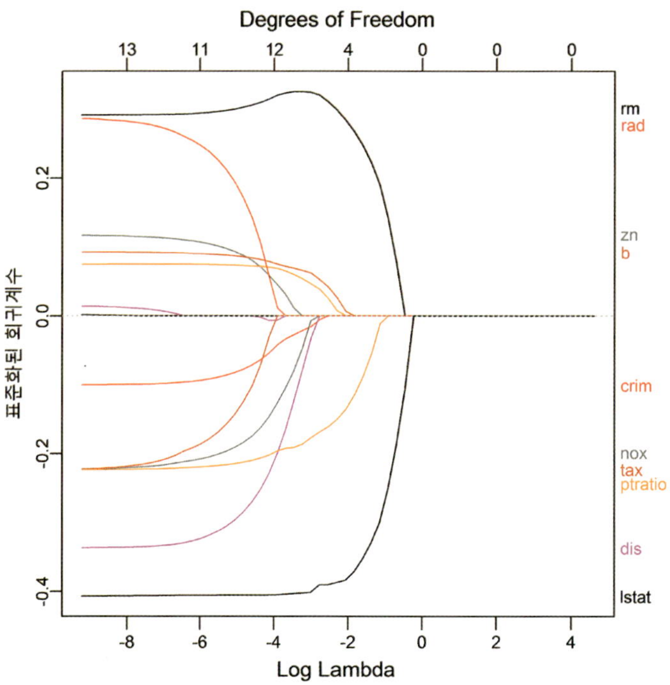

|그림 14.10| 람다 값의 변화에 따른 표준화된 회귀계수의 변화

|그림 14.10|을 보면 상단의 13, 11, 12, 4, 0, 0, 0은 람다 값에 따른 0이 아닌 회귀계수의 개수이다. 즉, 람다 값이 커짐에 따라 정확히 0이 되는 회귀계수가 존재함을 알 수 있다.

비용함수를 최소화하는 람다 값을 구해보자. 마찬가지로 교차검증 방법에 의하여 값을 구한다.

```
> # 최적 모형을 주는 람다 값 찾기
> set.seed(123)
> cv_fit <- cv.glmnet(X, y, alpha = 1, lambda = lambdas, nfolds = 5)
> print(cv_fit$lambda.min)
[1] 0.001258925
>
> # 선정된 모형과 회귀계수값
> coef.glmnet(fit, s=cv_fit$lambda.min)
14 x 1 sparse Matrix of class "dgCMatrix"
                          1
(Intercept) -8.595237e-16
crim        -9.726781e-02
zn           1.118436e-01
indus        3.220982e-03
chas         7.454335e-02
nox         -2.140590e-01
rm           2.927602e-01
age          .
dis         -3.318092e-01
rad          2.657903e-01
tax         -2.026789e-01
ptratio     -2.213905e-01
b            9.117801e-02
lstat       -4.059859e-01
>
> # 그림으로 표현
> # 람다 값에 따른 표준화된 회귀계수의 변화
> pngfile <- paste0(graph_path, '/그림 14.11.png')
> png(filename =pngfile, width=600, height = 600)
>
> plot_glmnet(fit, xvar='lambda', ylab="표준화된 회귀계수 값")
> abline(v=log(cv_fit$lambda.min), lty=2)
> loglambda <- log(cv_fit$lambda.min)
> text(log(cv_fit$lambda.min), 0, sprintf('%.2f', log(cv_fit$lambda.min)))
>
> dev.off()
RStudioGD
        2
```

결과를 보면 람다 값이 0.00126에서 MSE가 최소가 되며 이때 회귀계수값은 age 값은 0이고 나머지는 값이 0이 아니다. 이런 의미에서 라쏘 회귀는 변수를 선택하는 기능을 갖고 있다고 볼 수가 있다. age 다음으로 거의 의미가 없다고 판단되는 변수는 indus이다.

MSE를 최소로 하는 람다 값의 위치를 **|그림 14.11|**에서 확인하자.

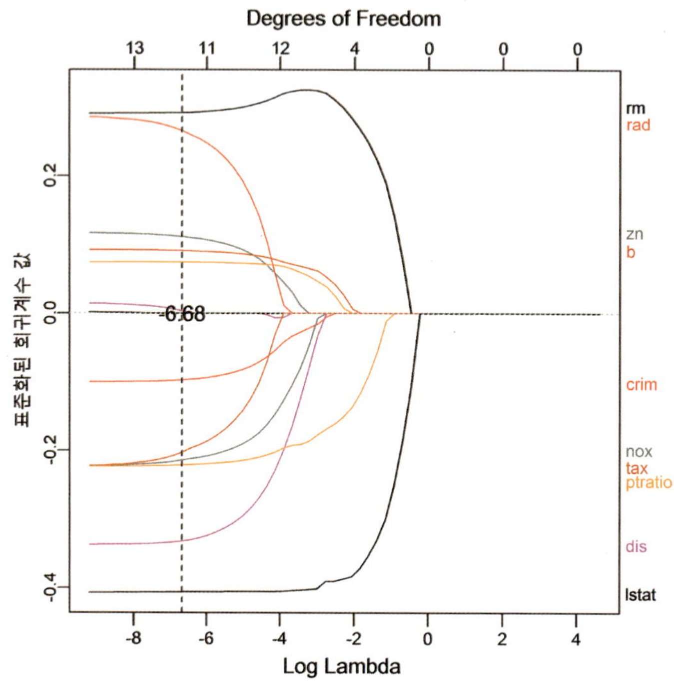

|그림 14.11| 최솟값을 주는 람다의 위치 예시

정칙화 과정을 거친 능형회귀와 라쏘 회귀는 일반적으로 일반선형회귀모형보다는 일반화 성능이 좋은 것으로 알려져 있다. 즉, 과적합을 방지하기 위한 벌점 항이 추가되어 있으므로 미래의 새로운 데이터에 대한 MSE가 작게 나타나는 것이다.

15장

벡터와 행렬

15.1 벡터 표현

벡터(vector)는 순서가 있는 숫자들의 목록이다. 즉 일종의 배열이다. 표현은 대괄호나 괄호를 통하여 표현한다.

$$\begin{bmatrix} 0.61 \\ 0.93 \\ 0.24 \\ 0.27 \end{bmatrix}, \quad \begin{pmatrix} 0.61 \\ 0.93 \\ 0.24 \\ 0.27 \end{pmatrix}$$

또는 하나의 행으로 표현하기도 한다.

$$(0.74 \quad 0.75 \quad 0.93 \quad 0.46)$$

행렬의 원소(element, entry, coefficient, component)는 배열의 값들을 의미한다.

15.1.1 벡터의 크기

벡터의 크기(size, dimension, length)는 벡터의 원소의 개수를 의미한다. 2개의 벡터가 동일하다는 것은 크기가 같고 대응하는 위치의 각 값이 동일한 것을 의미한다.

$$a = b \Rightarrow a_i = b_i, \forall i = 1, \dots, p$$

15.1.2 부분벡터

벡터의 부분벡터(sub vector)는 쌍점(colon) 기호를 사용하여 표현한다.

$$a_{r:s} = \begin{pmatrix} a_r \\ a_{r+1} \\ \dots \\ a_s \end{pmatrix}$$

15.1.3 특별한 벡터

모든 원소가 0인 벡터를 0벡터라고 한다.

$$\begin{pmatrix} 0 \\ 0 \\ 0 \end{pmatrix}$$

하나의 원소만 1이고 나머지는 모두 0인 벡터를 단위(unit)벡터라고 한다.

$$e_1 = \begin{pmatrix} 1 \\ 0 \\ 0 \end{pmatrix}, e_2 = \begin{pmatrix} 0 \\ 1 \\ 0 \end{pmatrix}, e_3 = \begin{pmatrix} 0 \\ 0 \\ 1 \end{pmatrix}$$

단위벡터는 특별히 e 표기법을 사용한다.

$$(e_i)_j = \begin{cases} 1, j = i \\ 0, j \neq i \end{cases}$$

모든 원소의 값이 1인 벡터를 1벡터라고 한다.

$$1_3 = \begin{pmatrix} 1 \\ 1 \\ 1 \end{pmatrix}$$

여기서 특별히 크기를 표현하기도 한다.

15.1.4 벡터의 기하학적 의미

벡터는 기하학적으로 다음과 같은 의미를 담고 있다.

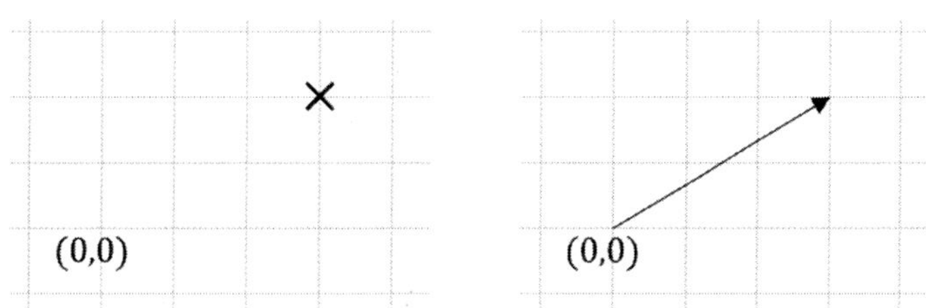

|그림 15.1| 벡터의 기하학적 의미

$\begin{pmatrix} 3 \\ 2 \end{pmatrix}$ 벡터는 좌표상의 1개의 점으로 표현되거나, 오른쪽 그림과 같이 $\begin{pmatrix} 0 \\ 0 \end{pmatrix}$점을 $\begin{pmatrix} 3 \\ 2 \end{pmatrix}$로 옮기는 위치이동(displacement)으로 표현하기도 한다. 따라서 하나의 벡터는 그 벡터가 어떤 좌표계(coordinate)를 사용한 표현인지가 명시되어야 한다. 특별한 의미가 없는 한 직각좌표계(rectangular coordinate, Cartesian coordinate)를 사용한다.

15.1.5 벡터 덧셈

크기가 같은 2개의 벡터의 덧셈은 대응 원소의 합으로 정의한다.

$$\begin{pmatrix}1\\0\\0\end{pmatrix}+\begin{pmatrix}1\\1\\1\end{pmatrix}=\begin{pmatrix}2\\1\\1\end{pmatrix}$$

덧셈 연산자는 교환법칙, 결합법칙이 성립한다.

기하학적으로는 다음과 같은 의미를 담고 있다.

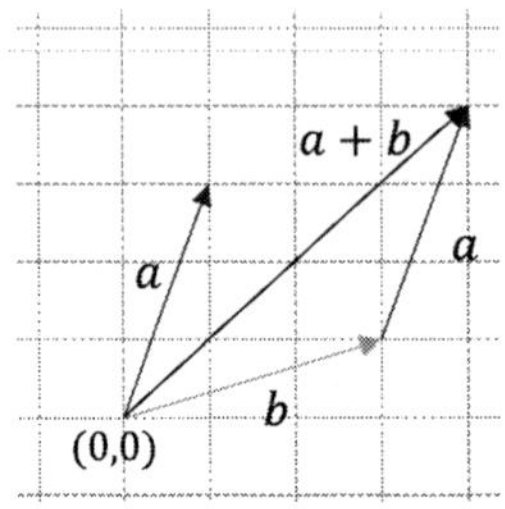

|그림 15.2| 벡터의 덧셈

|그림 15.2|를 보면 벡터 $a+b$는 a,b로 구성된 평행사변형의 대각선 벡터가 된다. 즉, b의 끝에서 다시 a만큼 위치이동(평행이동)하는 것이다.

$$\begin{pmatrix}3\\1\end{pmatrix}+\begin{pmatrix}1\\3\end{pmatrix}=\begin{pmatrix}4\\4\end{pmatrix}$$

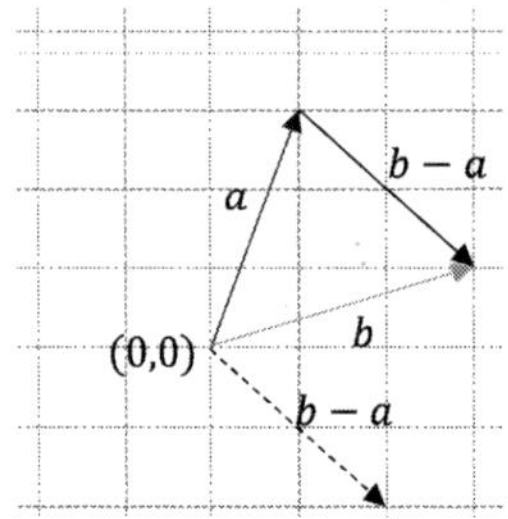

|그림 15.3| 벡터의 뺄셈

|그림 15.3|은 2개의 벡터의 뺄셈이다. 기하학적으로는 실선으로 표현된 부분이지만, $b-a$ 벡터를 원점에서 보면 $\begin{pmatrix}2\\-2\end{pmatrix}$가 되어 점선과 같은 벡터이다.

$$\begin{pmatrix}3\\1\end{pmatrix}-\begin{pmatrix}1\\3\end{pmatrix}=\begin{pmatrix}2\\-2\end{pmatrix}$$

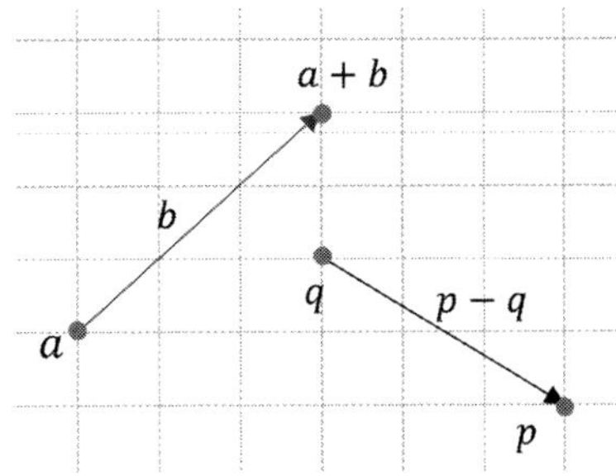

|그림 15.4| 벡터의 덧셈, 뺄셈의 의미

즉, **|그림 15.4|**와 같이 덧셈은 a를 시작점으로 하여 b를 더하여 만드는 것이고, 뺄셈은 q 벡터를 시작점으로 하여 $p-q$ 만큼 더하여 p를 만드는 것이다.

15.1.6 스칼라-벡터 곱

벡터에 대한 스칼라 곱(scalar multiplication)은 그 벡터의 모든 원소를 스칼라만큼 곱한 것이다. 스칼라는 하나의 숫자이다.

$$(-2)\begin{pmatrix}2\\1\\3\end{pmatrix}=\begin{pmatrix}-4\\-2\\-6\end{pmatrix}$$

$$\begin{pmatrix}2\\1\\3\end{pmatrix}(-2)=\begin{pmatrix}-4\\-2\\-6\end{pmatrix}$$

이때 $\mathrm{a}\left(\frac{1}{2}\right)=\frac{a}{2}$, $(-1)a=-a$, $0a=0$ 등과 같이 표현한다.

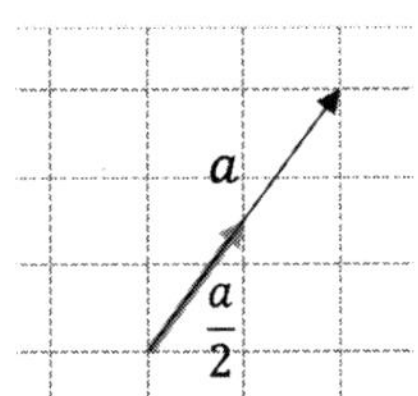

|그림 15.5| 스칼라 곱

|그림 15.5|와 같이 스칼라 곱은 같은 비율로 축소 또는 확대만 할 뿐이다. 마찬가지로 교환 및 결합법칙이 성립한다. 또한 α,β가 스칼라일 때 다음이 성립한다.

$$(\alpha+\beta)a = \alpha a + \beta a$$

다음과 같은 식이 있다고 하자.

$$\beta_1 a_1 + \cdots + \beta_k a_k$$

이때 이 식을 벡터 $a_1, \cdots, a_k$에 대한 선형결합(linear combination)이라고 한다.

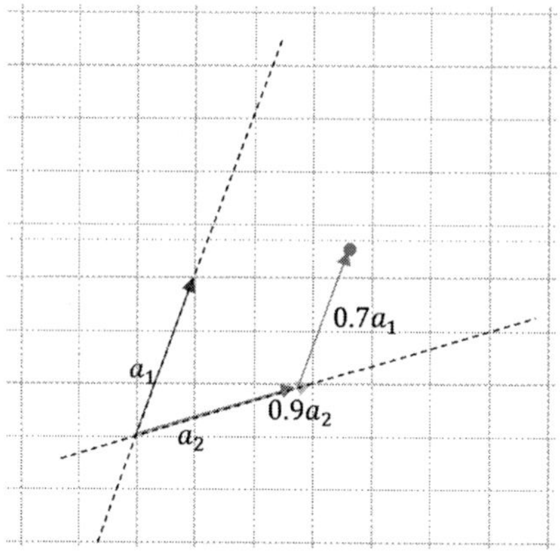

|그림 15.6| 선형결합 예시

|그림 15.6|을 보면 평면상의 임의의 1점은 겹치지 않는, 즉 하나의 직선 위에 있지 않은 2개의 벡터 a_1, a_2에 스칼라 곱과 벡터 합을 통하여 전부 표현할 수 있다. 점은 $0.7a_1 + 0.9a_2$로 표현될 수 있다.

15.1.7 내적

2개의 벡터에 대한 내적(inner product) 또는 점적(dot product)은 다음과 같이 정의된다.

$$a^T b = \sum_i a_i b_i$$

여기서 T는 전치를 나타내는 기호이다. 이에 대한 설명은 행렬의 연산에서 정의할 것이다. 내적의 기호로는 이외에도 $a \cdot b, < a, b >$ 등으로 표기하기도 한다.

$$\begin{pmatrix}-1\\2\\3\end{pmatrix}^T \begin{pmatrix}1\\-2\\4\end{pmatrix} = sum\begin{pmatrix}-1\\-4\\12\end{pmatrix} = 7$$

또한 내적에 대해서는 다음이 성립한다.

$$1)\ a^T b = b^T a$$
$$2)\ (\alpha a)^T b = \alpha(a^T b)$$
$$3)\ (a+b)^T c = a^T c + b^T c$$

내적을 이용한 몇 가지 예를 살펴보자.

$$1^T a = a_1 + \cdots + a_n = \sum_{i=1}^{n} a_i$$
$$\left(\frac{1}{n}\right)^T a = \frac{1}{n}(a_1 + \cdots + a_n) = \bar{a}$$
$$a^T a = a_1^2 + \cdots + a_n^2$$

위와 같이 내적을 이용하여 식을 간단히 표현할 수 있다.

15.1.8 벡터 노름

벡터의 유클리디안 노름(Euclidean norm)은 다음과 정의한다.

$$\|\mathrm{a}\| = \sqrt{a^T a} = \sqrt{a_1^2 + \cdots + a_n^2}$$

유클리디안 노름은 $\|\mathrm{a}\|_2$와 같이 표현하기도 한다. 즉, 제곱근 안에 값이 제곱이라는 의미이다. 노름은 벡터의 길이(length) 또는 크기(magnitude)라고 한다. 이때 앞에서 정의한 벡터의 크기와 길이, 즉 차원과 혼동하지 않도록 한다. 큰 혼동이 없는 한 벡터 노름은 벡터의 길이로 생각한다.

$$\left\|\begin{pmatrix}-1\\2\\3\end{pmatrix}\right\| = \sqrt{\begin{pmatrix}-1\\2\\3\end{pmatrix}^T \begin{pmatrix}-1\\2\\3\end{pmatrix}} = \sqrt{sum\begin{pmatrix}1\\4\\9\end{pmatrix}} = \sqrt{14} = 3.741657$$

노름은 다음과 같은 속성을 만족한다.

$$1)\ \|\beta a\| = |\beta|\|a\|$$
$$2)\ \|a+b\| \le \|a\| + \|b\|$$
$$3)\ \|a\| \ge 0$$
$$4)\ \|a\| = 0 \Rightarrow a = 0$$

노름을 이용하면 $\sum_i (x_i - \bar{x})^2 = \left\| x - \frac{1^T x}{n} \right\|^2$와 같이 표현할 수 있다.

내적은 기하학적으로 다음과 같이 정의된다.

$$a^T b = \|a\| \|b\| \cos(\theta)$$

여기서 θ는 2개의 벡터가 이루는 가장 최소의 각도이다. 내적은 각도가 90^0 이하인 경우에는 양수이지만 $90^0 < \theta < 180^0$ 인 경우에는 음수이다.

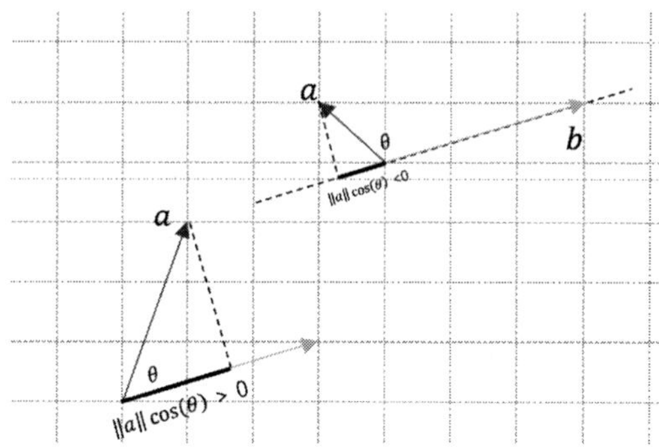

|그림 15.7| 사잇각에 따른 내적

15.2 행렬 표현

행렬(matrix)은 행(row)과 열(column)로 구분된 직사각형 배열이다.

$$A = \begin{pmatrix} 0.13 & 0.32 & 0.47 & 0.49 & 0.91 \\ 0.65 & 0.19 & 0.51 & 0.95 & 0.61 \\ 0.34 & 0.78 & 0.6 & 0.48 & 0.41 \\ 0.66 & 0.09 & 0.33 & 0.89 & 0.15 \end{pmatrix}$$

$$B = \begin{pmatrix} a & c \\ b & d \end{pmatrix}$$

보는 바와 같이 행렬의 원소(element)는 숫자, 문자 등으로 정의할 수 있다.

15.2.1. 행렬의 크기

행렬의 크기(size)는 행과 열의 개수로 정의한다. A 행렬은 행이 4개, 열이 5개인 행렬이므로 4곱하기5(4 by 5) 행렬이라고 한다. B는 2곱하기2 행렬이다.

$$A_{n \times p}$$

식과 같이 그 크기를 표현하는 경우도 있다. 특히 행의 개수와 열의 개수가 같은 행렬은 정방행렬(square matrix)이라고 한다.

15.2.2 행벡터와 열벡터

하나의 행으로만 구성된 행렬은 행벡터(row vector), 하나의 열로만 구성된 행렬은 열벡터(column vector)라고 한다.

$$\mathrm{A} = \begin{pmatrix} 8 & 11 & 9 & 2 \\ 10 & 5 & 4 & 1 \\ 7 & 12 & 6 & 3 \end{pmatrix}$$

이때 $\begin{pmatrix} 8 \\ 10 \\ 7 \end{pmatrix}$은 하나의 열벡터이며, $(8 \quad 11 \quad 9 \quad 2)$은 행벡터이다. 여기서 벡터는 열벡터 방식으로 표기한다.

15.2.3 행렬의 표기법

행렬은 다음과 같이 상자괄호(box brackets)나 괄호(parentheses)를 사용한다.

$$\mathrm{A} = \begin{bmatrix} a_{11} & a_{12} & \dots & a_{1p} \\ a_{21} & a_{22} & \dots & a_{2p} \\ . & . & \dots & . \\ a_{n1} & a_{n2} & \dots & a_{np} \end{bmatrix} = \begin{pmatrix} a_{11} & a_{12} & \dots & a_{1p} \\ a_{21} & a_{22} & \dots & a_{2p} \\ . & . & \dots & . \\ a_{n1} & a_{n2} & \dots & a_{np} \end{pmatrix} = (a_{ij}) \in \mathbb{R}^{n \times p}$$

행렬은 대문자로 표시하며 원소(element, entry, coefficient)는 $a_{ij}, a_{i,j}, A[i,j], A_{i,j}, A_{ij}$ 등으로 표시한다. 이 책에서는 특별히 구분하지 않는 한 a_{ij}, A_{ij} 표기법을 사용한다.

$$\mathrm{A} = \begin{pmatrix} 4 & 9 & 10 & 1 \\ 5 & 2 & 12 & 11 \\ 6 & 7 & 3 & 8 \end{pmatrix}$$

이 행렬에서 $a_{11} = 4, a_{24} = 11$이다.

```
> ## 행렬 표기법
> set.seed(1)
> A <- matrix(sample.int(n=12), nrow=3)
> A
```

```
      [,1] [,2] [,3] [,4]
[1,]    4    9   10    1
[2,]    5    2   12   11
[3,]    6    7    3    8
> A[1,1]
[1] 4
> A[2,4]
[1] 11
```

15.2.4 행렬 연산

행렬의 연산(operation)에 대하여 알아보자.

15.2.4.1 행렬 덧셈

크기가 같은 2개의 행렬에 대한 덧셈을 다음과 같이 정의한다.

$A = (a_{ij}), B = (b_{ij})$이라고 하자.

$$A + B = (a_{ij} + b_{ij})$$

즉, 각 원소에 스칼라 c만큼 곱한 것이다.

$$\begin{pmatrix} 1 & 3 & 5 \\ 2 & 4 & 6 \end{pmatrix} + \begin{pmatrix} 3 & 5 & 7 \\ 4 & 6 & 8 \end{pmatrix} = \begin{pmatrix} 4 & 8 & 12 \\ 6 & 10 & 14 \end{pmatrix}$$

```
> ## 행렬 덧셈
> A <- matrix(1:6, nrow=2)
> A
      [,1] [,2] [,3]
[1,]    1    3    5
[2,]    2    4    6
> B <- matrix(3:8, nrow=2)
> B
      [,1] [,2] [,3]
[1,]    3    5    7
[2,]    4    6    8
> C <- A+B
> C
      [,1] [,2] [,3]
[1,]    4    8   12
[2,]    6   10   14
```

덧셈에 대하여 교환법칙(commutative)이 성립한다.

15.2.4.2 스칼라와 행렬 곱

$A = (a_{ij}), c \in \mathbb{R}$이라고 하자.

$$cA = (ca_{ij})$$

즉, 각 원소에 스칼라 c만큼 곱한 것이다.

$$0.1 \times \begin{pmatrix} 1 & 3 & 5 \\ 2 & 4 & 6 \end{pmatrix} = \begin{pmatrix} 0.1 & 0.3 & 0.5 \\ 0.2 & 0.4 & 0.6 \end{pmatrix}$$

```
> ## 스칼라와 행렬 곱
> c <- c(0.1)
> A <- matrix(1:6, nrow=2)
> A
     [,1] [,2] [,3]
[1,]    1    3    5
[2,]    2    4    6
> c*A
     [,1] [,2] [,3]
[1,]  0.1  0.3  0.5
[2,]  0.2  0.4  0.6
```

15.2.4.3 행렬의 전치

임의 행렬 A에 대하여 전치(transpose)행렬은 다음과 같이 정의한다.

$$A = (a_{ij}), i = 1, .., n, j = 1, \ldots, p$$

$$A^T = (a_{ji}), j = 1, \ldots, p, i = 1, \ldots, m$$

즉, 행과 열의 위치를 서로 바꾼 것이다.

$$\begin{pmatrix} 1 & 3 & 5 \\ 2 & 4 & 6 \end{pmatrix}^T = \begin{pmatrix} 1 & 2 \\ 3 & 4 \\ 5 & 6 \end{pmatrix}$$

예에서 2곱하기3 행s렬은 3곱하기2 행렬로 변환되었다.

```
> ## 전치행렬
> A <- matrix(1:6, nrow=2)
> A
     [,1] [,2] [,3]
[1,]    1    3    5
[2,]    2    4    6
> t(A)
     [,1] [,2]
[1,]    1    2
[2,]    3    4
[3,]    5    6
```

앞의 연산에 대하여 전치 연산을 적용하면 다음이 성립한다.

$$(A+B)^T = A^T + B^T$$
$$(cA)^T = cA^T$$

15.2.4.4 행렬 곱

2개의 행렬 $A=(a_{ij}), i=1,\dots,n, j=1,\dots,p,\ B=(b_{kl}), k=1,\dots,p, l=1,\dots,m$ 에 대하여 행렬의 곱은 다음과 같이 정의한다. 즉, $A_{n\times p}, B_{p\times m}$에 대하여 다음과 같이 정의한다.

$$AB=(c_{il})=\left(\sum_{r=1}^{p} a_{ir}b_{rl}\right), i=1,\dots,n, l=1,\dots,m$$

식의 정의에서 보듯이 A의 행렬의 열의 개수와 B 행렬의 행의 개수는 일치하여야 한다. 결과로 생성되는 행렬은 크기는 A 행렬의 행의 개수와 B 행렬의 열의 개수이다. 즉, 결과 행렬은 $AB_{n\times m}$이다.

$$\begin{pmatrix}1 & 3 & 5\\ 2 & 4 & 6\end{pmatrix}\begin{pmatrix}1 & 4\\ 2 & 5\\ 3 & 6\end{pmatrix}=\begin{pmatrix}22 & 49\\ 28 & 64\end{pmatrix}$$

결과 행렬의 $28 = 2\times1+4\times2+6\times3$이다. 즉, (2,1)번째 결과 값은 첫 번째 행렬의 두 번째 행과 두 번째 행렬의 첫 번째 열의 곱이다.

```
> ## 행렬 곱
>
> A <- matrix(1:6, nrow=2)
> A
     [,1] [,2] [,3]
[1,]    1    3    5
[2,]    2    4    6
> B <- matrix(1:6, nrow=3)
> B
     [,1] [,2]
[1,]    1    4
[2,]    2    5
[3,]    3    6
> A %*% B # 행렬곱 연산자는 %*% 이다.
     [,1] [,2]
[1,]   22   49
[2,]   28   64
```

행렬의 곱은 교환법칙이 성립하지 않는다. 즉, $\mathrm{AB} \neq \mathrm{BA}$이다.

$$\begin{pmatrix} 1 & 2 \\ 3 & 4 \end{pmatrix}\begin{pmatrix} 5 & 6 \\ 7 & 8 \end{pmatrix} = \begin{pmatrix} 19 & 22 \\ 43 & 50 \end{pmatrix} \neq \begin{pmatrix} 23 & 34 \\ 31 & 46 \end{pmatrix} = \begin{pmatrix} 5 & 6 \\ 7 & 8 \end{pmatrix}\begin{pmatrix} 1 & 2 \\ 3 & 4 \end{pmatrix}$$

행렬의 곱에 대하여 전치 연산자는 다음이 성립한다.

$$(\mathrm{AB})^{\mathrm{T}} = \mathrm{B}^{\mathrm{T}}\mathrm{A}^{\mathrm{T}}$$

왜냐하면, $((\mathrm{AB})^{\mathrm{T}})_{ij} = \sum_r a_{jr}b_{ri}$이고, $(\mathrm{B}^{\mathrm{T}}\mathrm{A}^{\mathrm{T}})_{ij} = \sum_r b_{ri}a_{rj}$이기 때문이다.

$$(\mathrm{AB})^{\mathrm{T}} = \begin{pmatrix} 19 & 43 \\ 22 & 50 \end{pmatrix}, \mathrm{B}^{\mathrm{T}}\mathrm{A}^{\mathrm{T}} = \begin{pmatrix} 5 & 7 \\ 6 & 8 \end{pmatrix}\begin{pmatrix} 1 & 3 \\ 2 & 4 \end{pmatrix} = \begin{pmatrix} 19 & 43 \\ 22 & 50 \end{pmatrix}$$

15.2.4.5 부분행렬

임의 행렬 A에 대하여 부분행렬(submatrix)은 임의의 행과 열의 집합을 삭제하여 얻을 수 있는 행렬이다.

$$\mathrm{A}_{\mathrm{p:q,r:s}} = \begin{pmatrix} A_{p,r} & \cdots & A_{p,s} \\ . & \cdots & . \\ A_{q,r} & . & A_{q,s} \end{pmatrix}$$

몇 가지 예를 들어 살펴보기로 하자.

$$A = \begin{pmatrix} 1 & 4 & 7 & 10 \\ 2 & 5 & 8 & 11 \\ 3 & 6 & 9 & 12 \end{pmatrix}$$

$$A_{1:2,3:4} = \begin{pmatrix} 7 & 10 \\ 8 & 11 \end{pmatrix}, \quad A_{:,2:3} = \begin{pmatrix} 4 & 7 \\ 5 & 8 \\ 6 & 9 \end{pmatrix}, \quad A_{(1,3),(2,4)} = \begin{pmatrix} 4 & 10 \\ 6 & 12 \end{pmatrix}$$

```
> ## 부분행렬
> A <-matrix(1:12, nrow=3)
>
> # 부분행렬들
> A[1:2, 3:4]
     [,1] [,2]
[1,]    7   10
[2,]    8   11
> A[, 2:3]
     [,1] [,2]
[1,]    4    7
[2,]    5    8
[3,]    6    9
> A[c(1, 3), c(2, 4)]
     [,1] [,2]
[1,]    4   10
[2,]    6   12
```

15.2.4.6 특별한 행렬

행렬 중에 몇 가지 특별한 행렬을 알아보자.

모든 원소의 값이 0인 행렬을 영행렬이라고 한다.

$$\begin{pmatrix} 0 & 0 & 0 \\ 0 & 0 & 0 \\ 0 & 0 & 0 \end{pmatrix}$$

대각선 원소 값만 1이고 나머지는 모든 0인 행렬은 항등행렬(identity matrix)이라고 하며 특별히 I 기호를 사용한다.

$$I = \begin{pmatrix} 1 & 0 & 0 \\ 0 & 1 & 0 \\ 0 & 0 & 1 \end{pmatrix}$$

대각선 값을 제외한 모든 원소의 값이 0인 행렬을 대각행렬(diagonal matrix)이라고 한다.

$$D = \begin{pmatrix} 1 & 0 & 0 \\ 0 & 2 & 0 \\ 0 & 0 & 3 \end{pmatrix}$$

대각선을 기준으로 하여 한 쪽이 모든 0인 행렬을 삼각행렬(triangular matrix)이라고 한다. 아래쪽(lower)이 모두 0이면 상삼각행렬(upper triangular matrix)이라고 하며 그 반대는 하삼각행렬(lower triangular matrix)이라고 한다.

$$\begin{pmatrix} 1 & 2 & 3 \\ 0 & 2 & 7 \\ 0 & 0 & 5 \end{pmatrix}$$

행렬이 다음의 조건을 만족하면 직교행렬(orthogonal matrix)이라고 한다.

$$A^T A = AA^T = I$$

이때 A행렬의 각 열벡터의 크기가 1인 경우, 즉 $\|A_{:,j}\| = 1$일 때 이 행렬은 직교정규행렬(orthonormal matrix)이라고 한다.

```
> ## 영행렬, 항등행렬, 대각행렬, 삼각행렬
> # 영행렬
> zero <- matrix(c(0), nrow=3, ncol=3)
> zero
     [,1] [,2] [,3]
[1,]    0    0    0
[2,]    0    0    0
[3,]    0    0    0
>
> # 항등행렬
> I<- diag(nrow=3)
> I
     [,1] [,2] [,3]
[1,]    1    0    0
[2,]    0    1    0
[3,]    0    0    1
>
> # 대각행렬
> diag(c(1, 2, 3))
```

```
     [,1] [,2] [,3]
[1,]    1    0    0
[2,]    0    2    0
[3,]    0    0    3
>
> # 상삼각행렬
> A <-matrix(c(1, 2, 3,
+              0, 2, 7,
+              0, 0, 5), nrow=3, byrow=T)
> A
     [,1] [,2] [,3]
[1,]    1    2    3
[2,]    0    2    7
[3,]    0    0    5
```

15.3 역행렬

정방행렬 $A_{p\times p}$가 가역(invertible, nonsingular)이라는 것은 다음을 만족하는 정방행렬 $B_{p\times p}$가 존재하는 경우이다.

$$AB = BA = I_p$$

이때 B 행렬을 A의 역행렬(inverse)이라고 하며 A^{-1}로 표기한다. 역행렬은 다음과 같은 속성을 만족한다.

A가 직교행렬이면 $A^{-1} = A^T$ 이다.

$$(A^{-1})^{-1} = A$$

$$(cA)^{-1} = c^{-1}A^{-1}$$

$$(A^T)^{-1} = (A^{-1})^T$$

$$(AB)^{-1} = B^{-1}A^{-1}$$

15.4 QR 분해

행렬 A의 QR 분해(QR decomposition, QR factorization)는 다음과 같이 정의된다.

$$A_{n \times p} = Q_{n \times p} R_{p \times p}$$

여기서 Q는 직교정규행렬, R은 상삼각행렬이다. Q, R 행렬은 하우스홀더 변환 (Householder transformation, Householder matrix)에 의하여 생성된다. 하우스홀더 변환에 대하여 간단히 알아보자.

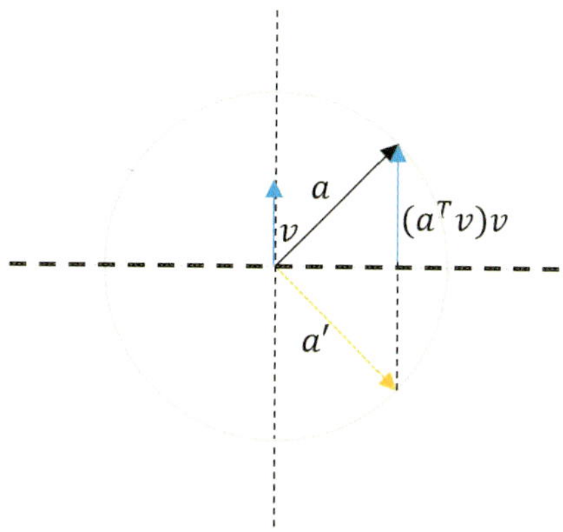

|그림 15.8| 하우스홀더 변환 예시

하우스홀더 변환은 주어진 벡터 a가 있을 때 이 벡터가 특정한 초평면에 반사되는 반사벡터 a'을 구하는 것이다. v를 초평면의 법선벡터(normal vector)라고 하면 $a' + 2(a^T v)v = a \Rightarrow a' = a - 2(a^T v)v = a - 2(v^T a)v = a - 2v(v^T a) = a - 2(vv^T)a$ $= (\mathrm{I} - 2vv^T)a$이다. 이때 $\mathrm{Q} = \mathrm{I} - 2vv^T$는 a 벡터를 반사벡터로 보내는 변환이며 이 행렬을 하우스홀더 행렬이라고 한다.

행렬 A에 대하여 첫 번째 열벡터를 a라고 하자. 이때 $u = a - \|a\| e_1$이라고 정의하자. 여기서 e_1은 단위벡터이다. u의 크기를 1로 만들기 위하여 $v = \frac{u}{\|u\|}$로 정의하자.

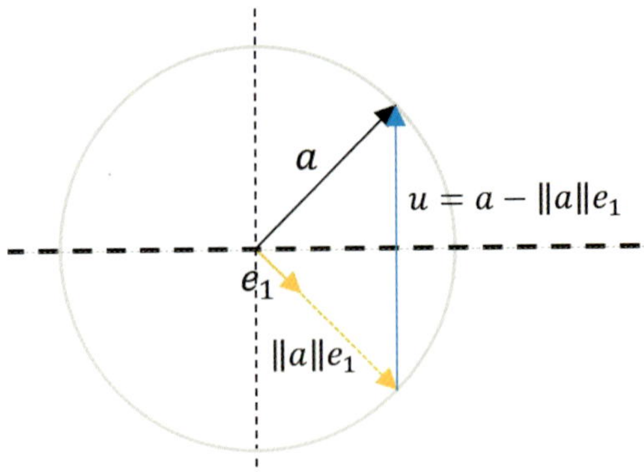

|그림 15.9| 하우스홀더 변환 예시 2

이때 $Q_1 = I - 2vv^T$이라고 정의하면 이 행렬을 하우스홀더 행렬이라고 한다. Q_1A의 첫 번째 열이 어떻게 변하는지를 살펴보자.

$$(I - 2vv^T)a = Ia - 2(a^Tv)v = a - u = a - (a - \|a\|e_1) = \|a\|e_1 = (\|a\|, 0, \dots, 0)^T$$

즉, 첫 번째 원소값을 제외한 모든 원소를 0으로 만들어 준다. 즉 하우스홀더 변환의 핵심은 특정 축으로 반사를 하기 위한 변환이다. 변환을 함으로써 다른 값 축의 값은 모두가 0이 되는 것이다. 이는 직교정사영(orthogonal projection)과는 다른 의미의 사영이다.

다음은 A 행렬의 첫 번째 행과 열을 제외하고 $A_{2:n,2:p}$ 행렬에 대하여 또 한 번 하우스홀더 변환(Q_2')을 한다. 이때 $Q_2 = \begin{pmatrix} 1 & \dots \\ 0 & \\ 0 & Q_2' \\ 0 & \end{pmatrix}$로 정의한다. 이런 과정을 반복하게 되면 $R = Q_k \dots Q_1A$가 된다. 따라서 $A = (Q_k \dots Q_1)^{-1}R = Q_1^{-1} \dots Q_k^{-1}R = QR$이 된다.

회귀 문제에서의 정규방정식은 $(X^TX)\beta = X^Ty$이다. 이때 $A = X^TX$라고 정의하면, $Q_k \dots Q_1X^TX\ \beta = Q_k \dots Q_1X^Ty$이다. 여기서 $Q_k \dots Q_1X^Ty$는 상삼각행렬이므로 후방대입(back substitution)에 의하여 해를 구할 수 있다.

$$\begin{pmatrix} 0.15 & 0.06 & 0.14 \\ 0 & 0.95 & 0.55 \\ 0 & 0 & 0.95 \end{pmatrix} \begin{pmatrix} x_1 \\ x_2 \\ x_3 \end{pmatrix} = \begin{pmatrix} 0.32 \\ 0.31 \\ 0.22 \end{pmatrix}$$

이라고 하면 마지막 행에서 $x_3 = \frac{0.22}{0.95}$이고 직전 행에서 $0.95 \times x_2 + 0.95 \times x_3 = 0.95 \times x_2 + 0.95 \times \frac{0.22}{0.95}$을 이용하여 x_2을 구한다. 이런 방법을 후방대입이라고 한다.

15.5 행렬미분

행렬미분은 벡터 값을 갖는 함수에 대하여 벡터로 미분하는 경우에 원소별로 값을 쓰는 것보다 단순하게 행렬로 표기하는 방법이다. 예를 들어 $y = (y_1, \dots, y_n)^T, x = (x_1, \dots, x_p)^T$일 때 $\frac{\partial y}{\partial x}$을 다음과 같이 정의한다.

$$\frac{\partial y}{\partial x} = \begin{pmatrix} \frac{\partial y_1}{\partial x_1} & \cdots & \frac{\partial y_1}{\partial x_p} \\ \cdots & \cdots & \cdots \\ \frac{\partial y_n}{\partial x_1} & \cdots & \frac{\partial y_n}{\partial x_p} \end{pmatrix}_{n\times p}$$

이 식을 보면 $\left(\frac{\partial y}{\partial x}\right)_{ij} = \frac{\partial y_i}{\partial x_j}$임을 알 수 있다. 이때 다음과 같은 성질이 성립한다. 단, $z = (z_1, \dots, z_l)^T, \mathrm{A} = \mathrm{A}_{\mathrm{n}\times\mathrm{n}}, \alpha = \alpha_{1\times 1}$이다.

아래 식의 증명은 (i,j) 원소를 일반화하여 증명한다. 예를 들어
A번 식의 $y_i = \sum_k \mathrm{A}_{ik} x_k$이므로 $\frac{\partial y_i}{\partial x_j} = \mathrm{A}_{ij}, \forall i, j$ 이고 따라서 $\frac{\partial \mathrm{y}}{\partial \mathrm{x}} = \mathrm{A}$이다.

(A) $\mathrm{y} = \mathrm{Ax} \Rightarrow \frac{\partial \mathrm{y}}{\partial \mathrm{x}} = \mathrm{A}$

(B) $\mathrm{y} = \mathrm{Ax}\ \&\ \mathrm{x} = \mathrm{g(z)} \Rightarrow \frac{\partial \mathrm{y}}{\partial \mathrm{z}} = \mathrm{A}\frac{\partial \mathrm{x}}{\partial \mathrm{z}}$

$y_i = \sum_k \mathrm{A}_{ik} x_k$이므로 $\frac{\partial y_i}{\partial z_j} = \sum_k \mathrm{A}_{ik} \frac{\partial x_k}{\partial z_j}$이다. 즉, $(\mathrm{A}_{i,:})^T \left(\frac{\partial \mathrm{x}}{\partial \mathrm{z}}\right)_{:,j}$이므로 $\frac{\partial \mathrm{y}}{\partial \mathrm{z}} = \mathrm{A}\frac{\partial \mathrm{x}}{\partial \mathrm{z}}$이다.

(C) $\boldsymbol{\alpha = \mathrm{y}^\mathrm{T}\mathrm{Ax} \Rightarrow \frac{\partial \alpha}{\partial \mathrm{x}} = \mathrm{y}^\mathrm{T}\mathrm{A}, \frac{\partial \alpha}{\partial \mathrm{y}} = \mathrm{x}^\mathrm{T}\mathrm{A}^\mathrm{T}}$

(A) 식의 특수한 경우이므로 $\frac{\partial \alpha}{\partial \mathrm{x}} = \mathrm{y}^\mathrm{T}\mathrm{A}$이고, $\mathrm{y}^\mathrm{T}\mathrm{Ax} = \mathrm{x}^\mathrm{T}\mathrm{A}^\mathrm{T}\mathrm{y}$이므로 $\frac{\partial \alpha}{\partial \mathrm{y}} = \mathrm{x}^\mathrm{T}\mathrm{A}^\mathrm{T}$이다.

(D) $\boldsymbol{\alpha = \mathrm{x}^\mathrm{T}\mathrm{Ax} \Rightarrow \frac{\partial \alpha}{\partial \mathrm{x}} = \mathrm{x}^\mathrm{T}(\mathrm{A} + \mathrm{A}^\mathrm{T}), \mathrm{A} = \mathrm{A}_{\mathrm{p}\times\mathrm{p}}}$

$\mathrm{x}^\mathrm{T}\mathrm{Ax} = \sum_i \sum_j \mathrm{A}_{ij}\, x_i x_j$이므로 $\frac{\partial \alpha}{\partial \mathrm{x}_k} = \sum_j \mathrm{A}_{kj}\mathrm{x}_j + \sum_i \mathrm{A}_{ik}\mathrm{x}_i = \mathrm{x}^\mathrm{T}(\mathrm{A}_{k,:})^T + \mathrm{x}^\mathrm{T} A_{:,k}$이다.

$$\mathrm{y^T A = w^T}$$

따라서 $\frac{\partial \alpha}{\partial \mathrm{x}} = \mathrm{x^T(A + A^T)}$이다.

(E) $\boldsymbol{\alpha = \mathbf{y}^T\mathbf{x}} \quad \& \ \mathbf{y = f(z), x = g(z)} \Rightarrow \frac{\boldsymbol{\partial\alpha}}{\boldsymbol{\partial}\mathbf{z}} = \mathbf{x}^T\frac{\boldsymbol{\partial}\mathbf{y}}{\boldsymbol{\partial}\mathbf{z}} + \mathbf{y}^T\frac{\boldsymbol{\partial}\mathbf{x}}{\boldsymbol{\partial}\mathbf{z}}$

$\alpha = \sum_i \mathrm{y}_i \mathrm{x}_i$이므로 $\frac{\partial \alpha}{\partial \mathrm{z}_j} = \sum_i \mathrm{y}_i \frac{\partial \mathrm{x}_i}{\partial \mathrm{z}_j} + \sum_i \mathrm{x}_i \frac{\partial \mathrm{y}_i}{\partial \mathrm{z}_j} = \mathrm{y^T}\left(\frac{\partial \mathrm{x}}{\partial \mathrm{z}}\right)_{:,j} + \mathrm{x^T}\left(\frac{\partial \mathrm{y}}{\partial \mathrm{z}}\right)_{:,j}$이다.

따라서 $\frac{\partial \alpha}{\partial \mathrm{z}} = \mathrm{x^T}\frac{\partial \mathrm{y}}{\partial \mathrm{z}} + \mathrm{y^T}\frac{\partial \mathrm{x}}{\partial \mathrm{z}}$이다.

(F) $\boldsymbol{\alpha = \mathbf{x}^T\mathbf{x}} \quad \& \ \mathbf{x = g(z)} \Rightarrow \frac{\boldsymbol{\partial\alpha}}{\boldsymbol{\partial}\mathbf{z}} = \mathbf{2x}^T\frac{\boldsymbol{\partial}\mathbf{x}}{\boldsymbol{\partial}\mathbf{z}}$

(E) 식에서 y를 x로 치환하여야 한다.

(G) $\boldsymbol{\alpha = \mathbf{y}^T\mathbf{A}\mathbf{x}} \ \& \ \mathbf{y = f(z), x = g(z)} \Rightarrow \frac{\boldsymbol{\partial\alpha}}{\boldsymbol{\partial}\mathbf{z}} = \mathbf{x}^T\mathbf{A}\frac{\boldsymbol{\partial}\mathbf{y}}{\boldsymbol{\partial}\mathbf{z}} + \mathbf{y}^T\mathbf{A}\frac{\boldsymbol{\partial}\mathbf{x}}{\boldsymbol{\partial}\mathbf{z}}$

(E) 식에서 $\mathrm{y^T A = w^T}$로 치환 후 적용한다.

이러한 사실은 이용하여, 회귀 문제의 최소제곱법에 의한 모수의 미분을 살펴보자. (A)와 (D)를 이용하여 다음과 같이 정리할 수 있다.

$$\frac{\partial}{\partial \beta}\{y^T y - 2y^T \mathrm{X}\beta + \beta^T \mathrm{X^T X}\beta\} = -2y^T\mathrm{X} + \beta^\mathrm{T}(\mathrm{X^T X + X^T X}) = 0$$

따라서 $\beta^\mathrm{T}\mathrm{X^T X} = y^T \mathrm{X}$ 이므로 $(\mathrm{X^T X})\beta = \mathrm{X}^T y$이다.

16장

R 설치

실습을 위해 R 언어 프로그램을 설치해보자(윈도우 버전으로 설명한다).

1) https://cloud.r-project.org/에 접속한다.

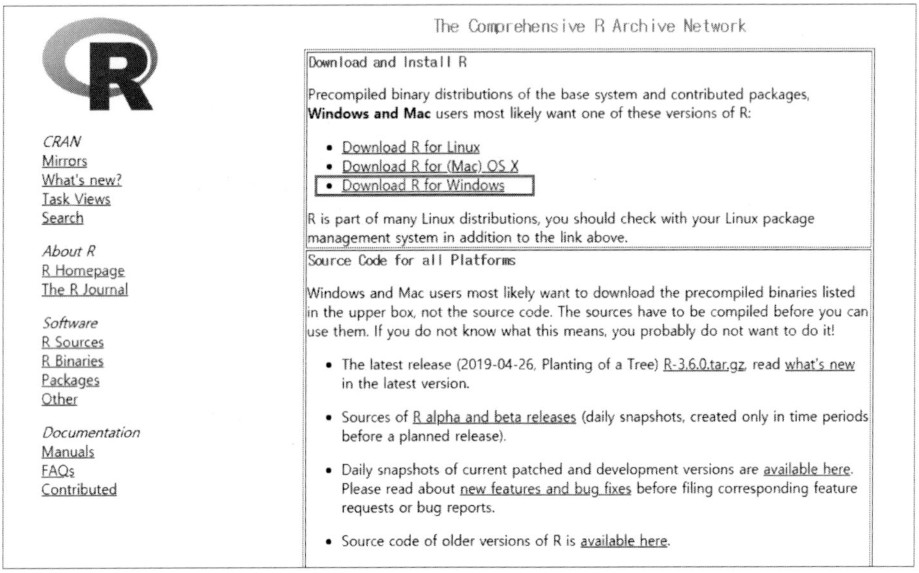

|그림 16.1| R-project 홈페이지 화면

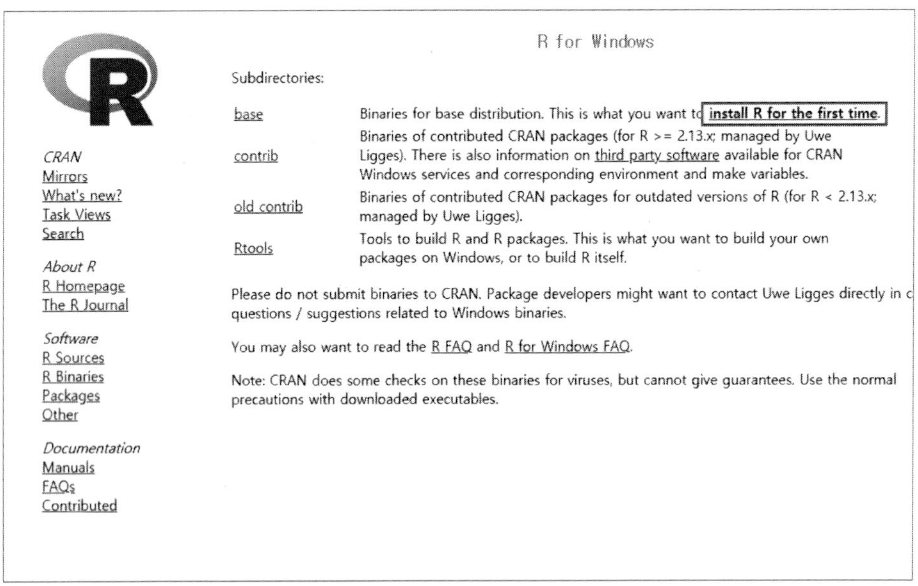

|그림 16.2| 기본 패키지 설치

2) 그림과 같이 Download R for Windows를 클릭하여 파일을 내려받기 한다.

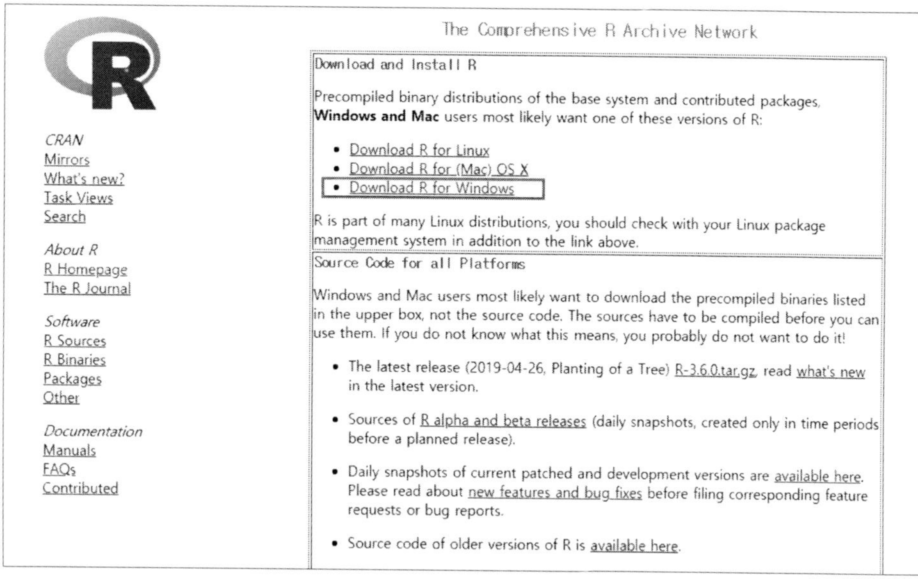

|그림 16.3| 파일 내려받기

3) R-3.6.0-win.exe 파일이 PC에 생성되며 이를 실행하여 설치한다. 생성되는 자세한 절차는 아래와 같이 순차적으로 진행한다.

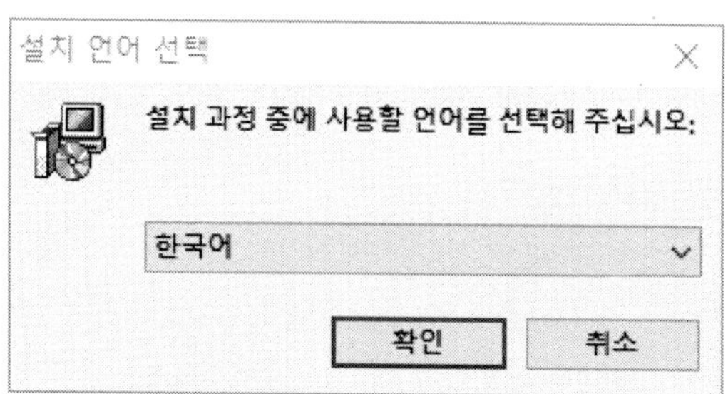

|그림 16.4| 설치 언어 선택

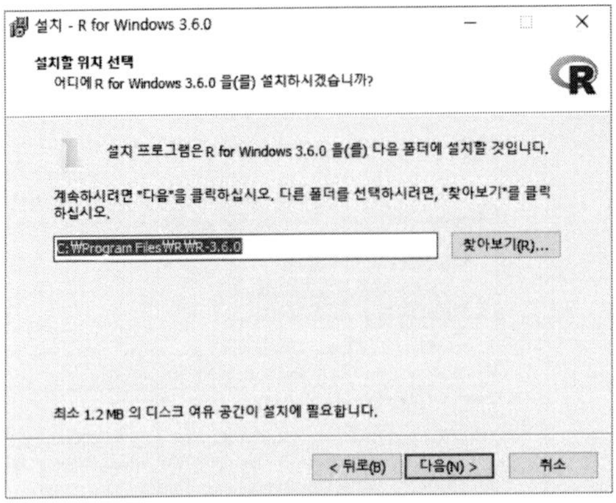

|그림 16.5| 설치할 위치 선택

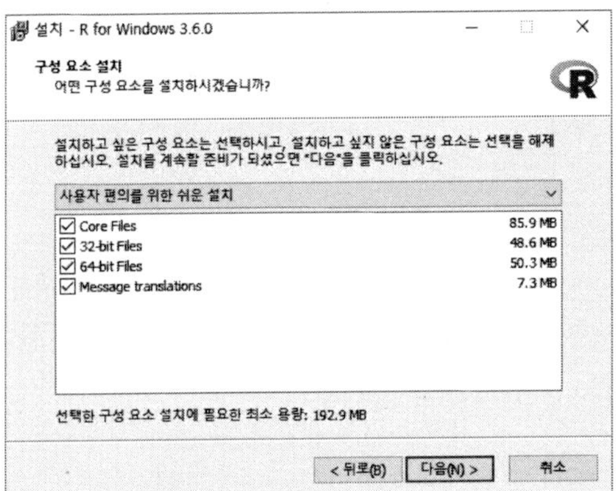

|그림 16.6| 구성 요소 설치

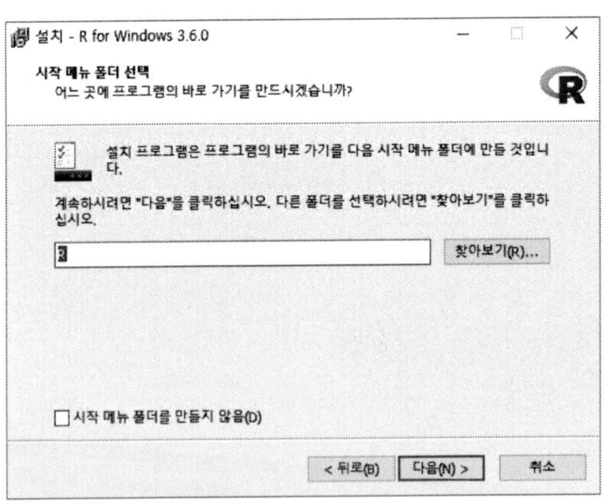

|그림 16.7| 시작 메뉴 폴더 선택

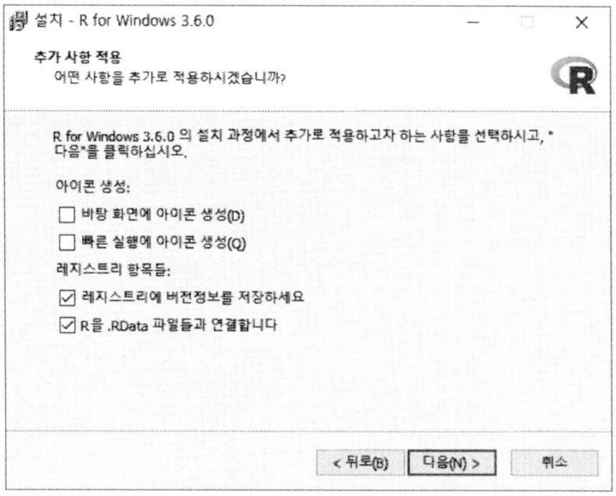

|그림 16.8| 추가 사항 적용

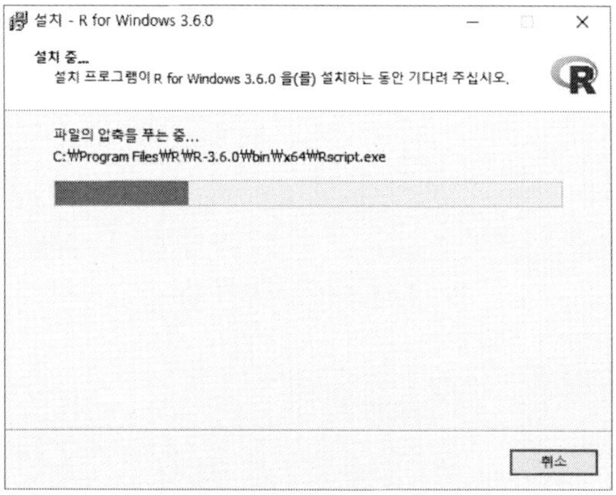

|그림 16.9| R 설치 과정

4) 프로그램을 실행하여 확인한다.

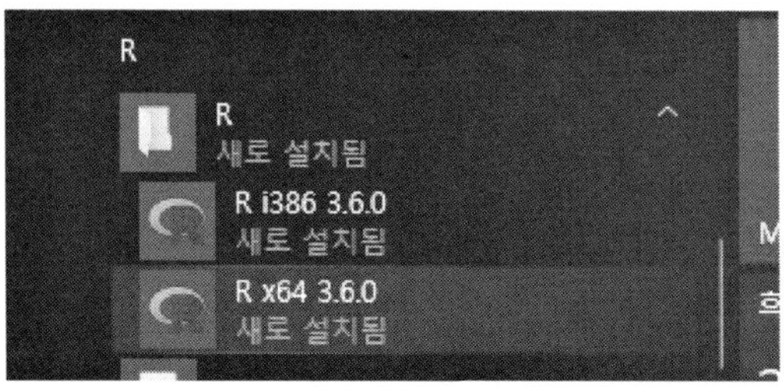

|그림 16.10| R 실행

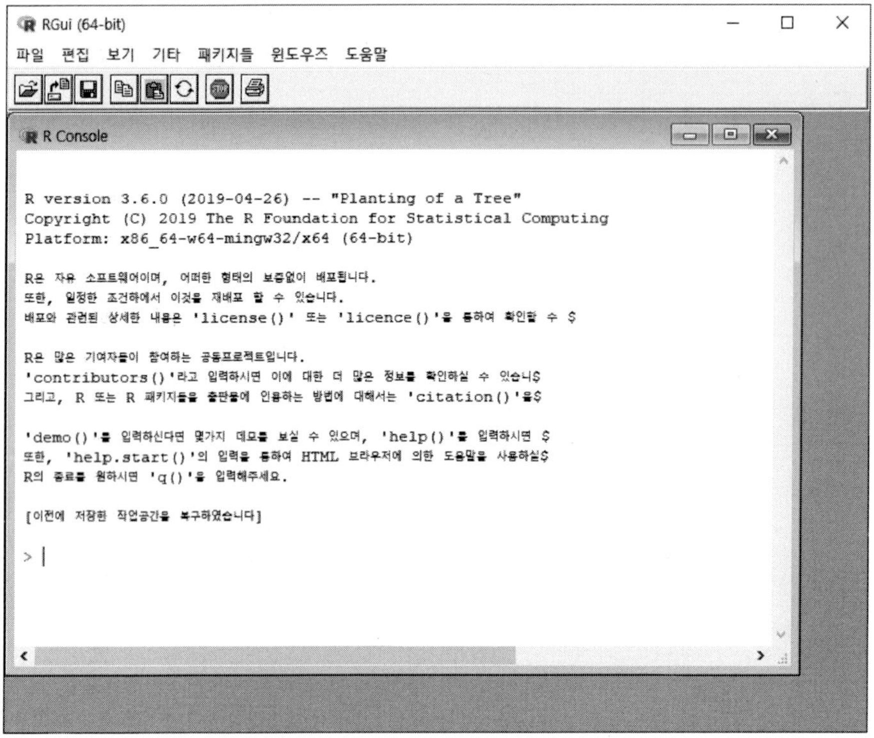

|그림 16.11| R 버전 확인

17장

R 스튜디오 설치

R 스튜디오(RStudio)는 통합개발환경(IDE)을 제공해주는 툴이다. 즉, R 프로그램을 해석하고 실행하여 그 결과를 알려주는 툴이다. 다음의 순서에 따라 설치한다.

1) https://www.rstudio.com/products/rstudio/download/에 접속한다.

|그림 17.1| RStudio 홈페이지 화면

2) RStudio 1.2.1335 – Windows 7+ (64-bit)를 클릭한다.

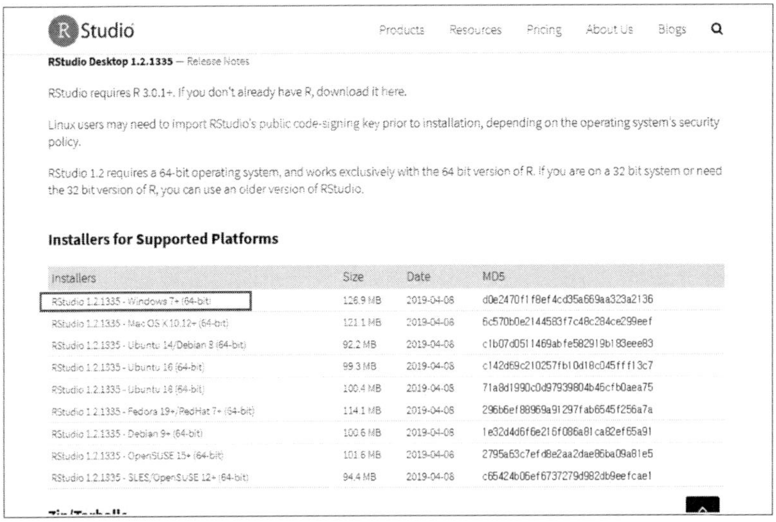

|그림 17.2| RStudio 내려받기

3) 내려 받은 파일 RStudio-1.2.1335.exe을 실행하여 설치한다.

|그림 17.3| 설치 시작 화면

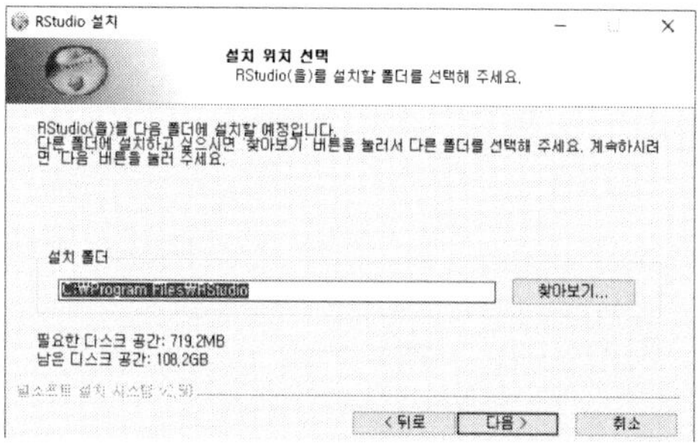

|그림 17.4| 설치 위치 선택

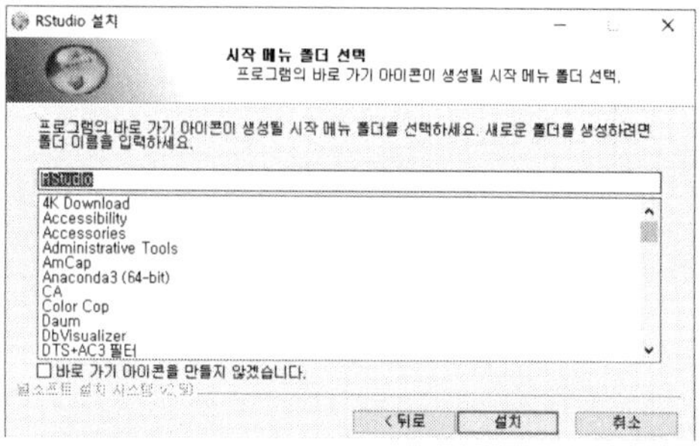

|그림 17.5| 시작 메뉴 폴더 선택

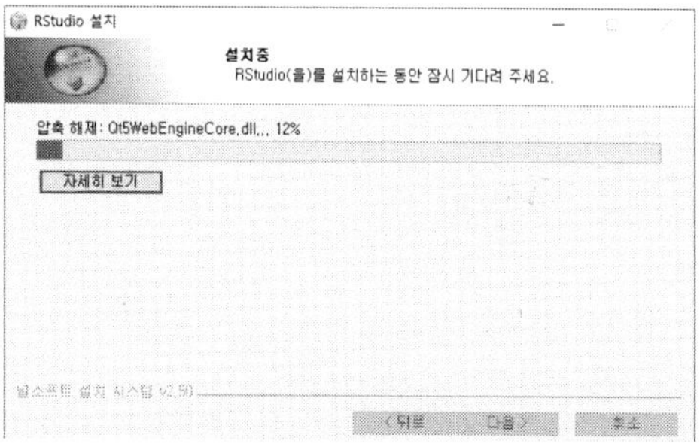

|그림 17.6| 설치 과정

4) R 스튜디오를 실행하여 제대로 설치되었는지를 확인한다.

|그림 17.7| 설치 완료 확인

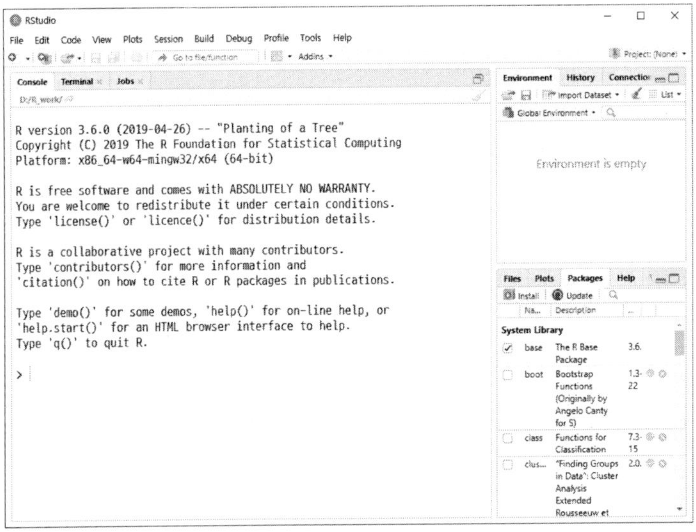

|그림 17.8| RStudio 실행 후 결과 확인

17.1 R 스튜디오의 사용법

R 스튜디오를 실행하고 난 후 주 메뉴에서 |그림 17.9|와 같이 클릭한다.

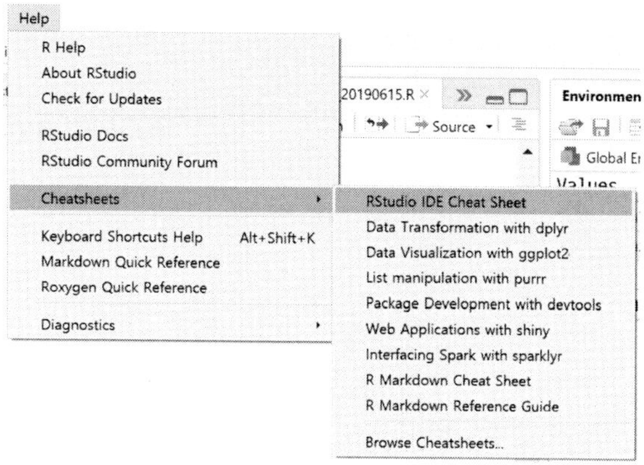

|그림 17.9| R 스튜디오 도움말 요약보기 선택

선택을 하고 나면 r-studio-ide.pdf가 자동으로 내려받기가 된다. 파일에는 메뉴 설명 및 단축 키 등이 자세하게 설명되어 있다.

18장

R 언어 이해

이 장에서는 [INTROR] 문헌의 내용을 중심으로 하여 R 언어의 기본적인 구조 및 내용에 대하여 알아보기로 하자. 프로그램을 실제 실행하고 결과를 보면서 이해하기를 권장한다.

18.1 숫자와 벡터

R은 명명된 데이터 구조에 대한 연산을 한다. 이때 가장 단순한 데이터 구조는 숫자로 된 벡터(vector)이다. 벡터는 숫자들의 순서화된 모임(collection)이다.

```
> ## 벡터와 할당문
> x <- c(10.4, 5.6, 3.1, 6.4, 21.7)
> print(x)
[1] 10.4  5.6  3.1  6.4  21.7
> # <-: 할당
> # c: 함수
```

내용을 보면 c 함수를 이용하여 10.4, 5.6, 3.1, 6.4, 21.7 값을 갖는 벡터 x를 생성한 것이다. 이때 c 함수의 인자는 값들이며 값을 할당(assign)하는 기호는 '<–' 임을 알 수 있다. 결과는 print 함수를 이용하여 확인할 수 있다. 물론 해당 객체의 명으로 실행하여도 된다.

문장에 대한 주석을 하고자 하는 경우에는 #을 사용한다. 즉, 주석의 달린 행은 실행되지 않는다.

```
> # 객체의 구조
> str(x) # 디폴트는 열 벡터(column vector)
 num [1:5] 10.4 5.6 3.1 6.4 21.7
> str(t(x)) # 전치(transpose)하면 행 벡터(row vector)
 num [1, 1:5] 10.4 5.6 3.1 6.4 21.7
```

객체의 구조를 보는 함수는 str이다. 이 함수를 이용하여 보면 숫자형 벡터이며 전체는 5개의 원소로 구성되어 있다. 또한 디폴트는 열벡터이며 전치함수 t를 이용하면 행이 1개이고 컬럼이 5개인 행벡터가 된다.

18.1.1 벡터 연산

벡터에 대하여 어떠한 연산(operation)이 가능한지 살펴보자.

```
> y <- c(1, 2, 3, 4, 5)
> v <- 2*x + y +1
> print(v)
[1] 22.8 14.2 10.2 17.8 49.4
> ## 벡터 연산
> y <- c(1, 2, 3, 4, 5)
> v <- 2*x + y +1
> print(v)
[1] 22.8 14.2 10.2 17.8 49.4
> bnncbm(x)
>
> # 기본 연산(원소별 연산): +, - , *, /, ^
> # 기본 함수: log, exp, sin, cos, tan, sqrt, range
>
> # 연산의 다양한 예
> 1+2
[1] 3
> 2^10
[1] 1024
> 2**10
[1] 1024
> log(2)
[1] 0.6931472
> log2(2)
[1] 1
> log10(10)
[1] 1
> x = c(1, 2, 3, 4)
> range(x) # 최솟값, 최댓값
[1] 1 4
>
> x = seq(1,10, 1)
> sum((x-mean(x))^2/(length(x)-1)) # 표본분산
[1] 9.166667
> var(x) # 표본분산
[1] 9.166667
>
> sort(c(2,3,1,4))
```

```
[1] 1 2 3 4
> sort(c(2,3,1,4), decreasing=TRUE)
[1] 4 3 2 1
```

벡터에 대한 기본 연산자는 +, − , *, /, ^이며 전부 원소별(elementwise)로 연산한다.

$$x = \begin{pmatrix} 10.4 \\ 5.6 \\ 3.1 \\ 6.4 \\ 21.7 \end{pmatrix}, y = \begin{pmatrix} 1 \\ 2 \\ 3 \\ 4 \\ 5 \end{pmatrix} \Rightarrow v = 2x + y + 1 = 2\begin{pmatrix} 10.4 \\ 5.6 \\ 3.1 \\ 6.4 \\ 21.7 \end{pmatrix} + \begin{pmatrix} 1 \\ 2 \\ 3 \\ 4 \\ 5 \end{pmatrix} + 1$$

따라서 v의 첫 번째 원소값은 2*10.4+1+1=22.8이 된다.

18.1.2 규칙 열 생성

규칙(regular)이 있는 열(sequence)은 seq, rep 등의 함수에 의하여 생성된다. 열 자체도 하나의 벡터가 된다.

```
> ## 규칙 열(regular sequence) 생성
> # 열을 생성하는 방법
> seq(1, 10, 1)
 [1]  1  2  3  4  5  6  7  8  9 10
> 10:1
 [1] 10  9  8  7  6  5  4  3  2  1
> seq(-1, 5, by=2)
[1] -1  1  3  5
> rep(c(1, 2, 3), times=5)
 [1] 1 2 3 1 2 3 1 2 3 1 2 3 1 2 3
> rep(c(1, 2, 3), each=5)
 [1] 1 1 1 1 1 2 2 2 2 2 3 3 3 3 3
```

18.1.3 논리 벡터

논리 벡터(logical vector)는 참(T, TRUE), 거짓(F, FALSE) 그리고 결측(NA)값만을 갖는 벡터를 의미한다. 논리연산자는 <, <=, >, >=, ==, != 이 사용되며 논리 표현들에 대한 연산자는 &(그리고), |(또는), !(부정)이 사용된다.

```
> ## 논리 벡터
> # 논리연산자: <, <=, >, >=, ==, !=
> # 논리 표현의 결합: c1 & c2 (and), c1 | c2 (or)
>
> tmp <- c(1, 2,3) > 1
> print(tmp)
[1] FALSE  TRUE  TRUE
> 1==TRUE
[1] TRUE
> 0==FALSE
[1] TRUE
> -1==FALSE
[1] FALSE
> sum(tmp)
[1] 2
>
> tmp2 <- c(1, 2, 3) == 2
> print(tmp2)
[1] FALSE  TRUE  FALSE
> tmp & tmp2
[1] FALSE  TRUE  FALSE
> tmp | tmp2
[1] FALSE  TRUE  TRUE
```

참고로 1은 TRUE, 0은 FALSE와 논리적으로 같은 의미이다. 또한 TRUE의 약자인 T로 사용해도 무방하다.

18.1.4 결측값

결측값의 유형은 이용 불가능(NA: not available)과 숫자 아님(NaN: not a number)이 있다.

```
> ## 결측값
> # 결측값의 유형: NA(not available), NaN(not a number)
>
> x <- c(1:3, NA)
> is.na(x)
[1] FALSE FALSE FALSE  TRUE
> 0/0
[1] NaN
```

```
> x <- c(1:3, NA, NaN)
> is.na(x)
[1] FALSE FALSE FALSE  TRUE  TRUE
> sum(is.na(x))
[1] 2
```

18.1.5 문자 벡터

인용부호(", "") 내에 있는 문자열을 의미한다.

```
> ## 문자 벡터
> # 문자 벡터(character vector): 인용 부호("", '') 내에 있는 문자 열
>
> x <- 'Introduction to R'
> print(x)
[1] "Introduction to R"
> paste(c("x", "y"),1:2, sep="")
[1] "x1" "y2"
> paste(c("x", "y"),1:3, sep=",")
[1] "x,1" "y,2" "x,3"
```

18.1.6 색인 벡터

색인 벡터(index vector)는 벡터의 원소(element)값들을 가져오기 위한 벡터이며 논리 벡터, 양수값 벡터, 음수값 벡터, 문자열(string) 벡터의 4가지 서로 다른 유형이 있다.

```
> ## 색인 벡터
> # 색인 벡터(index vector): 벡터의 원소(element) 값들을 가져오기 위한 벡터
> # 색인 벡터의 유형: 논리 벡터, 양수값 벡터, 음수값 벡터, 문자열(string) 벡터
>
> # 논리 벡터
> x <- c(1:10, NA)
> x[!is.na(x)]
 [1]  1  2  3  4  5  6  7  8  9 10
> x[(!is.na(x) & x>1)]
[1]  2  3  4  5  6  7  8  9 10
>
```

```
> # 양수값/음수값 벡터
> x[1:5]
[1] 1 2 3 4 5
> x[-length(x)] # 해당 위치 값 제거
 [1]  1  2  3  4  5  6  7  8  9 10
> x[-11:-9]
[1] 1 2 3 4 5 6 7 8
>
> # 문자열 벡터
> x <- 1:3
> names(x)
NULL
> names(x) <- c("orange", "apple", "banana")
> print(x)
orange  apple banana
     1      2      3
> x[c("orange")]
orange
     1
```

18.1.7 다른 유형의 객체

벡터 이외에 행렬(matrix), 요인(factor), 리스트(list), 데이터프레임(data frame), 함수(function) 등의 객체가 있다.

```
> ## 다른 유형의 객체
> # 행렬(matrix), 요인(factor), 리스트(list), 데이터프레임(data frame), 함수(function)
>
> # 행렬
> matrix(c(1:9), nrow=3, byrow=T)
     [,1] [,2] [,3]
[1,]    1    2    3
[2,]    4    5    6
[3,]    7    8    9
>
> # 리스트
> list(c(1:9), 2:10)
[[1]]
[1] 1 2 3 4 5 6 7 8 9
```

```
[[2]]
[1]  2  3  4  5  6  7  8  9  10


>
> # 데이터프레임
> data.frame(matrix(c(1:9), nrow=3, byrow=T))
  X1 X2 X3
1  1  2  3
2  4  5  6
3  7  8  9
>
> # 함수
> add <- function(x, y){
+     return(x+y)
+ }
> add(1, 2)
[1] 3
```

18.2 객체, 모드 그리고 속성

18.2.1 모드와 길이

객체는 R에서 연산을 수행하고자 하는 대상이다. 예를 들어 숫자값, 벡터 등이다. 객체들은 유형이 같은 원자(atomic) 구조인 모드(mode)를 가진다. 숫자값, 복소수값, 논리값, 문자값, 아스키(ASCII: 미국 표준문자 코드)값(raw), 함수, 표현(expression) 등이다. 벡터의 원소는 반드시 같은 모드를 가져야 한다. 원소가 하나도 없더라도 모드는 정의되어야 한다. 리스트는 모드가 리스트이며 객체들의 순서가 있는 열(sequence)이다. 리스트의 객체들은 임의의 모드가 될 수 있다. 모드는 타고난 속성(intrinsic) 또는 내재 속성 또는 고유 속성이라고 한다.

```
> ## 타고난 속성: 모드, 길이
>
> x <- 1:10
> mode(x) # 원자 구조 유형
[1] "numeric"
```

```
> length(x)
[1] 10
>
> y <-"R 기본 개념"
> mode(y)
[1] "character"
> length(y)
[1] 1
>
> z <- list(x, y)
> mode(z)
[1] "list"
> length(z)
[1] 2
>
> # 모드의 변경
> xtoc <- as.character(x)
> print(xtoc)
 [1] "1"  "2"  "3"  "4"  "5"  "6"  "7"  "8"  "9"  "10"
> mode(xtoc)
[1] "character"
>
> ctox <- as.integer(xtoc)
> print(ctox)
 [1]  1  2  3  4  5  6  7  8  9 10
> mode(ctox)
[1] "numeric"
```

18.2.2 객체 길이 변경

모든 객체의 길이는 변경이 가능하다.

```
> ## 객체 길이 변경
> # 객체의 길이는 변경 가능하다.
>
> x <- numeric()
> print(x)
numeric(0)
> length(x)
[1] 0
>
```

```
> x[10] <- 10
> print(x)
 [1] NA NA NA NA NA NA NA NA NA 10
> x[11] <- 11
> print(x)
 [1] NA NA NA NA NA NA NA NA NA 10 11
>
> length(x) <- c(5)
> print(x)
[1] NA NA NA NA NA
```

18.2.3 객체 속성의 정의

내재 속성이 아닌 속성에 대한 정의 및 조회를 할 수 있다.

```
> ## 객체 속성의 정의
> # 타고난(intrinsic) 속성 또는 고유 속성(모드와 길이)이 아닌 속성에 대한 정의 및 조회
>
> # 속성 정의
> x <- numeric()
> length(x) <- 5*5
> print(x)
 [1] NA NA NA NA NA NA NA NA NA NA NA NA NA NA NA NA NA NA NA NA NA NA NA NA
NA
>
> attr(x, "dim") <- c(5,5)
> print(x)
      [,1]  [,2]  [,3]  [,4]  [,5]
[1,]  NA    NA    NA    NA    NA
[2,]  NA    NA    NA    NA    NA
[3,]  NA    NA    NA    NA    NA
[4,]  NA    NA    NA    NA    NA
[5,]  NA    NA    NA    NA    NA
>
> # 속성 조회
> attr(x, "dim")
[1] 5 5
> dim(x)
[1] 5 5
> nrow(x)
```

```
[1] 5
> ncol(x)
[1] 5
```

18.2.4 객체의 클래스

모든 객체는 클래스(class)를 갖고 있으며 class 함수로 확인할 수 있다. 클래스는 객체지향 프로그래밍에서 사용되는 용어와 동일한 의미를 갖고 있다.

```
> ## 객체의 클래스
>
> x <- 1:10
> mode(x)
[1] "numeric"
> class(x)
[1] "integer"
>
> x <- c(1.1, 2.1)
> mode(x)
[1] "numeric"
> class(x)
[1] "numeric"
>
> x <- list(c(1, 2, 3), c("ab", "bc", "cd"))
> mode(x)
[1] "list"
> class(x)
[1] "list"
>
> df <- as.data.frame(x)
> mode(df)
> class(df)
[1] "data.frame"
>
> # 클래스의 제거
> udf <- unclass(df)
> class(udf)
[1] "list"
```

18.3 순서, 무순서 요인 벡터

요인(factor)은 같은 길이를 갖는 다른 벡터의 이산 분류(discrete classification)를 특정하기 위한 벡터이다. 요인은 순서 요인과 무순서 요인이 있다. 벡터를 요인화하기 위해서는 factor 함수를 사용한다.

```
> ## 예를 통한 이해
>
> # 숫자 데이터
> x <- c(1, 2, 3, 4, 3, 4, 5)
> factor(x)
[1] 1 2 3 4 3 4 5
Levels: 1 2 3 4 5
>
> # 그래프로 확인
> plot(x)
> plot(factor(x))
>
> # 범주 데이터
> # 호주의 행정구역 데이터
> state <- c("tas", "sa", "qld", "nsw", "nsw", "nt", "wa", "wa",
+ "qld", "vic", "nsw", "vic", "qld", "qld", "sa", "tas",
+ "sa", "nt", "wa", "vic", "qld", "nsw", "nsw", "wa",
+ "sa", "act", "nsw", "vic", "vic", "act")
>
> statef <- factor(state)
> print(statef)
 [1] tas sa  qld nsw nsw nt  wa  wa  qld vic nsw vic qld qld sa  tas sa  nt  wa  vic qld ns
nsw
[24] wa  sa  act nsw vic vic act
Levels: act nsw nt qld sa tas vic wa
>
> mode(statef) # 고유 속성은 숫자
[1] "numeric"
> length(statef) # 길이는 원래 데이터와 동일
[1] 30
> class(statef)
[1] "factor"
>
```

```
> levels(statef) # 알파벳 순으로 정렬
[1] "act" "nsw" "nt" "qld" "sa" "tas" "vic" "wa"
> is.ordered(statef) # 순서가 있는 요인인지 확인
[1] FALSE
> ordered(state) # 순서가 있는 경우
 [1] tas sa qld nsw nsw nt wa wa qld vic nsw vic qld qld sa tas sa nt wa vic qld nsw nsw
[24] wa sa act nsw vic vic act
Levels: act < nsw < nt < qld < sa < tas < vic < wa
```

요인을 인쇄하면 항상 끝에 "Levels:" 항목이 붙어있다. 즉, 요인의 수준들의 유일한 값을 항상 보여주고 있다. 고유 속성의 숫자이기 때문에 각 수준의 이름을 정렬한 후 1, 2, 3, … 과 같은 숫자로 매핑하고 있음을 알 수 있다.

요인의 수준은 levels 함수를 이용하여 확인하고 있다.

18.3.1 요인의 활용

요인을 이용한 분석 예를 살펴보자. 요인의 수준값을 이용하여 적용하고자 하는 데이터는 각 수준값별로 건수가 서로 다르다. 이때 이러한 배열을 비정형 배열(ragged array)이라고 한다. 이에 대한 적용함수가 tapply이다.

```
> ## tapply(), 비정형 배열(ragged array)
>
> # 요인과 같은 크기의 수입 데이터
> incomes <- c(60, 49, 40, 61, 64, 60, 59, 54, 62, 69, 70, 42, 56,
+ 61, 61, 61, 58, 51, 48, 65, 49, 49, 41, 48, 52, 46,
+ 59, 46, 58, 43)
>
> # 수입 데이터를 요인별로 분류하고 각 요인별 평균을 구한다.
> incmeans <- tapply(incomes, statef, mean)
> print(incmeans, digits=4)
  act   nsw    nt   qld    sa   tas   vic    wa
44.50 57.33 55.50 53.60 55.00 60.50 56.00 52.25
>
> # 표준편차를 구한다.
> stdError <- function(x) sqrt(var(x)/length(x))
> incster <- tapply(incomes, statef, stdError)
> print(incster, digits=4)
```

```
     act   nsw    nt    qld    sa    tas    vic    wa
  1.500 4.310 4.500 4.106 2.739 0.500 5.244 2.658
```

18.4 배열과 행렬

18.4.1 배열

배열은 대괄호([]) 내의 첨자(subscript)를 이용하여 데이터를 정의한 것이다. 차원 벡터(dimension vector)는 비음수 정수값만을 갖는 벡터이다. 하나의 행렬은 차원이 2인 2차원 배열이다. 벡터는 차원 속성의 값을 가질 때만 배열이 된다. 배열로 정의하기 위하여 차원을 정의하고 나면, 원 데이터는 열 우선(column mayor order)으로 값이 할당된다.

```
> ## 배열
>
> x <- seq(1, 24, 1) # 여기까지는 벡터
> is.array(x)
[1] FALSE
>
> dim(x) <- c(24)
> is.array(x)
[1] TRUE
>
> dim(x) <- c(3,8)
> print(x) # 열 우선으로 표현
     [,1] [,2] [,3] [,4] [,5] [,6] [,7] [,8]
[1,]    1    4    7   10   13   16   19   22
[2,]    2    5    8   11   14   17   20   23
[3,]    3    6    9   12   15   18   21   24
>
> t(x) # 행과 열을 전치하고자 하는 경우
     [,1] [,2] [,3]
[1,]    1    2    3
[2,]    4    5    6
[3,]    7    8    9
[4,]   10   11   12
[5,]   13   14   15
```

```
[6,]   16   17   18
[7,]   19   20   21
[8,]   22   23   24
> matrix(x, nrow=3, ncol=8, byrow=TRUE)
     [,1] [,2] [,3] [,4] [,5] [,6] [,7] [,8]
[1,]    1    2    3    4    5    6    7    8
[2,]    9   10   11   12   13   14   15   16
[3,]   17   18   19   20   21   22   23   24
>
> array(x, dim=c(3, 4,2)) # array 함수 이용
, , 1

     [,1] [,2] [,3] [,4]
[1,]    1    4    7   10
[2,]    2    5    8   11
[3,]    3    6    9   12

, , 2

     [,1] [,2] [,3] [,4]
[1,]   13   16   19   22
[2,]   14   17   20   23
[3,]   15   18   21   24

> print(x)
     [,1] [,2] [,3] [,4] [,5] [,6] [,7] [,8]
[1,]    1    4    7   10   13   16   19   22
[2,]    2    5    8   11   14   17   20   23
[3,]    3    6    9   12   15   18   21   24
> is.matrix(x)
[1] TRUE
```

18.4.2 배열 색인, 배열 구획

배열의 원소는 대괄호([]: square bracket) 안에 첨자(subscript)를 이용하여 참조할 수 있다. 차원이 많은 경우에는 쉼표를 이용한다. 일반적으로 배열의 일부 구역(subsection)은 색인 벡터에 의하여 참조할 수 있다.

```
> ## 배열 색인, 배열 구획
>
> x <- 1:12
> dim(x) <- c(3, 4)
> print(x)
     [,1] [,2] [,3] [,4]
[1,]    1    4    7   10
[2,]    2    5    8   11
[3,]    3    6    9   12
>
> x[1,2]
[1] 4
> x[1:2,] # 2x4 배열
     [,1] [,2] [,3] [,4]
[1,]    1    4    7   10
[2,]    2    5    8   11
> dim(x[1:2,])
[1] 2 4
>
> x[1,] # 1x4 배열, 벡터
[1]  1  4  7 10
> dim(x[1,]) # 벡터는 차원이 없음
NULL
> is.vector(x[1,])
[1] TRUE
> is.array(x[1,])
[1] FALSE
```

18.4.3 색인 행렬

색인 행렬을 사용하여 배열 구획을 참조할 수 있다.

```
> ## 색인 행렬
>
> x <- array(1:20, dim=c(4,5))
> print(x)
     [,1] [,2] [,3] [,4] [,5]
[1,]    1    5    9   13   17
[2,]    2    6   10   14   18
[3,]    3    7   11   15   19
[4,]    4    8   12   16   20
>
```

```
> i <- array(c(1:3, 3:1), dim=c(3,2)) # 특정 구역 정의
> print(i)
     [,1] [,2]
[1,]    1    3
[2,]    2    2
[3,]    3    1
> x[i]
[1] 9 6 3
>
> x[i] <- 0 # 특정 구역의 값을 바꾸기
> print(x)
     [,1] [,2] [,3] [,4] [,5]
[1,]    1    5    0   13   17
[2,]    2    0   10   14   18
[3,]    0    7   11   15   19
[4,]    4    8   12   16   20
```

18.4.4 배열 외적

배열의 외적(outer product, cross product)은 배열 두 개의 모든 가능한 조합의 배열이다. $z_{ij} = x_i \times y_j$로 표현할 수 있다.

```
> ## 배열 외적
>
> x <- array(1:3)
> y <- array(4:6)
>
> x %o% y # 외적
     [,1] [,2] [,3]
[1,]    4    5    6
[2,]    8   10   12
[3,]   12   15   18
> outer(x, y, "*") # 함수 이용
     [,1] [,2] [,3]
[1,]    4    5    6
[2,]    8   10   12
[3,]   12   15   18
> x %*% t(y) # 열 배열과 행 배열의 곱: 외적과 동일
     [,1] [,2] [,3]
[1,]    4    5    6
[2,]    8   10   12
```

```
[3,]   12   15   18
>
> # x, y 의 모든 가능한 조합에서의 함수값 구하기
> x <- y <- 1:10
> f <- function(x,y) cos(y)/(1+x^2)
> z <- outer(x, y, f)
> print(z[, 1:3], digits=4)
            [,1]      [,2]      [,3]
 [1,] 0.270151 -0.208073 -0.494996
 [2,] 0.108060 -0.083229 -0.197998
 [3,] 0.054030 -0.041615 -0.098999
 [4,] 0.031782 -0.024479 -0.058235
 [5,] 0.020781 -0.016006 -0.038077
 [6,] 0.014603 -0.011247 -0.026757
 [7,] 0.010806 -0.008323 -0.019800
 [8,] 0.008312 -0.006402 -0.015231
 [9,] 0.006589 -0.005075 -0.012073
[10,] 0.005350 -0.004120 -0.009802
```

18.4.5. 배열 전치

배열의 전치는 행과 열의 순서를 바꾸는 것을 의미한다. 즉, $(X^T)_{ij} = X_{ji}$이다.

```
> ## 배열의 전치
>
> x = array(1:10, dim=c(2,5))
> print(x)
     [,1] [,2] [,3] [,4] [,5]
[1,]    1    3    5    7    9
[2,]    2    4    6    8   10
> t(x)
     [,1] [,2]
[1,]    1    2
[2,]    3    4
[3,]    5    6
[4,]    7    8
[5,]    9   10
```

18.4.6 행렬 기반의 함수

행렬은 2개의 첨자만 갖는 배열이다. 행렬만을 위하여 특별히 지원되는 연산과 몇

가지 함수에 대하여 알아보자.

18.4.6.1 행렬 곱

행렬의 곱이 정의되기 위한 조건을 만족하는 경우 행렬의 곱은 '%*%' 연산자를 이용한다.

```
> ### 행렬 곱
>
> # 열 우선으로 행렬 생성
> A = matrix(1:6, nrow=3, ncol=3, byrow=T)
> B = matrix(1:6, nrow=3, ncol=3, byrow=T)
> x = 1:3
>
> print(A)
     [,1] [,2] [,3]
[1,]    1    2    3
[2,]    4    5    6
[3,]    1    2    3
> print(B)
     [,1] [,2] [,3]
[1,]    1    2    3
[2,]    4    5    6
[3,]    1    2    3
> print(A * B) # 원소별 곱
     [,1] [,2] [,3]
[1,]    1    4    9
[2,]   16   25   36
[3,]    1    4    9
> print(A %*% B) # 행렬 곱
     [,1] [,2] [,3]
[1,]   12   18   24
[2,]   30   45   60
[3,]   12   18   24
>
> t(x) %*% A %*% x
     [,1]
[1,]  120
>
> diag(1:3) #  벡터의 값을 대각 원소의 값으로 갖는 행렬 출력
     [,1] [,2] [,3]
```

```
[1,]    1    0    0
[2,]    0    2    0
[3,]    0    0    3
> diag(A) # 기존 행렬의 대각 원소의 값을 벡터로 출력
[1] 1 5 3
> is.vector(diag(A))
[1] TRUE
```

18.4.6.2 선형방정식과 역행렬

$Ax = b$ 형식을 선형방정식(linear equation)이라고 한다. 여기서 $x = A^{-1}b$로 해를 구한다. R에서는 선형방정식을 그대로 정의하는 것이 효율적이다.

```
> ### 선형방정식과 역행렬
>
> # 행렬 생성
> A <-  matrix(c(1,3,2, 2, 4, 5, 6, 4,3), nrow=3)
> b <- array(c(3, 2, 2))
>
> print(solve(A)) # A 의 역행렬 구하기
         [,1]     [,2]    [,3]
[1,] -0.25000  0.75000 -0.5000
[2,] -0.03125 -0.28125  0.4375
[3,]  0.21875 -0.03125 -0.0625
> solve(A) %*% b # 수치적으로 비효율적이며 불안정함
         [,1]
[1,] -0.25000
[2,]  0.21875
[3,]  0.46875
>
> solve(A, b) # 추천 방식
[1] -0.25000  0.21875  0.46875
```

18.4.6.3. 고윳값과 고유벡터

$Ax = b$ 형식을 임의의 대칭행렬(symmetric matrix) A에 대하여 $Ax = \lambda x$를 만족하는 x, λ를 각각 고윳값(eigenvalue)과 고유벡터(eigenvector)라고 한다.

```
> ### 고윶값과 고유벡터
>
> # 대칭(symmetric) 행렬 구성
> B <-  matrix(c(1,3,2, 2, 4, 5, 6, 4,3), nrow=3)
> A <- t(B) %*% B
>
> # 고윶값, 고유벡터 계산
> ev <- eigen(A)
> print(ev)
eigen() decomposition
$values
[1] 108.7997110  10.2852090   0.9150801

$vectors
           [,1]       [,2]       [,3]
[1,] -0.3361017 -0.3095407  0.8895056
[2,] -0.6100498 -0.6479954 -0.4560058
[3,] -0.7175479  0.6959070 -0.0289571

>
> mode(ev) # 고유 속성은 리스트
[1] "list"
> # 고윶값을 가져오기 위한 방법
> ev$values # 고윶값
[1] 108.7997110  10.2852090   0.9150801
> ev["values"]
$values
[1] 108.7997110  10.2852090   0.9150801

>
> # 고유벡터
> ev$vectors
           [,1]       [,2]       [,3]
[1,] -0.3361017 -0.3095407  0.8895056
[2,] -0.6100498 -0.6479954 -0.4560058
[3,] -0.7175479  0.6959070 -0.0289571
```

18.4.6.4 특잇값 분해 및 행렬식

임의의 행렬 A가 UDV^T로 분해되는 것을 특잇값 분해(singular value decomposition)라고 한다. 행렬식(determinant)은 정방행렬(square matrix)로 표현되는 선형변환의 어떤 속성을 행렬의 원소들로부터 계산된 값이다.

```
> ### 특잇값 분해 및 행렬식
>
> # 행렬 생성
> A <-  matrix(c(1,3,2, 2, 4, 5, 6, 4,3, 10), nrow=2)
> print(A)
     [,1] [,2] [,3] [,4] [,5]
[1,]    1    2    4    6    3
[2,]    3    2    5    4   10
>
> # 특잇값 분해
> svd <- svd(A)
> names(svd)
[1] "d" "u" "v"
>
> # 원 행렬과 같은지 확인
> svd$u %*% diag(svd$d) %*% t(svd$v)
     [,1] [,2] [,3] [,4] [,5]
[1,]    1    2    4    6    3
[2,]    3    2    5    4   10
>
> # 정방행렬 생성
> B <- t(A) %*% A
> det(B)
[1] -1.72675e-42
```

18.4.6.5. 최소제곱 적합, QR 분해

선형회귀모형에서 최소제곱(least squares) 방법에 의한 모수(parameter)추정을 최소제곱 적합이라고 한다. QR 분해는 임의의 행렬 A가 A = QR로 분해되는데, Q는 직교행렬, R은 상단 삼각행렬이다.

```
> ### 최소제곱 적합, QR 분해
>
> # X, y 생성
> X <-  matrix(c(1,3,2, 2, 2, 5, 6, 4,3, 10), nrow=5)
> y <- rnorm(5, 0, 1)
>
> # 최소제곱 적합
```

```
> fit <- lsfit(X, y, intercept = T)
> print(fit)
$coefficients
 Intercept          X1          X2 
 0.9805788 -0.2512936 -0.1221869 

$residuals
[1]  0.01573774  0.01573774 -0.42979171  0.34815866  0.05015757

$intercept
[1] TRUE

$qr
$qt
[1]  0.4612008  0.4417820 -0.6545845  0.5034294 -0.2355956

$qr
      Intercept        X1          X2
[1,] -2.2360680 -4.472136 -12.5219807
[2,]  0.4472136 -1.414214  -0.7071068
[3,]  0.4472136  0.218508   5.3572381
[4,]  0.4472136  0.218508   0.4780929
[5,]  0.4472136  0.218508  -0.8285506

$qraux
[1] 1.447214 1.925615 1.291430

$rank
[1] 3

$pivot
[1] 1 2 3

$tol
[1] 1e-07

attr(,"class")
[1] "qr"

> # 회귀계수
> fit$coef
 Intercept          X1          X2 
```

```
0.9805788 -0.2512936 -0.1221869
>
> # QR 분해에 의한 회귀직선적합: 절편항을 추가 후 적합
> qr <- qr(cbind(array(1, dim=c(5,1)), X), y)
> print(qr)
$qr
           [,1]      [,2]        [,3]
[1,] -2.2360680 -4.472136 -12.5219807
[2,]  0.4472136 -1.414214  -0.7071068
[3,]  0.4472136  0.218508   5.3572381
[4,]  0.4472136  0.218508   0.4780929
[5,]  0.4472136  0.218508  -0.8285506

$rank
[1] 3

$qraux
[1] 1.447214 1.925615 1.291430

$pivot
[1] 1 2 3

attr(,"class")
[1] "qr"
> # 회귀계수
> qr.coef(qr, y)
[1]  0.9805788 -0.2512936 -0.1221869
```

18.4.7 분할행렬 구성

분할행렬(partitioned matrix)의 구성은 벡터나 행렬로부터 새로운 행렬을 구성하는 것을 의미한다. 주로 열별로(column-wise) 행렬을 구성할 때는 cbind 함수를, 행별로(row-wise) 구성할 때는 rbind 함수를 사용한다.

```
> ## 분할행렬 구성
>
> # 행렬 구성
> X <-  matrix(c(1,3,2, 2, 2, 5, 6, 4,3, 10), nrow=5)
> print(X)
```

```
      [,1]  [,2]
[1,]     1     5
[2,]     3     6
[3,]     2     4
[4,]     2     3
[5,]     2    10
> cy <- rnorm(5, 0, 1)
> ry <- runif(2)
>
> # 열 별 결합
> XwithCY <- cbind(X, cy)
> print(XwithCY)
                  cy
[1,] 1  5 -0.4755931
[2,] 3  6 -0.7094400
[3,] 2  4 -0.5012581
[4,] 2  3 -1.6290935
[5,] 2 10 -1.1676193
> is.matrix(XwithCY)
[1] TRUE
>
> # 행별 결합
> XbelowRY <- rbind(X, ry)
> print(XwithCY)
                  cy
[1,] 1  5 -0.4755931
[2,] 3  6 -0.7094400
[3,] 2  4 -0.5012581
[4,] 2  3 -1.6290935
[5,] 2 10 -1.1676193
>
> # 자동 차원 조절
> cbind(1, X)
      [,1]  [,2]  [,3]
[1,]     1     1     5
[2,]     1     3     6
[3,]     1     2     4
[4,]     1     2     3
[5,]     1     2    10
> rbind(1, X)
      [,1]  [,2]
[1,]     1     1
```

```
[2,]    1    5
[3,]    3    6
[4,]    2    4
[5,]    2    3
[6,]    2   10
```

18.4.8 연결함수

cbind, rbind 함수는 차원 속성에 의하여 연결할 수 있지만, c 함수는 차원에 기반하지 않는다. 오히려 차원을 없애는 역할을 한다.

```
> ## 연결 함수
>
> # 행렬 생성
> X <-  matrix(c(1,3,2, 2, 2, 5, 6, 4,3, 10), nrow=5)
> print(X)
     [,1] [,2]
[1,]    1    5
[2,]    3    6
[3,]    2    4
[4,]    2    3
[5,]    2   10
> as.vector(X) # 열 우선으로 벡터를 구성
 [1]  1  3  2  2  2  5  6  4  3 10
>
> # 연결함수 적용
> c(X, X)
 [1]  1  3  2  2  2  5  6  4  3 10  1  3  2  2  2  5  6  4  3 10
> is.matrix(c(X, X))
[1] FALSE
```

18.4.9 요인으로부터 빈도표 생성

요인은 주어진 데이터를 요인의 수준에 따라 그룹화를 한다. 이를 이용하여 빈도표(frequency table)를 구성할 수 있다.

```
> ## 요인벡터를 이용한 빈도표 생성
>
```

```
> # 범주 데이터 구성
> state <- c("tas", "sa", "qld", "nsw", "nsw", "nt", "wa", "wa",
+ "qld", "vic", "nsw", "vic", "qld", "qld", "sa", "tas",
+ "sa", "nt", "wa", "vic", "qld", "nsw", "nsw", "wa",
+ "sa", "act", "nsw", "vic", "vic", "act")
>
> # 원 데이터로부터 빈도표 구성
> table(state)
state
act nsw  nt qld  sa tas vic  wa
  2   6   2   5   4   2   5   4
>
> # 요인 생성
> statef <- factor(state)
> # 요인으로부터 빈도표 구성
> table(statef)
statef
act nsw  nt qld  sa tas vic  wa
  2   6   2   5   4   2   5   4
>
> # 숫자 데이터 구성: 요인과 같은 크기로 구성
> income <- runif(length(state), 10, 100)
>
> # 데이터 값의 4 분위수에 해당 하는 값을 구성(버킷 구성): 범주 변수로 재탄생
> incomecut <- cut(income, breaks=quantile(income, probs=seq(0,1, 0.25)), include.lowest=T)
> print(incomecut)
 [1] [13.5,25.4] (25.4,48.6] [13.5,25.4] [13.5,25.4] (48.6,80.6] [13.5,25.4] (48.6,80.6]
 [8] [13.5,25.4] (80.6,99.5] [13.5,25.4] (25.4,48.6] (80.6,99.5] (80.6,99.5] (25.4,48.6]
[15] [13.5,25.4] (80.6,99.5] (48.6,80.6] (80.6,99.5] (80.6,99.5] (80.6,99.5] (48.6,80.6]
[22] (25.4,48.6] (25.4,48.6] (48.6,80.6] (48.6,80.6] (25.4,48.6] (80.6,99.5] (48.6,80.6]
[29] [13.5,25.4] (25.4,48.6]
Levels: [13.5,25.4] (25.4,48.6] (48.6,80.6] (80.6,99.5]
>
> # 빈도표 구성
> incomef <- factor(incomecut)
> table(incomef) # 빈도가 비슷
incomef
[13.5,25.4] (25.4,48.6] (48.6,80.6] (80.6,99.5]
          8           7           7           8
>
> # 2 원 빈도표 구성
> table(statef, incomef)
```

```
statef   [13.5,25.4]  (25.4,48.6]  (48.6,80.6]  (80.6,99.5]
   act            0            2            0            0
   nsw            1            3            1            1
   nt             1            0            0            1
   qld            1            1            1            2
   sa             1            1            2            0
   tas            1            0            0            1
   vic            2            0            1            2
   wa             1            0            2            1
>
> # 원 데이터로부터 구성: 범주변수인 경우는 동일
> table(state, incomef)
      incomef
state  [13.5,25.4]  (25.4,48.6]  (48.6,80.6]  (80.6,99.5]
  act            0            2            0            0
  nsw            1            3            1            1
  nt             1            0            0            1
  qld            1            1            1            2
  sa             1            1            2            0
  tas            1            0            0            1
  vic            2            0            1            2
  wa             1            0            2            1
>
> # 그림으로 확인
> plot(table(statef, incomef))
> plot(table(state, incomef))
```

18.5 리스트와 데이터프레임

18.5.1 리스트

리스트(list)는 객체들을 순서대로 모아 놓은 모임이다. 각 객체들은 구성원(component)이라고 한다.

```
> ## 리스트
>
> # 구성원 생성
> x <- c(1:10)
> y <- matrix(seq(1,6), nrow=2)
```

```
> z <- 'R and Statistical Analysis'
>
> # 리스트 생성 및 구성원에 대한 이름 주기
> lst <- list(x=x, y=y, z=z)
> names(lst)
[1] "x" "y" "z"
>
> # 이름으로 구성원 가져오기
> lst$x
 [1]  1  2  3  4  5  6  7  8  9 10
>
> # 색인으로 구성원 가져오기
> lst[[3]]
[1] "R and Statistical Analysis"
> lst[3]
$z
[1] "R and Statistical Analysis"


>
> # 구성원에서 특정 위치 값 가져오기
> lst[[1]][1]
[1] 1
> lst[[2]][1,2]
[1] 3
```

18.5.1.1. 리스트 생성과 수정

리스트의 수정은 다른 첨자 방식의 수정과 동일하다.

```
> ## 리스트 수정, 리스트 연결
>
> # 구성원 생성
> x <- c(1:10)
> y <- matrix(seq(1,6), nrow=2)
>
> # 리스트 생성
> lst <- list(x=x, y=y)
> print(lst)
$x
 [1]  1  2  3  4  5  6  7  8  9 10

$y
```

```
       [,1]  [,2]  [,3]
[1,]     1     3     5
[2,]     2     4     6

>
> # 리스트 수정
> lst[[2]] <- matrix(seq(1,6), nrow=3)
> lst$y <- matrix(seq(1,6), nrow=3)
> print(lst)
$x
 [1]  1  2  3  4  5  6  7  8  9  10

$y
       [,1]  [,2]
[1,]     1     4
[2,]     2     5
[3,]     3     6

>
> # 리스트 연결
> clist <- c(lst, lst)
> mode(clist)
[1] "list"
```

18.5.2 데이터프레임

데이터프레임은 클래스가 "data.frame"인 리스트이다. 리스트보다 다음과 같은 제약 조건이 있다.

- 구성원은 반드시 벡터, 요인, 숫자행렬, 리스트 또는 다른 데이터프레임
- 행렬, 리스트 그리고 데이터프레임은 각각 갖고 있는 수만큼의 변수가 생성
- 문자벡터는 강제로 요인으로 저장
- 구성원의 길이는 같아야 함

데이터프레임은 행렬과 같은 색인 방법으로 참조가 가능하다.

18.5.2.1 데이터 프레임 생성

data.frame 함수를 사용하여 생성한다.

```
> ### 데이터프레임 생성
>
> # 태그 없는 데이터프레임
> df <- data.frame(rnorm(100), runif(100), sample(c('A','B', 'C', 'D'), 100, replace=T))
> str(df)
'data.frame':	100 obs. of  3 variables:
 $ rnorm.100.                                : num  -0.0589 -1.9478 1.4514 -0.0399 -
0.864 ...
 $ runif.100.                                : num  0.663 0.639 0.414 0.745 0.161 ...
 $ sample.c..A....B....C....D....100..replace...T.: Factor w/ 4 levels "A","B","C","D": 1 2 2 2 1 3 3 3 1
4 ...
>
> # 태그 있는 데이터프레임
> df <- data.frame(a=rnorm(100), b=runif(100), c=sample(c('A','B', 'C', 'D'), 100, replace=T))
> str(df)
'data.frame':	100 obs. of  3 variables:
 $ a: num  0.313 -0.108 0.251 -1.316 -0.43 ...
 $ b: num  0.754 0.11 0.924 0.955 0.555 ...
 $ c: Factor w/ 4 levels "A","B","C","D": 4 4 3 2 4 2 4 3 2 3 ...
> mode(df)
[1] "list"
>
> # 각 구성원은 참조하는 방법은 리스트와 동일. 각 구성원도 데이터프레임
> df["a"][1:5,]
[1]  0.3125163 -0.1083223  0.2507904 -1.3161934 -0.4300754
> df[1:5, 'a']
[1]  0.3125163 -0.1083223  0.2507904 -1.3161934 -0.4300754
```

18.5.2.2 attach와 detach 함수

attach 함수는 df$variable 형식으로 데이터프레임에 속해 있는 변수를 참조하는 것을 단순하게 변수이름으로 참조하게 해주는 함수이다. detach는 해당 설정을 원상복귀해준다. attach 함수를 사용하면 탐색 객체의 두 번째에 위치시켜 준다. 첫 번째는 전역환경변수이고 그 다음이므로 해당 객체의 구성원을 찾을 수 있다. 만약 똑같은 이름으로 객체가 있는 경우는 그 순서대로 찾기 때문에 먼저 정의된 형식으로 출력 된다.

```
> ### attach(), detach()
>
> # 데이터프레임 생성
> df <- data.frame(a=rnorm(10), b=runif(10), c=sample(c('A','B', 'C', 'D'), 10, replace=T))
> # 탐색 경로
> search()
 [1] ".GlobalEnv"          "faithful"            "package:glmnet"      "package:foreach"
 [5] "package:Matrix"      "package:DAAG"        "package:robustHD"    "package:perry"
 [9] "package:robustbase" "package:parallel"    "package:ggcorrplot" "package:rlang"
[13] "package:dplyr"       "package:latex2exp"   "package:ISLR"        "package:data.table"
[17] "package:mltools"     "package:leaps"       "package:MASS"        "package:caret"
[21] "package:ggplot2"     "package:lattice"     "package:mxnet"       "tools:rstudio"
[25] "package:stats"       "package:graphics"    "package:grDevices"   "package:utils"
[29] "package:datasets"    "package:methods"     "Autoloads"           "package:base"
> # 탐색 경로에 있는 객체이름 목록
> # ls(.GlobalEnv, )
>
> # 탐색 경로 두 번째에 올리기
> attach(df)
The following object is masked _by_ .GlobalEnv:

    b

> search()
 [1] ".GlobalEnv"          "df"                  "faithful"            "package:glmnet"
 [5] "package:foreach"     "package:Matrix"      "package:DAAG"        "package:robustHD"
 [9] "package:perry"       "package:robustbase" "package:parallel"    "package:ggcorrplot"
[13] "package:rlang"       "package:dplyr"       "package:latex2exp"   "package:ISLR"
[17] "package:data.table" "package:mltools"     "package:leaps"       "package:MASS"
[21] "package:caret"       "package:ggplot2"     "package:lattice"     "package:mxnet"
[25] "tools:rstudio"       "package:stats"       "package:graphics"    "package:grDevices"
[29] "package:utils"       "package:datasets"    "package:methods"     "Autoloads"
[33] "package:base"
>
> # 객체의 목록 보기
> ls(df)
[1] "a" "b" "c"
> # 탐색 경로 위치로 검색
> ls(2)
[1] "a" "b" "c"
>
> # 구성원 이름 확인 및 내용 보기
```

```
> print(a)
 [1]  0.08559709  1.11850749  1.06052979  0.56013677  0.15814754  -1.16417322
0.30968620
 [8] -0.17849381  -0.65452457  1.57615726
> plot(a)
>
> # 탐색 경로에서 해제하기
> detach(df)
```

18.5.2.3 파일로부터 데이터 읽기

read.table 함수를 이용한다.

```
> ### 파일로부터 데이터 읽기
>
> # URL 로부터 데이터 읽기
> df <- read.table("https://archive.ics.uci.edu/ml/machine-learning-
databases/housing/housing.data")
>
> # 디폴트 변수명
> names(df)
 [1] "V1"  "V2"  "V3"  "V4"  "V5"  "V6"  "V7"  "V8"  "V9"  "V10" "V11" "V12" "V13" "V14"
>
> # 변수명 새로 주기
> names(df) <-
c("CRIM","ZN","INDUS","CHAS","NOX","RM","AGE","DIS","RAD","TAX","PTRATIO","B","LSTAT","MED
V")
>
> # 데이터 구조 탐색
> str(df)
'data.frame':	506 obs. of  14 variables:
 $ CRIM   : num  0.00632 0.02731 0.02729 0.03237 0.06905 ...
 $ ZN     : num  18 0 0 0 0 0 12.5 12.5 12.5 12.5 ...
 $ INDUS  : num  2.31 7.07 7.07 2.18 2.18 2.18 7.87 7.87 7.87 7.87 ...
 $ CHAS   : int  0 0 0 0 0 0 0 0 0 0 ...
 $ NOX    : num  0.538 0.469 0.469 0.458 0.458 0.458 0.524 0.524 0.524 0.524 ...
 $ RM     : num  6.58 6.42 7.18 7 7.15 ...
 $ AGE    : num  65.2 78.9 61.1 45.8 54.2 58.7 66.6 96.1 100 85.9 ...
 $ DIS    : num  4.09 4.97 4.97 6.06 6.06 ...
 $ RAD    : int  1 2 2 3 3 3 5 5 5 5 ...
 $ TAX    : num  296 242 242 222 222 222 311 311 311 311 ...
```

```
 $ PTRATIO: num  15.3 17.8 17.8 18.7 18.7 18.7 15.2 15.2 15.2 15.2 ...
 $ B      : num  397 397 393 395 397 ...
 $ LSTAT  : num  4.98 9.14 4.03 2.94 5.33 ...
 $ MEDV   : num  24 21.6 34.7 33.4 36.2 28.7 22.9 27.1 16.5 18.9 ...
>
> # 데이터 내용 보기
> head(df)
     CRIM ZN INDUS CHAS   NOX    RM  AGE    DIS RAD TAX PTRATIO      B LSTAT
1 0.00632 18  2.31    0 0.538 6.575 65.2 4.0900   1 296    15.3 396.90  4.98 24.0
2 0.02731  0  7.07    0 0.469 6.421 78.9 4.9671   2 242    17.8 396.90  9.14 21.6
3 0.02729  0  7.07    0 0.469 7.185 61.1 4.9671   2 242    17.8 392.83  4.03 34.7
4 0.03237  0  2.18    0 0.458 6.998 45.8 6.0622   3 222    18.7 394.63  2.94 33.4
5 0.06905  0  2.18    0 0.458 7.147 54.2 6.0622   3 222    18.7 396.90  5.33 36.2
6 0.02985  0  2.18    0 0.458 6.430 58.7 6.0622   3 222    18.7 394.12  5.21 28.7
> tail(df)
       CRIM ZN INDUS CHAS   NOX    RM  AGE    DIS RAD TAX PTRATIO      B LSTAT
MEDV
501 0.22438  0  9.69    0 0.585 6.027 79.7 2.4982   6 391    19.2 396.90 14.33 16.8
502 0.06263  0 11.93    0 0.573 6.593 69.1 2.4786   1 273    21.0 391.99  9.67 22.4
503 0.04527  0 11.93    0 0.573 6.120 76.7 2.2875   1 273    21.0 396.90  9.08 20.6
504 0.06076  0 11.93    0 0.573 6.976 91.0 2.1675   1 273    21.0 396.90  5.64 23.9
505 0.10959  0 11.93    0 0.573 6.794 89.3 2.3889   1 273    21.0 393.45  6.48 22.0
506 0.04741  0 11.93    0 0.573 6.030 80.8 2.5050   1 273    21.0 396.90  7.88 11.9
>
> # 하나의 긴 배열로 데이터 읽기
> dataArray  <- scan("https://archive.ics.uci.edu/ml/machine-learning-
databases/housing/housing.data")
Read 7084 items
>
> # 데이터 모양 정하고 데이터프레임 생성하기
> dim(dataArray) <- c(506, 14)
> df <- as.data.frame(dataArray)
>
> # 데이터 구조 탐색
> str(df)
'data.frame':      506 obs. of  14 variables:
 $ V1 : num  0.00632 18 2.31 0 0.538 ...
 $ V2 : num  5.96 0 0.499 5.841 61.4 ...
 $ V3 : num  0.413 6.065 7.8 5.287 4 ...
 $ V4 : num  97.1 2.43 5 384 20.9 ...
 $ V5 : num  5 403 14.7 396.9 29.3 ...
 $ V6 : num  17.8 395.56 7.56 39.8 0.0689 ...
```

```
 $ V7 : num   13.51 23.3 0.0701 0 13.89 ...
 $ V8 : num   0.369 22 5.86 0 0.431 ...
 $ V9 : num   5.32 0 0.405 6.565 22.9 ...
 $ V10: num   0.493 6.431 14.7 5.416 5 ...
 $ V11: num   91.1 2.3 24 666 20.2 ...
 $ V12: num   24 666 20.2 393.1 19.9 ...
 $ V13: num   20.2 100.2 16.2 14.3 13.9 ...
 $ V14: num   14.76 20.1 4.35 0 18.1 ...
> class(df)
[1] "data.frame"
>
> # .csv 파일 읽기
> df <- read.table(paste0(path, '/Data/bank.csv'), sep=',', header=T)
> str(df)
'data.frame':          4521 obs. of  17 variables:
 $ age       : int  30 33 35 30 59 35 36 39 41 43 ...
 $ job       : Factor w/ 12 levels "admin.","blue-collar",..: 11 8 5 5 2 5 7 10 3 8 ...
 $ marital   : Factor w/ 3 levels "divorced","married",..: 2 2 3 2 2 3 2 2 2 2 ...
 $ education: Factor w/ 4 levels "primary","secondary",..: 1 2 3 3 2 3 3 2 3 1 ...
 $ default   : Factor w/ 2 levels "no","yes": 1 1 1 1 1 1 1 1 1 1 ...
 $ balance   : int  1787 4789 1350 1476 0 747 307 147 221 -88 ...
 $ housing   : Factor w/ 2 levels "no","yes": 1 2 2 2 2 1 2 2 2 2 ...
 $ loan      : Factor w/ 2 levels "no","yes": 1 2 1 2 1 1 1 1 1 2 ...
 $ contact   : Factor w/ 3 levels "cellular","telephone",..: 1 1 1 3 3 1 1 1 3 1 ...
 $ day       : int  19 11 16 3 5 23 14 6 14 17 ...
 $ month     : Factor w/ 12 levels "apr","aug","dec",..: 11 9 1 7 9 4 9 9 9 1 ...
 $ duration : int  79 220 185 199 226 141 341 151 57 313 ...
 $ campaign : int  1 1 1 4 1 2 1 2 2 1 ...
 $ pdays     : int  -1 339 330 -1 -1 176 330 -1 -1 147 ...
 $ previous : int  0 4 1 0 0 3 2 0 0 2 ...
 $ poutcome : Factor w/ 4 levels "failure","other",..: 4 1 1 4 4 1 2 4 4 1 ...
 $ y         : Factor w/ 2 levels "no","yes": 1 1 1 1 1 1 1 1 1 1 ...
```

18.5.2.4 내장된 데이터 읽기

datasets 패키지가 설치되면 약 100여 개의 데이터가 제공된다. 또한 특정 패키지들은 자체적으로 예를 만들기 위하여 데이터를 내장하는 경우가 있다. 이를 활용하면 분석 목적에 맞는 데이터의 표본을 쉽게 얻고 분석을 해볼 수 있다.

```
> ### 내장된 데이터 읽기
>
> # datasets 패키지에 내장된 데이터 목록
> dlist <- data(package='datasets')
>
> # 리스트의 구조
> str(dlist)
List of 4
 $ title   : chr "Data sets"
 $ header : NULL
 $ results: chr [1:104, 1:4] "datasets" "datasets" "datasets" "datasets" ...
  ..- attr(*, "dimnames")=List of 2
  .. ..$ : NULL
  .. ..$ : chr [1:4] "Package" "LibPath" "Item" "Title"
 $ footer : NULL
 - attr(*, "class")= chr "packageIQR"
>
> # 데이터목록 5개만 출력
> head(dlist$results, 5)
     Package    LibPath                                Item
[1,] "datasets" "C:/Program Files/R/R-3.5.3/library" "AirPassengers"
[2,] "datasets" "C:/Program Files/R/R-3.5.3/library" "BJsales"
[3,] "datasets" "C:/Program Files/R/R-3.5.3/library" "BJsales.lead (BJsales)"
[4,] "datasets" "C:/Program Files/R/R-3.5.3/library" "BOD"
[5,] "datasets" "C:/Program Files/R/R-3.5.3/library" "CO2"
     Title
[1,] "Monthly Airline Passenger Numbers 1949-1960"
[2,] "Sales Data with Leading Indicator"
[3,] "Sales Data with Leading Indicator"
[4,] "Biochemical Oxygen Demand"
[5,] "Carbon Dioxide Uptake in Grass Plants"
>
> # 데이터 바로 이용하기
> str(BJsales)
 Time-Series [1:150] from 1 to 150: 200 200 199 199 199 ...
> plot(BJsales)
>
> # 다른 패키지에서 제공되는 데이터 목록 확인 및 로딩
> library(ISLR)
> head(data(package='ISLR')$results, 5)
     Package LibPath                                    Item
```

```
> # 다른 패키지에서 제공되는 데이터 목록 확인 및 로딩
> library(ISLR)
> head(data(package='ISLR')$results, 5)
     Package LibPath                                         Item
[1,] "ISLR"  "C:/Users/banene02/Documents/R/win-library/3.5" "Auto"
[2,] "ISLR"  "C:/Users/banene02/Documents/R/win-library/3.5" "Caravan"
[3,] "ISLR"  "C:/Users/banene02/Documents/R/win-library/3.5" "Carseats"
[4,] "ISLR"  "C:/Users/banene02/Documents/R/win-library/3.5" "College"
[5,] "ISLR"  "C:/Users/banene02/Documents/R/win-library/3.5" "Credit"
     Title
[1,] "Auto Data Set"
[2,] "The Insurance Company (TIC) Benchmark"
[3,] "Sales of Child Car Seats"
[4,] "U.S. News and World Report's College Data"
[5,] "Credit Card Balance Data"
>
> # 데이터 바로 이용하기
> names(Auto)
[1] "mpg"          "cylinders"    "displacement" "horsepower"   "weight"
"acceleration"
[7] "year"         "origin"       "name"
```

18.6 확률분포

18.6.1 통계분포표

잘 알려진 분포(예로, 표준정규분포)에 대한 누적분포함수(Pr(X<=x)), 확률밀도함수(Pr(X=x)), 분위수함수(Pr(X<=x)>q), 난수생성함수 등이 지원된다. 각각 접두어는 p,d,q,r이다.

```
> ## 통계표
> # 표준정규분포: 평균이 0, 표준편차가 1
>
> # 분포함수
> dnorm(-3:3, mean=0, sd=1)
[1] 0.004431848 0.053990967 0.241970725 0.398942280 0.241970725 0.053990967 0.004431848
>
> # 확률밀도함수
> pnorm(-3:3, 0, 1)
[1] 0.001349898 0.022750132 0.158655254 0.500000000 0.841344746 0.977249868 0.998650102
>
> # 분위수함수
> qnorm(seq(0,1, 0.05))
 [1]        -Inf -1.6448536 -1.2815516 -1.0364334 -0.8416212 -0.6744898 -0.5244005
-0.3853205
 [9] -0.2533471 -0.1256613  0.0000000  0.1256613  0.2533471  0.3853205  0.5244005
0.6744898
[17]  0.8416212  1.0364334  1.2815516  1.6448536        Inf
>
> # 상위 2.5%에 해당하는 분위수 찾기
> qnorm(1-0.025)
[1] 1.959964
>
> # 상위 0.5%에 해당하는 분위수 찾기
> qnorm(1-0.005)
[1] 2.575829
>
> # 난수생성
> set.seed(123456789)
> rnorm(5, 0, 1)
[1]  0.5048723  0.3958758  1.4155378 -0.7223243 -0.6183570
>
> ## t 분포
> # 상위 2.5%에 해당하는 분위수 찾기
> qt(1-0.025, df=10)
[1] 2.228139
```

18.6.2 분포 탐색

분포의 중심적인 경향, 산포(dispersion) 등을 숫자와 그림으로 파악한다.

```
> ## 분포 탐색
>
> #  미국 Yellowstone 국립원 Old Faithful 의 간헐천(geyser) 분출시간(분)과 분출간 대기시간
> # datasets 패키지의 데이터
> str(faithful)
'data.frame':     272 obs. of  2 variables:
 $ eruptions: num  3.6 1.8 3.33 2.28 4.53 ...
 $ waiting  : num  79 54 74 62 85 55 88 85 51 85 ...
> attach(faithful)
The following objects are masked from faithful (pos = 3):

    eruptions, waiting

The following objects are masked from faithful (pos = 4):

    eruptions, waiting

The following objects are masked from faithful (pos = 5):

    eruptions, waiting

The following objects are masked from faithful (pos = 6):

    eruptions, waiting

The following objects are masked from faithful (pos = 7):

    eruptions, waiting

>
> # 요약통계량
> summary(eruptions)
   Min. 1st Qu.  Median    Mean 3rd Qu.    Max.
  1.600   2.163   4.000   3.488   4.454   5.100
> fivenum(eruptions)
[1] 1.6000 2.1585 4.0000 4.4585 5.1000
>
> # 줄기-잎 그림
> stem(eruptions)

  The decimal point is 1 digit(s) to the left of the |
```

```
16 | 070355555588
18 | 0000222333333335577777777888822335777888
20 | 00002223378800035778
22 | 0002335578023578
24 | 00228
26 | 23
28 | 080
30 | 7
32 | 2337
34 | 250077
36 | 0000823577
38 | 2333335582225577
40 | 0000003357788888002233555577778
42 | 03335555778800233333555577778
44 | 02222335557780000000023333357778888
46 | 0000233357700000023578
48 | 00000022335800333
50 | 0370

>
> # 히스토그램
> hist(eruptions)
>
> # 히스토그램에 추가
> hist(eruptions, seq(1.6, 5.2, 0.2), prob=TRUE)
> lines(density(eruptions, bw = "SJ")) # 커널 밀도 추정량, bw 는 띠너비 옵션
> rug(eruptions, side=1)
```

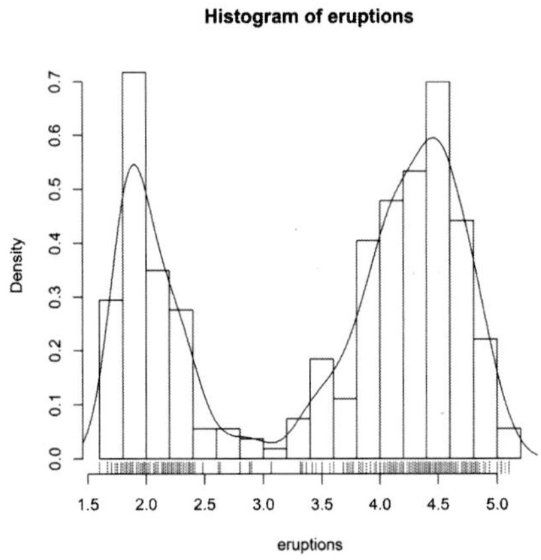

|그림 18.1|

```
> # 경험 분포
> plot(ecdf(eruptions), do.points=FALSE, verticals=TRUE) # 정규분포와는 거리가 있음
```

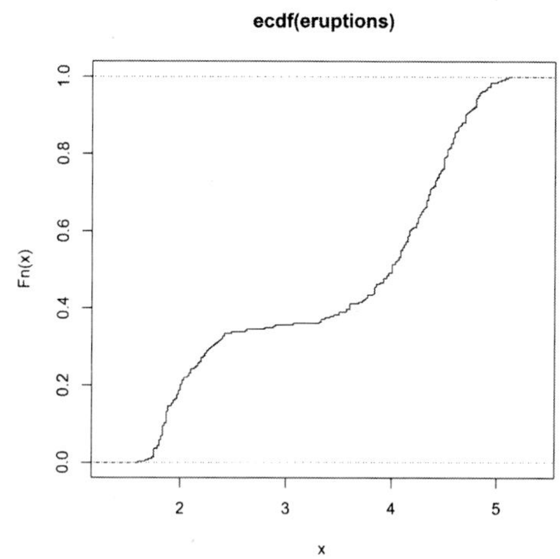

|그림 18.2|

```
> # 일부 구간만 설정 후 정규분포와 비교
> long <- eruptions[eruptions > 3]
> plot(ecdf(long), do.points=FALSE, verticals=TRUE)
> x <- seq(3, 5.4, 0.01)
> lines(x, pnorm(x, mean=mean(long), sd=sqrt(var(long))), lty=3)
>
```

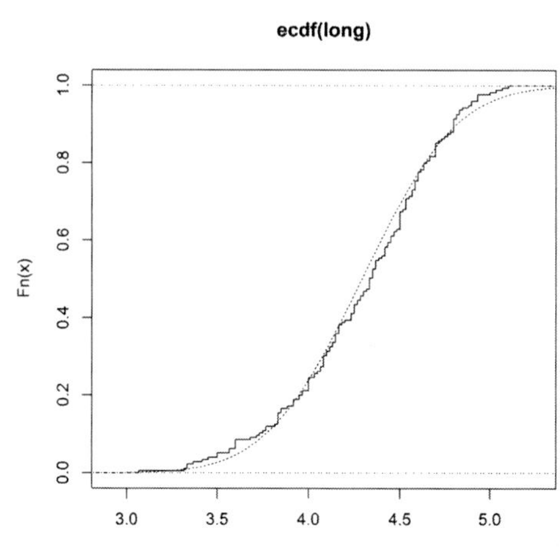

|그림 18.3|

```
> # Q-Q 그림: 짧은 우측 꼬리
> qqnorm(long)
> qqline(long)
>
```

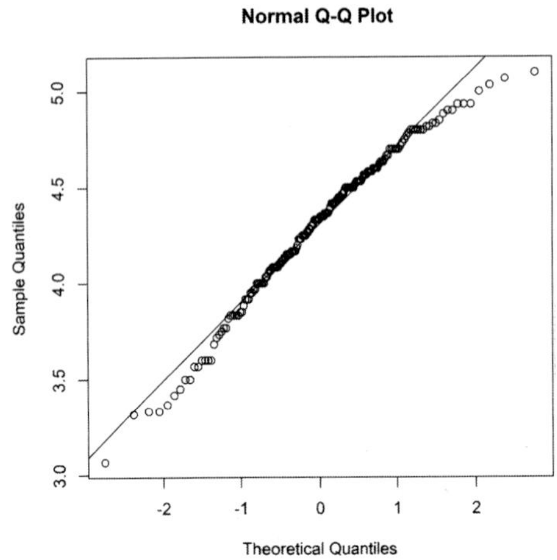

|그림 18.4|

```
> # t 분포와 정규분포 비교: 긴 꼬리
> x <- rt(250, df = 5)
> qqnorm(x)
> qqline(x)
>
```

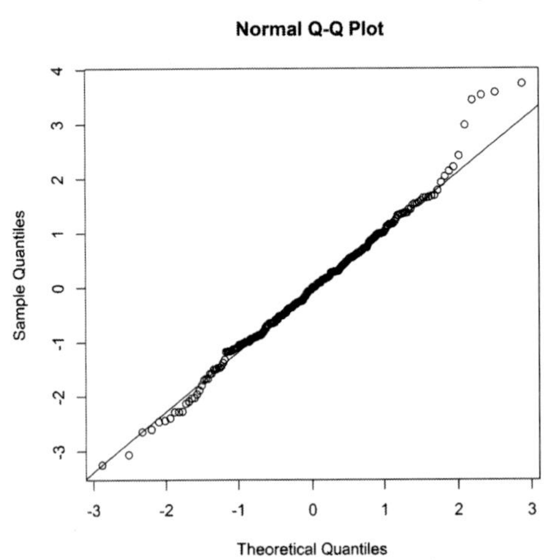

|그림 18.5|

18.6.3 2-표본 검정

2-표본(two-sample)에 대한 다양한 검정(평균, 분산)을 할 수 있다. stats 패키지를 이용한다.

```
> ## 2-표본 검정
>
> # 얼음융합 잠재열 데이터: 방법 A, 방법 B
> A <- "79.98 80.04 80.02 80.04 80.03 80.03 80.04 79.97 80.05 80.03 80.02 80.00 80.02"
> A <- as.numeric(strsplit(A, " ")[[1]])
>
> B <- "80.02 79.94 79.98 79.97 79.97 80.03 79.95 79.97"
> B <- as.numeric(strsplit(B, " ")[[1]])
>
> # 상자그림으로 평균의 차이 확인
> boxplot(A, B, names=c('A', 'B'))
>
```

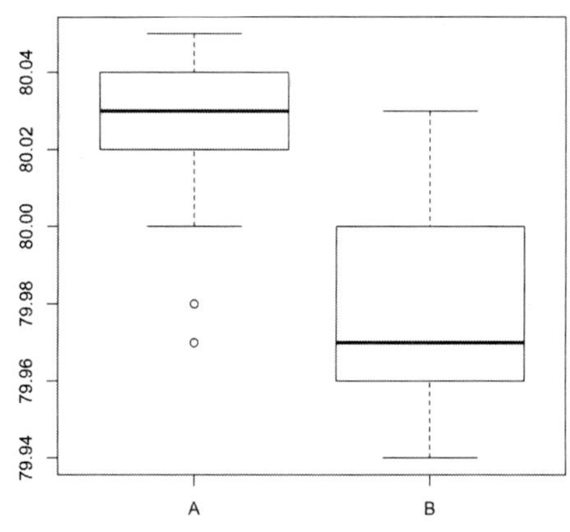

|그림 18.6|

```
> # 2 집단의 표본의 개수 확인
> length(A)
[1] 13
> length(B)
[1] 8
>
> # 등분산 가정이 없는 평균 동일여부 검정
> t.test(A, B)
```

```
        Welch Two Sample t-test

data:  A and B
t = 3.2499, df = 12.027, p-value = 0.006939
alternative hypothesis: true difference in means is not equal to 0
95 percent confidence interval:
 0.01385526 0.07018320
sample estimates:
mean of x mean of y
 80.02077  79.97875

>
> # 등분산에 대한 검정
> var.test(A, B)

        F test to compare two variances

data:  A and B
F = 0.58374, num df = 12, denom df = 7, p-value = 0.3938
alternative hypothesis: true ratio of variances is not equal to 1
95 percent confidence interval:
 0.1251097 2.1052687
sample estimates:
ratio of variances
         0.5837405

>
> # 등분산 가정
> t.test(A, B, var.equal=TRUE)

        Two Sample t-test

data:  A and B
t = 3.4722, df = 19, p-value = 0.002551
alternative hypothesis: true difference in means is not equal to 0
95 percent confidence interval:
 0.01669058 0.06734788
sample estimates:
mean of x mean of y
 80.02077  79.97875
```

```
>
> # 정규 가정 없는 비모수 검정
> wilcox.test(A, B)

        Wilcoxon rank sum test with continuity correction

data:  A and B
W = 89, p-value = 0.007497
alternative hypothesis: true location shift is not equal to 0

Warning message:
In wilcox.test.default(A, B) : cannot compute exact p-value with ties
>
> # 분포 동일성 여부에 대하여 경험분포로부터 확인
> plot(ecdf(A), do.points=FALSE, verticals=TRUE, xlim=range(A, B))
> plot(ecdf(B), do.points=FALSE, verticals=TRUE, lty=3, add=TRUE)
>
```

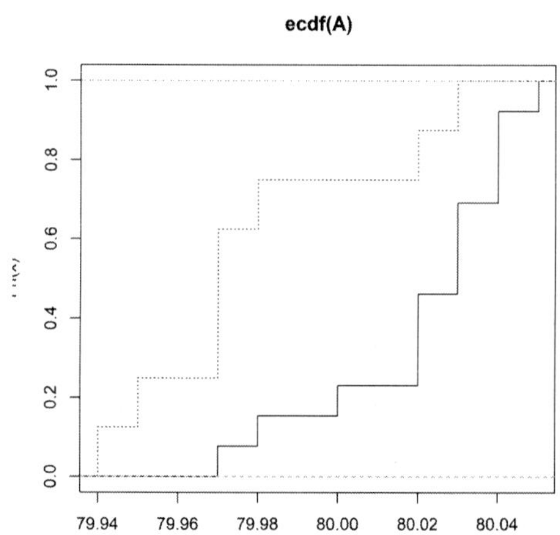

|그림 18.7|

```
> # 통계량으로 확인
> ks.test(A, B)

        Two-sample Kolmogorov-Smirnov test

data:  A and B
D = 0.59615, p-value = 0.05919
alternative hypothesis: two-sided
```

```
Warning message:
In ks.test(A, B) : cannot compute exact p-value with ties
```

18.7 그룹화, 반복, 조건 실행

18.7.1 그룹 표현

R의 모든 명령 유형은 함수이거나 표현식이어서 표현 언어(expression language)라고 한다. 그룹으로 묶여진, 즉 중괄호로 묶여진 명령어들은 {expr_1; …; expr_m}인 경우에 제일 마지막 표현식의 값이 전체 그룹의 표현식 값이 된다.

18.7.2 제어문

제어문(control statement)은 if, for, repeat, while 등과 같은 예약어로 시작한다.

18.7.2.1 if문

기본 형식은 다음과 같다.

if (expr_1) expr_2 else expr_3

또는 함수로 ifelse를 사용한다. 여기서 표현식1은 일종의 단락(short-circuit) 연산자인 &&, ||를 사용한다. 단락이란 의미는 and 연산자인 경우에는 하나라도 거짓이면 전체가 거짓이므로 나머지는 연산하지 않고 통과한다는 의미이다.

```
> ### if 문
>
> # 기본 형식
> if (2 %in% c(1, 2,3)) print(TRUE) else print(FALSE)
[1] TRUE
>
> # 단락(short-circuit)
> if (4 %in% c(1, 2,3) && 3 %in% c(1,2,3)) print(TRUE) else print(FALSE)
[1] FALSE
```

18.7.2.2 반복실행: for, repeat, while

반복문은 다음과 같은 형식이다.

- for (name in expr_1) expr_2
- repeat expr
- while (condition) expr

```
> for (i in 1:3){
+     print(i)
+     if (i==3) print('***')
+ }
[1] 1
[1] 2
[1] 3
[1] "***"
> # 기본형식
> while(i == 3){
+     print('***')
+     break
+ }
[1] "***"
```

18.8 함수 만들기

R은 사용자들이 스스로 함수를 만들어 사용할 수 있게 되어 있다. 사용자 정의 함수 구성은 다음과 같은 형식이다.

name <- function(arg_1, arg_2, ...) expression

여기서 arg_1, arg_2는 인자(argument)이며, expression은 표현식이다. 표현은 보통 1개 이상이므로 중괄호 {}에 표현들을 사용한다. 함수를 작성한 후 사용하는 방식은 다른 R 함수와 동일하게 name(expr_1, expr_2, ...)과 같은 형식이다.

```
> ## 단순 예
>
> # 2-표본의 검정통계량 t값 계산하기
> twosam <- function(y1, y2) {
+    n1 <- length(y1)
+    n2 <- length(y2)
+    yb1 <- mean(y1)
+    yb2 <- mean(y2)
+    s1 <- var(y1)
+    s2 <- var(y2)
+    s <- ((n1-1)*s1 + (n2-1)*s2)/(n1+n2-2)
+    tst <- (yb1 - yb2)/sqrt(s*(1/n1 + 1/n2))
+    return(tst)
+ }
>
> # 함수의 적용
> y1 = rnorm(100, 0, 1)
> y2 = rnorm(50, 0.2, 1)
>
> twosam(y1, y2)
[1] -1.103467
```

18.8.1 이항 연산자의 정의

두 개의 피연산자에 대한 연산자를 다음과 같은 기호로 정의할 수 있다. %anything% 여기서 anything은 아무 문자나 들어갈 수 있다.

```
> ## 이항 연산자의 정의
>
> # 정의
> "%!%" <- function(y1, y2) {
+    n1 <- length(y1)
+    n2 <- length(y2)
+    yb1 <- mean(y1)
+    yb2 <- mean(y2)
+    s1 <- var(y1)
+    s2 <- var(y2)
+    s <- ((n1-1)*s1 + (n2-1)*s2)/(n1+n2-2)
+    tst <- (yb1 - yb2)/sqrt(s*(1/n1 + 1/n2))
```

```
+     return(tst)
+ }
>
> # 적용하기
> set.seed(123)
> y1 = rnorm(100, 0, 1)
> y2 = rnorm(50, 0.2, 1)
> y1 %!% y2
[1] 0.8874278
```

이와 같은 형식으로 행렬 곱인 %*%와 외적인 %o%가 정의되었다.

18.8.2 이름 인자와 디폴트값

함수가 정의된 후 인자(argument)를 넘겨줄 때 일반적인 형식은 "name = object"이다. 즉 이름 인자에 값을 할당하는 형식이다. 이때 순서는 상관없다. 인자의 위치로 넘겨주는 경우에는 순서만 지켜주면 된다. 함수를 정의할 때 대부분의 함수에는 몇몇 인자에 대한 디폴트값을 사전에 지정한다. 즉, 사용하지 않으면 디폴트값으로 수행된다.

```
fun1 <- function(data, data.frame, graph = TRUE, limit=20) { … }
```

18.8.3 "…" 인자

인자에 대한 값의 정의를 다른 함수에게 넘겨주기 위하여 사용되는 인자이다.

18.8.4 함수 내의 값의 할당

함수 내에서 정상적으로 할당되는, 즉 "<-"에 의하여 할당된 값은 지역적(local)이고 일시적(temporary)이므로 함수 외부에서 사용할 수 없다. 특별히 전역적(global)으로 사용하고자 한다면 "<<-" (super assignment) 기호를 사용한다.

18.9 그래픽 프로시저

R은 다양한 그래프를 쉽게 그릴 수 있는 그래픽 시설들(facilities), 즉 환경과 함수를 가지고 있다. 그래픽 시설은 대화식(interactive) 또는 배치(batch) 방법으로 사용할 수 있으나, 대부분은 대화식으로 사용하고 있다.

R이 기동되면 정의된 그래픽 장치 드라이버가 초기화되고 이에 맞는 그래픽 윈도우가 설정된다. 그래픽 장치 드라이버가 기동되면 다양한 그래픽 함수에 의하여 그래프가 만들어진다. R은 그래프를 생성하기 위한 다양한 전역 인자값(graphical parameter)을 갖고 있는데, 이는 par 함수를 이용하여 확인할 수 있다.

```
> ## 그래프 인자값 확인
> head(par(), 10)
$xlog
[1] FALSE

$ylog
[1] FALSE

$adj
[1] 0.5

$ann
[1] TRUE

$ask
[1] FALSE

$bg
[1] "white"

$bty
[1] "o"

$cex
[1] 1
```

```
$cex.axis
[1] 1

$cex.lab
[1] 1
```

18.9.1 고수준 그림 함수

고수준(high-level) 그림(plotting) 함수는 새로운 그림을 생성하는 함수를 의미한다.

18.9.1.1 plot 함수

plot() 함수는 일반(generic) 함수이다. 즉, 다형성(Polymorphism) 용도로 제작된 함수이다. 객체에 따라 plot 함수는 서로 다른 모양으로 나타남을 의미한다. 첫 번째 인자에 의하여 모양이 결정된다.

```
>
> ### plot()
>
> # x 값만 존재
> plot(x=c(3:10))
```

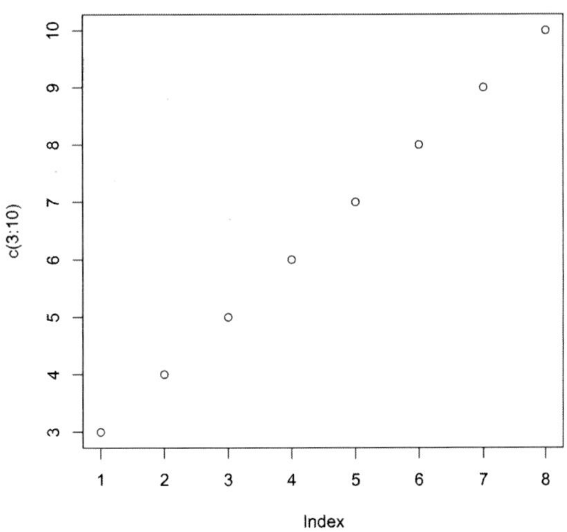

|그림 18.8|

```
> # x, y 값 존재
> plot(c(1:10), rnorm(10))
>
```

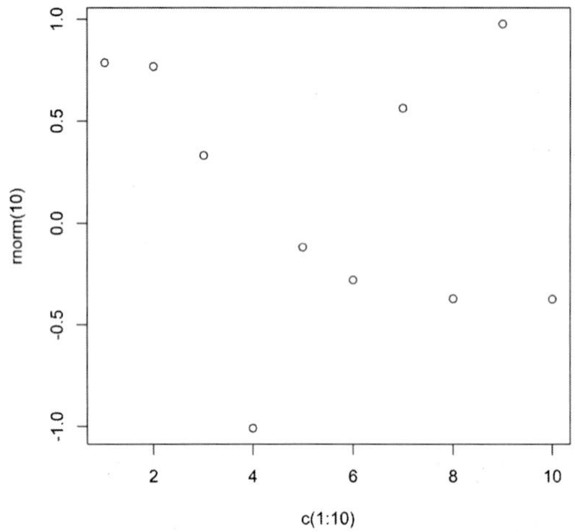

|그림 18.9|

```
> # x 가 요인인 경우
> plot(factor(sample(c('A', 'B', 'C'), 10, replace = T)))
>
```

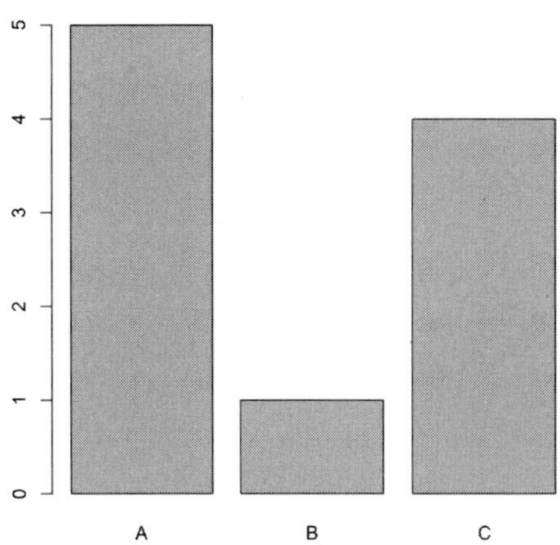

|그림 18.10|

```
> # x 가 요인이고 y 가 값이 있는 경우
> plot(factor(sample(c('A', 'B', 'C'), 10, replace = T)), 1:10)
```

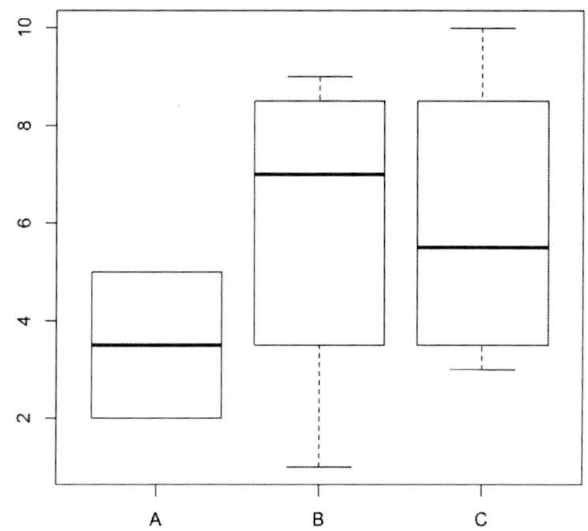

|그림 18.11|

18.9.1.2 다변량 데이터의 그림

다변량 데이터(multivariate data)에 대해서는 pairs, coplot 함수를 이용한다.

```
> ### 다변량 자료 전시
>
> # 데이터 생성
> df <- read.table("https://archive.ics.uci.edu/ml/machine-learning-
databases/housing/housing.data")
> names(df) <- tolower(c("CRIM","ZN","INDUS","CHAS","NOX","RM","AGE",
+                        "DIS","RAD","TAX","PTRATIO","B","LSTAT","MEDV"))
>
> # 산점도행렬
> pairs(df[c("rm", "lstat", "medv")])
```

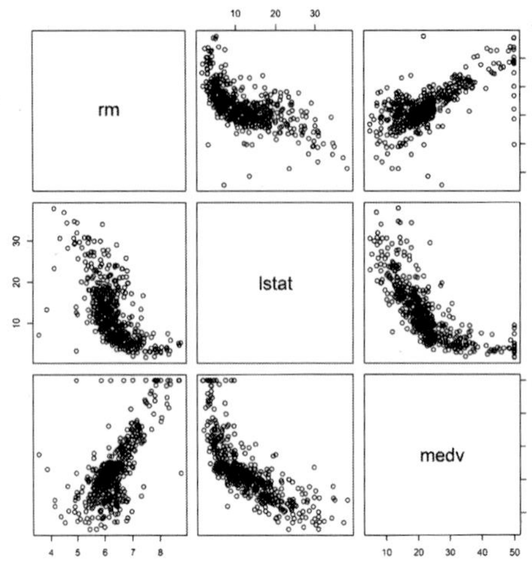

|그림 18.12|

```
> # 조건부 산점도: conditioning plot
> attach(df)
The following object is masked _by_ .GlobalEnv:

    b

The following objects are masked from df (pos = 3):

    age, b, chas, crim, dis, indus, lstat, medv, nox, ptratio, rad, rm, tax, zn

> coplot(medv ~ rm | chas, given.values = c(0,1))
```

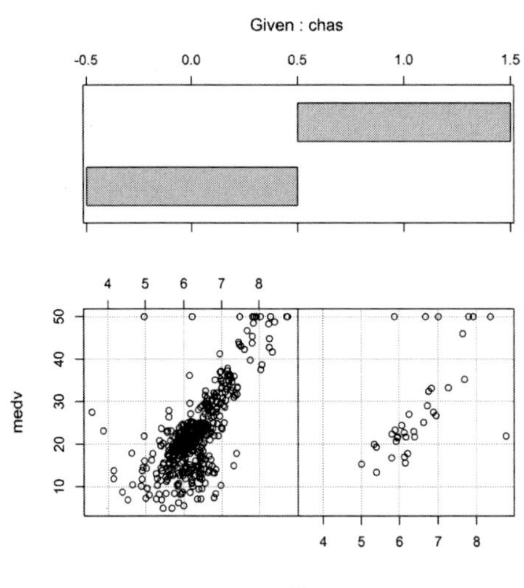

|그림 18.13|

이외에도 고수준 그래픽 함수는 qqnorm, qqplot, hist, dotchart, image, contour, persp 등이 있다.

18.9.1.3 고수준 그림의 인자

고수준 그림 함수에 넘겨주는 많은 인자(argument)가 있다. 이 중 대표적인 인자는 다음과 같다.

인자	내용
add=TRUE	저수준 그래픽 함수처럼 현재의 그림에 새로운 그림을 추가한다. 단, 모든 함수에 적용되는 것은 아니다.
axes=FALSE	축을 생성하지 않는다.
log="x" log="y" log="xy"	각각의 축을 로그 척도로 변환한다.
type="p" type="l" type="b" type="o" type="h" type="s" type="S" type="n"	생성되는 그림의 종류를 지정한다.
xlab=string	각 축에 대한 레이블을 지정한다.
ylab=string	
main=string	제목에 대한 레이블을 지정한다.
sub=string	부제목에 대한 레이블을 지정한다.

고수준 그림 인자 함수의 사용 예를 살펴보자.

```
> ### 고수준 그림의 인자
>
> # 그림 인자 초기화
> dev.off()
null device
          1
```

```
>
> # axies=FALSE
> plot(rnorm(10), axes=F, main='axis=FALSE')
>
```

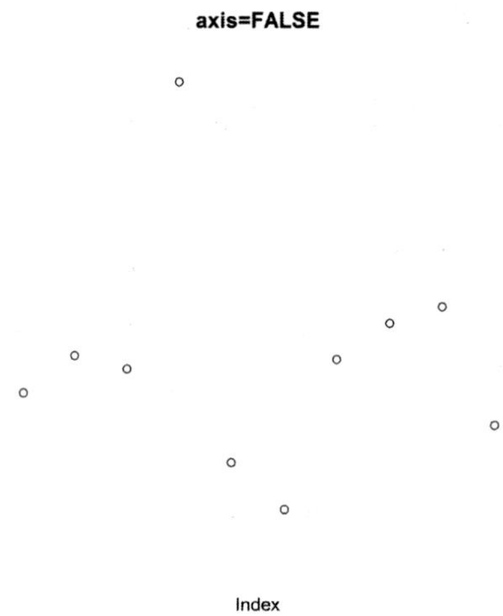

|그림 18.14|

```
> # log='x'
> plot(x=10**c(1:10), rnorm(10), log='x', main='log="x"')
>
```

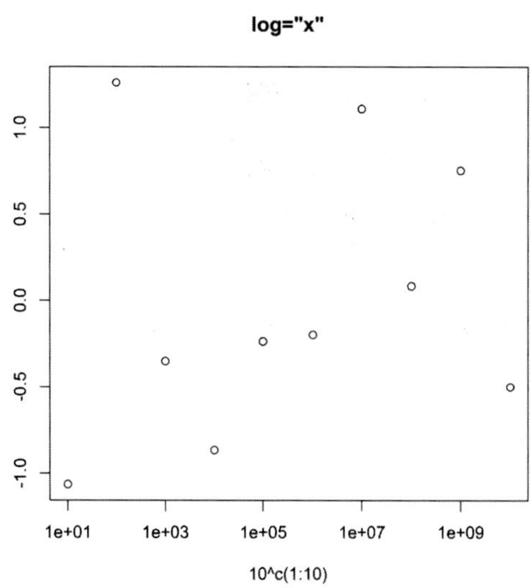

|그림 18.15|

```
> # type='p', type='l', type='b', type='n'
> par(mfrow=(c(2,2)))
> plot(rnorm(10), type='p', main='type="p"')
> plot(rnorm(10), type='l', main='type="l"')
> plot(rnorm(10), type='b', main='type="b"')
> plot(rnorm(10), type='n', main='type="n"')
> par(mfrow=(c(1,1)))
>
```

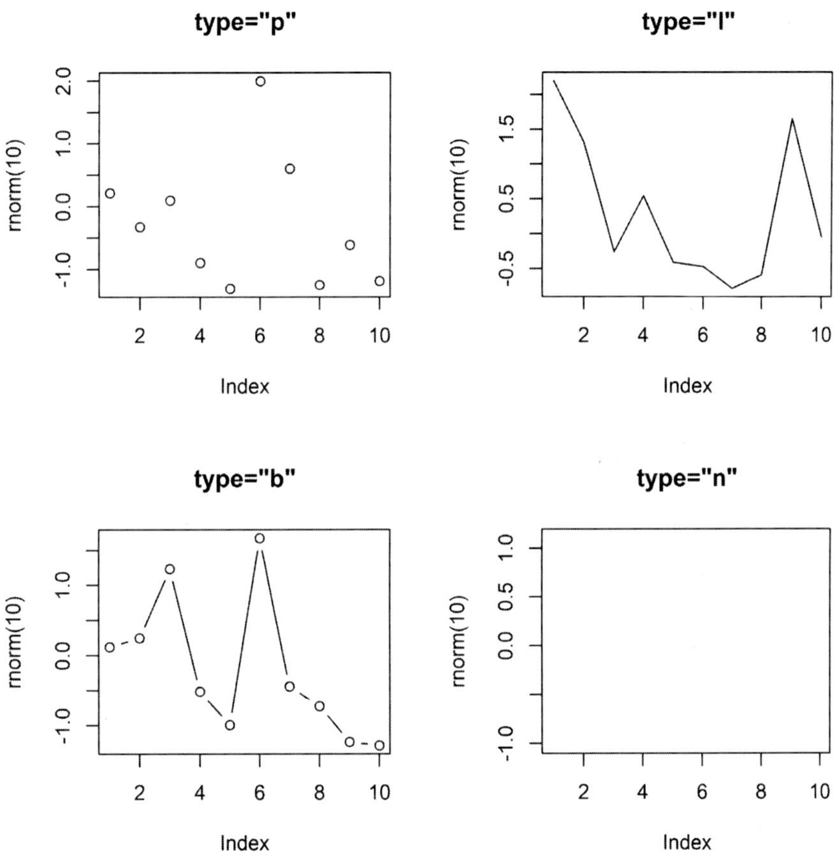

|그림 18.16|

```
> # xlab, ylab, main
> plot(1:10, rnorm(10), type="b", xlab="최근 10 개월", ylab="최근주가", main="최근 10 개월 주
가" )
```

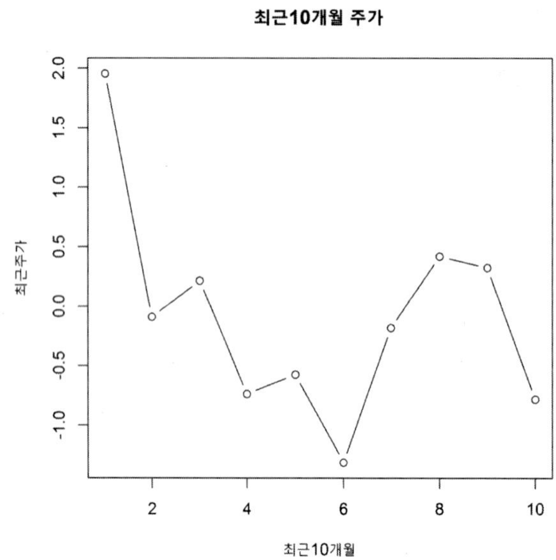

|그림 18.17|

18.9.2 저수준 그림 함수

저수준(low-level) 그림 함수는 고수준 그림에 점, 선 또는 텍스트에 추가 정보를 제공하는 함수이다.

18.9.2.1 저수준 그림 함수 목록

대표적인 저수준 그림 함수는 다음과 같다.

함수	내용
points(x, y)	점을 추가한다.
line(x, y)	선을 추가한다.
text(x, y, lables, …)	텍스트를 추가한다.
abline(a, b) abline(h=y) abline(v=x) abline(lm.obj)	절편이 a이고 기울기가 b인 직선을 추가한다. 수평선을 추가한다. 수직선을 추가한다. 선형회귀의 결과를 이용한 선형 직선을 추가한다.

polygon(x, y, …)	다각형을 추가한다.
legend(x, y, legend, …)	범례를 추가한다.
title(main, sub, xlab, ylab)	제목, 부제목, 축 레이블을 추가한다.
axis(side, …)	축을 추가한다. 이때 side의 값은 1, 2, 3, 4 이며 차례로 바닥부터 시계 방향으로 왼쪽, 위, 오른쪽 축을 의미한다.

저수준 그림 함수의 사용 예를 살펴보자.

```
> ## 저수준 그림 함수들
>
> # 전역 그림인자 초기화
> dev.off()
null device
          1
>
> # title, axis, abline, text 사용
> set.seed(1234)
> plot(1:10, rnorm(10), type="b", xaxt='n', ann=FALSE )
> title(xlab="최근 10 개월", ylab="최근주가", main="최근 10 개월 주가")
> axis(side=1, at=1:10, labels=paste0(10:1, '개월전'))
> abline(h=0)
> text(8, 0.2, "randowm walk")
```

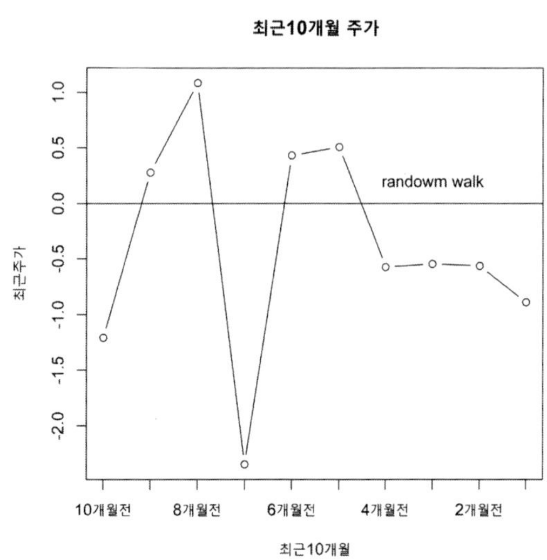

|그림 18.18|

18.9.2.2 수학기호 주석 달기

레이텍(latex) 방식으로 수학기호를 그림에 추가할 수 있다. 이때 추가로 latex2exp 패키지를 설치해야 한다. 설치한 후 TeX 함수를 사용한다. 이때 수학 기호를 적용하고자 하는 곳의 좌우는 '$' 기호로 구분한다.

```
### 수학 기호 주석달기

# 패키지 이용
library(latex2exp)

# 데이터 생성
x <- seq(0, 4, length.out=100)
alpha <- 1:5

# 그림 구조 생성
plot(x, xlim=c(0, 4), ylim=c(0, 10),
     xlab='x', ylab=TeX('$₩₩alpha  x^₩₩alpha$, where $₩₩alpha ₩₩in 1₩₩ldots 5$'),
     type='n', main=TeX('Using $₩₩LaTeX$ for plotting in base graphics!'))

# 콘솔에 프린트 하지 않기
invisible(sapply(alpha, function(a) lines(x, a*x^a, lty=a)))

# 범례함수 사용
legend('topright', legend=TeX(sprintf("$₩₩alpha = %d$", alpha)),
       lwd=1, lty=alpha, cex=0.7)
```

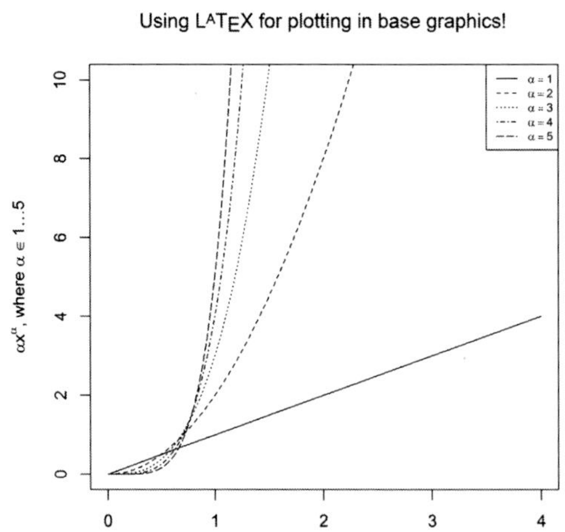

|그림 18.19|

18.9.3 전역 그래픽 모수 이용하기

그림을 그리기 위한 모든 구성 요소는 그래픽 모수(parameter)에 의하여 관리된다. 설정된 모든 그래픽 모수와 값을 보고자 하면 par 함수를 사용한다. 모수들은 색을 표시하는 'col', 문자의 크기를 표현하는 'cex' 등 다양하게 존재한다.

이러한 모수는 그래픽 디바이스(예로, 그림 파일, 윈도우 화면 등)별로 관리된다.

그래픽 모수 값의 수정은 영구 수정 방식과 일시 수정 방식이 있다.

18.9.3.1 그래픽 모수의 영구 수정

그래픽 모수의 영구 수정은 par 함수를 사용한다.

```
> ### 영구 수정: par()
>
> # par() 함수를 이용. 모든 모수값 확인
> invisible(par())
>
> # 고유 속성은 리스트
> mode(par())
[1] "list"
>
> # 지정된 값 보기
> par(c("col", "lty"))
$col
[1] "black"

$lty
[1] "solid"

> par('pch')
[1] 1
>
> # 지정된 값 수정
> par(pch=2)
> plot(1:10)
>
```

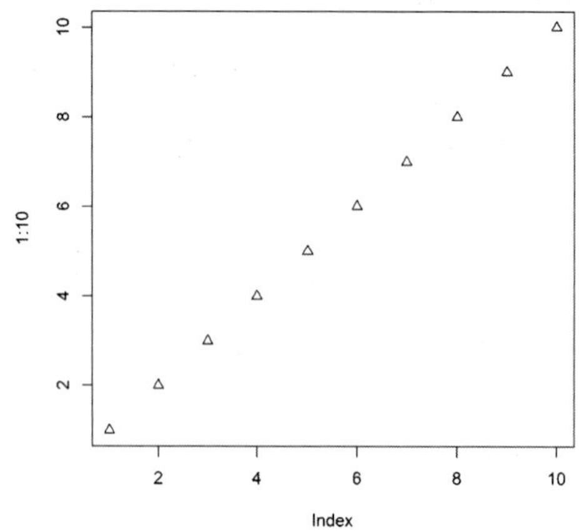

|그림 18.20|

```
> # 원상 복귀
> par(pch=1)
```

18.9.3.2 그래픽 모수의 영구 수정

그래픽 모수의 일시 수정은 그림 함수의 인자를 활용한다.

```
> ### 일시 수정
>
> # 문자의 종류와 크기 지정
> plot(1:10, pch='*', cex=2)
```

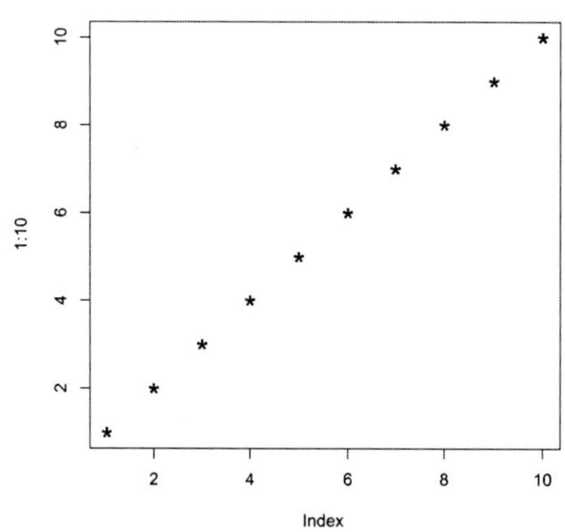

|그림 18.21|

18.9.4 그래픽 원소

그림들은 선, 점, 텍스트 등과 같은 그래픽 원소로 구성되어 있다. 이러한 그래픽 원소(graphic element)는 그래픽 모수(graphic parameter)에 의하여 제어가 가능하다. 그래픽 모수의 제어는 영구적인 방법과 일시적이 방법이 있다는 것을 앞에서 설명하였다.

이 절에서는 추가적으로 많이 사용되는 그래픽 모수, 즉 그에 대응하는 어떠한 그래픽 원소가 있는지 확인해보자.

18.9.4.1 그래픽 모수 목록

그래픽 원소 또는 그림 인자	내용
pch="+" pch=4	그림의 점을 표현하는 문자이다. 0–25 사이의 숫자로 표현하기도 한다.
lty=2	선의 종류를 의미한다. 선의 종류가 0이면 보이지 않는 선(invisible)이며 1은 실선이다.
lwd=2	선의 굵기를 의미한다.
col=2 col.axis col.lab col.main col.sub	점의 색을 의미한다. 현재 설정된 색의 종류는 조색판(palette) 함수를 참조한다. 색은 축, x축 레이블, y축 레이블, 제목, 부제목의 색을 변경할 수 있다.
font=2 font.axis font.lab font.main font.sub	폰트 번호는 1–4이다. 각 번호는 기본 글씨(plain text), 굵은 글씨(bold text), 이탤릭 글씨(italic, text), 굵은 이탤릭 글씨(bold italic text) 그리고 기호 글씨(symbol text)를 의미한다.
adj=–0.1	점이 찍히는 위치, 즉, 그림의 위치에 대하여 텍스트의 상대적인 정렬(justification)을 의미한다. 0은 좌측정렬, 1은 우측정렬, 0.5는 수평정렬을 의미한다.
cex=1.5 cex.axis cex.lab cex.main cex.sub	디폴트 텍스트의 크기에 대한 상대적인 확대 비율을 의미한다.

각각의 사용 방법에 대하여 알아보도록 하자.

```
> ### 그래픽 원소
>
> # pch 예시
> x <- c(0:25)
> plot(x, x, pch=x, xaxt='n', yaxt='n', xlab='', ylab='')
> title(main='pch:숫자 대 실제 문자')
> axis(side=1, at=x, las=2, labels = as.character(x))
> grid(nx=length(x), ny=0)
>
```

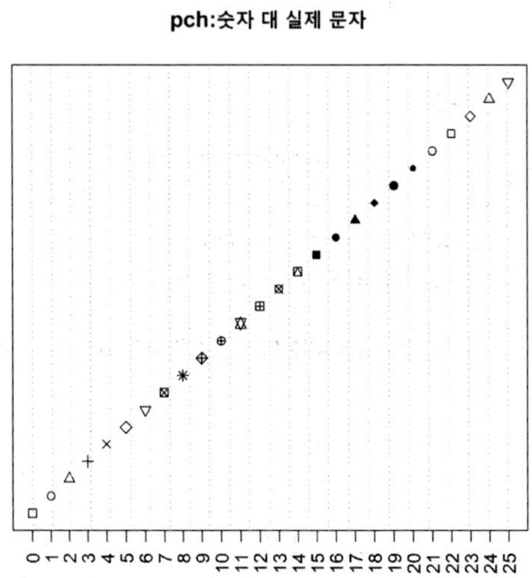

|그림 18.22|

```
> # font 예시
> # 새로운 폰트 가져오기
> windowsFonts(d2 = windowsFont('D2Coding'))
> windowsFonts()
$serif
[1] "TT Times New Roman"

$sans
[1] "TT Arial"

$mono
[1] "TT Courier New"

$d2
[1] "D2Coding"
```

```
>
> # 폰트 사용하기
> plot(rnorm(10), main='표준정규분포값', family='d2', font=3)
>
```

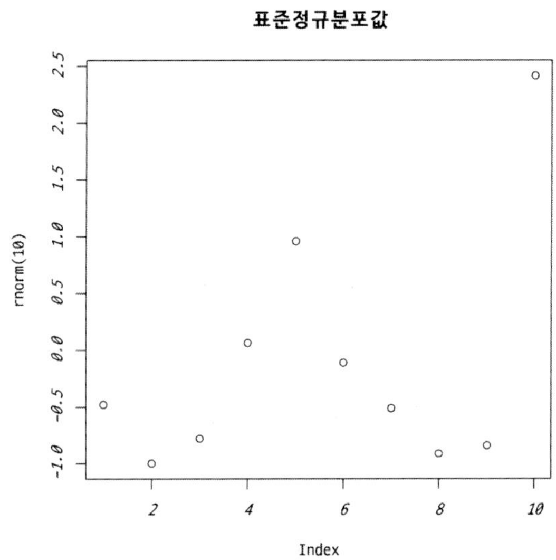

|그림 18.23|

```
> # adj 의 의미
> par(mfrow=c(2,2))
>
> x <- c(1:5)
> plot(x, main='왼쪽 정렬', font.main=2)
> text(x, x, x, adj=0)
>
> plot(x, main='오른쪽 정렬', font.main=3)
> text(x, x, x, adj=1)
>
> plot(x, main='가운데 정렬', font.main=4)
> text(x, x, x, adj=0.5)
>
> plot(x, main='왼쪽 정렬에서 30% 오른쪽으로', font.main=4)
> text(x, x, x, adj=-0.3)
>
> par(mfrow=c(1,1))
>
```

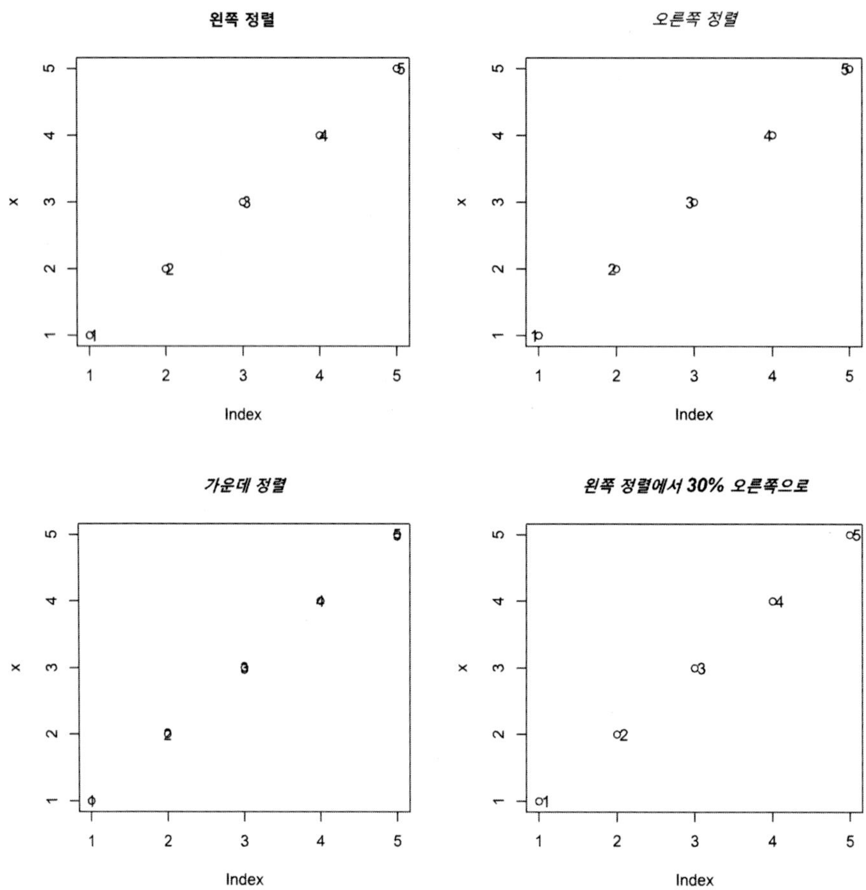

|그림 18.24|

```
> # cex 의 의미
> x <- c(1:10)
> plot(x, main='cex(문자 확장)')
> text(2, 2, 2, adj=-0.3, cex=1)
> text(3, 3, 3, adj=-0.3, cex=2)
> text(4, 4, 4, adj=-0.3, cex=3)
```

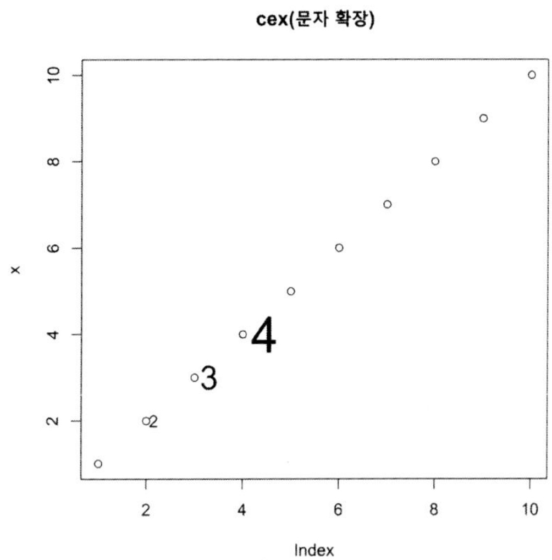

|그림 18.25|

18.9.4.2 축과 눈금 표시

저수준 axis 함수를 이용하여 고수준 그래픽 함수의 눈금표시(tick mark)와 눈금값(tick label)들을 수정할 수 있다.

인자	내용
lab=c(5, 7, 12)	처음 2개의 숫자는 각각 x축, y축의 눈금표시 간격의 개수를 의미하며 마지막 숫자는 눈금값의 길이(소수점 포함)이다.
las=1	눈금값의 정렬되는 방향(orientation)을 의미한다. 0은 축과 평행, 1은 수평, 2는 축과 수직으로 정렬하는 것을 의미한다.
mgp=c(3, 1, 0)	축의 구성원의 위치를 표현한다. 첫 번째 값은 축 레이블과 축 간의 거리를 줄(line) 수로 표시, 두 번째 값은 축의 눈금값과의 거리, 마지막 숫자는 축의 위치와 축 선(axis line) 간의 거리(보통은 0)이다.
tck=0.01	눈금표시의 길이를 나타내며 그림 영역(plotting region) 대비의 상대적인 비율이다.

각 인자의 의미를 살펴보도록 하자.

```
> ### 축과 눈금 표시
>
> # lab 의 의미
> x <-rnorm(10)
> par(mfrow=c(1,2))
> plot(x, lab=c(5,3,5), main='lab=c(5,3,5)', las=1)
> plot(x, lab=c(10,100,5), main='lab=c(10,100,5)', las=2)
> par(mfrow=c(1,1))
```

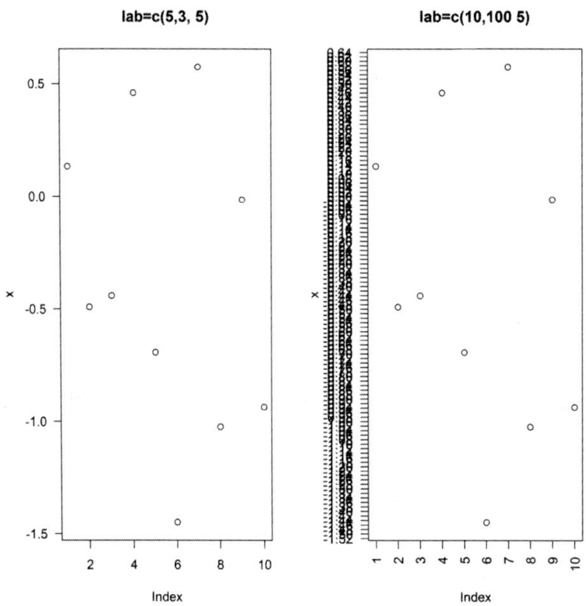

|그림 18.26|

```
> # las 의 의미
> par(mfrow=c(1,2))
> plot(1:5, main='디폴트')
> plot(1:5, axes=F, main='x 축: las=2, y 축: las=1')
> axis(side=1, at=c(2:4), las=2)
> axis(side=2, las=1)
> par(mfrow=c(1,1))
```

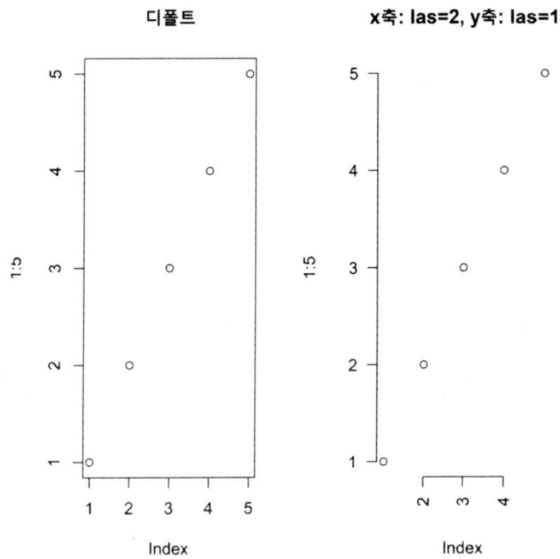

|그림 18.27|

```
> # tck 의 의미
> par(mfrow=c(1,2))
> plot(1:5, main='디폴트')
> plot(1:5, main='tck=0.1', tck=0.1)
> par(mfrow=c(1,1))
>
```

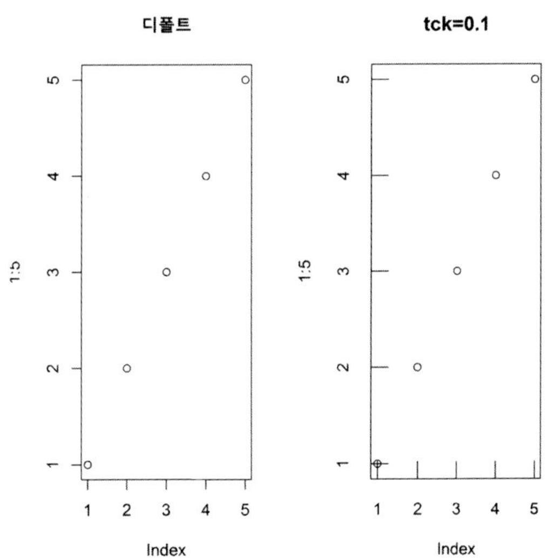

|그림 18.28|

18.9.4.3 피거 여백

하나의 그림을 피거(figure)라고 하며, 데이터에 의하여 그림이 표시되는 영역을 그림 영역(plot region), 피거 안의 그림 영역과 피거와의 영역을 여백(margin)이라고 한다. 여백 안에는 축 눈금표시, 눈금값, 제목 등이 들어갈 수 있다. 여러 그림을 그리는 경우, 즉 여러 개의 피거가 존재하는 경우에는 피거들의 외부에 여백을 둘 수 있는데 이를 외각 여백(outer margin)이라고 한다. 여백의 크기는 인치(inch)로 줄 수 있고 문자의 크기로 줄 수 있다. mai는 인치이며 mar은 문자 크기이다. 각각의 의미를 그림으로 살펴보자.

```
> ### 피거 여백
>
> # 전역 그래픽 모수 저장: 나중에 복귀하기 위하여
> oldpar <- par(no.readonly = T)
>
> # 디폴트 값 확인
> par('oma') # 0 0 0 0
[1] 0 0 0 0
> par('mar') #   5.1 4.1 2.1 2.1
[1] 5.1 4.1 4.1 2.1
>
> # 여백 주기
> par(oma=c(3,3,3,3))
> par(mar=c(5,4,4,2) + 0.1)
>
> # 그림(plot) 영역
> plot(0:10, 0:10, type="n", xlab="X", ylab="Y")
>
> # 그림 영역 표시
> text(5,5, "Plot", cex=2)
> box("plot", lty=2, lwd=5)
>
> # 마진 영역에 주석 달기
> mtext("Margins", side=3, line=2, cex=2, col="forestgreen")
> mtext("par(mar=c(b,l,t,r))", side=3, line=1, cex=1, col="forestgreen")
> mtext("Line 0", side=3, line=0, adj=1.0, cex=1, col="forestgreen")
> mtext("Line 1", side=3, line=1, adj=1.0, cex=1, col="forestgreen")
```

```
> mtext("Line 2", side=3, line=2, adj=1.0, cex=1, col="forestgreen")
> mtext("Line 3", side=3, line=3, adj=1.0, cex=1, col="forestgreen")
> box("figure", lty=3, lwd=3)
>
> # 외각 영역에 주석 달기
> mtext("Outer Margin Area", side=1, line=1, cex=2, col="blue", outer=TRUE)
> mtext("par(oma=c(b,l,t,r))", side=1, line=2, cex=1, col="blue", outer=TRUE)
> mtext("Line 0", side=1, line=0, adj=0.0, cex=1, col="blue", outer=TRUE)
> mtext("Line 1", side=1, line=1, adj=0.0, cex=1, col="blue", outer=TRUE)
> mtext("Line 2", side=1, line=2, adj=0.0, cex=1, col="blue", outer=TRUE)
> box("outer", lty=1, lwd=3)
>
```

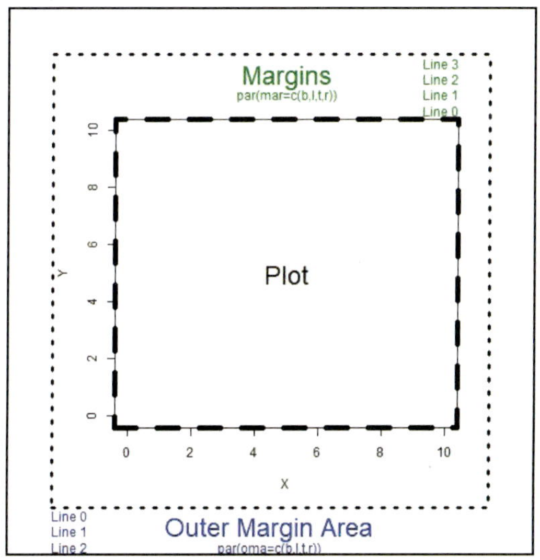

|그림 18.29|

```
> # 원상 복귀
> par(oldpar)
```

18.10 패키지

모든 R 함수와 데이터는 패키지(package)들에 저장된다. 해당 함수와 데이터를 사용하고자 한다면 해당 패키지를 설치하고 로드해야 한다. 설치된 모든 패키지 목록은 library 함수를 사용한다. 설치된 특정 패키지의 함수를 사용하고자 하는 경우에는 library(패키지 이름)으로 선언해주어야 한다.

```
> ## 패키지 확인 및 로드
>
> # 설치된 패키지 확인
> head(library()$results, 5)
     Package       LibPath
[1,] "abind"       "C:/Users/banene02/Documents/R/win-library/3.5"
[2,] "acepack"     "C:/Users/banene02/Documents/R/win-library/3.5"
[3,] "arules"      "C:/Users/banene02/Documents/R/win-library/3.5"
[4,] "arulesViz"   "C:/Users/banene02/Documents/R/win-library/3.5"
[5,] "assertthat" "C:/Users/banene02/Documents/R/win-library/3.5"
     Title
[1,] "Combine Multidimensional Arrays"
[2,] "ACE and AVAS for Selecting Multiple Regression Transformations"
[3,] "Mining Association Rules and Frequent Itemsets"
[4,] "Visualizing Association Rules and Frequent Itemsets"
[5,] "Easy Pre and Post Assertions"
>
> # 로드된 패키지들
> search()
 [1] ".GlobalEnv"        "tools:rstudio"     "package:stats"     "package:graphics"
 [5] "package:grDevices" "package:utils"     "package:datasets"  "package:methods"
 [9] "Autoloads"         "package:base"
>
> # 로드되었지만 탐색 목록에 없는 패키지들
> loadedNamespaces()
 [1] "compiler"  "Matrix"    "graphics"  "tools"     "utils"     "grDevices" "stats"
 [8] "datasets"  "grid"      "methods"   "base"      "lattice"
>
> # 새로운 패키지의 설치, 갱신 및 사용
> # install.packages('data.table', , dependencies=TRUE)
> update.packages('data.table')
> library(data.table)
data.table 1.12.2 using 10 threads (see ?getDTthreads).  Latest news: r-datatable.com

Attaching package: 'data.table'

The following object is masked _by_ '.GlobalEnv':
```

```
.N

> data.table(x=rnorm(10))
             x
 1: -0.2590557
 2: -0.5318878
 3: -0.7939004
 4:  0.9192163
 5:  2.2375978
 6: -0.1631609
 7:  0.9433242
 8:  1.0529010
 9:  0.3931618
10:  0.5154632
```

18.10.1 표준 패키지

표준 패키지 또는 기본(base) 패키지는 R 설치 시 자동으로 설치된다. 기본 패키지 이외에 많은 저자에 의하여 contributed 패키지가 제작되었고 이 중 추천 패키지들은 기본 패키지 설치 시 자동으로 이진 파일 형식으로 제공된다.

모든 contributed 패키지는 https://CRAN.R-project.org/ 를 참조한다.

패키지 이름	내용
base	The R Base Package
boot	Bootstrap Functions (Originally by Angelo Canty for S)
class	Functions for Classification
cluster	Finding Groups in Data: Cluster Analysis Extended Rousseeuw et al.
codetools	Code Analysis Tools for R
compiler	The R Compiler Package
datasets	The R Datasets Package
foreign	Read Data Stored by 'Minitab', 'S', 'SAS', 'SPSS', 'Stata', 'Systat', 'Weka', 'dBase', ...
graphics	The R Graphics Package
grDevices	The R Graphics Devices and Support for Colours and Fonts

grid	The Grid Graphics Package
KernSmooth	Functions for Kernel Smoothing Supporting Wand & Jones (1995)
lattice	Trellis Graphics for R
MASS	Support Functions and Datasets for Venables and Ripley's MASS
Matrix	Sparse and Dense Matrix Classes and Methods
methods	Formal Methods and Classes
mgcv	Mixed GAM Computation Vehicle with Automatic Smoothness Estimation
nlme	Linear and Nonlinear Mixed Effects Models
nnet	Feed-Forward Neural Networks and Multinomial Log-Linear Models
parallel	Support for Parallel computation in R
rpart	Recursive Partitioning and Regression Trees
spatial	Functions for Kriging and Point Pattern Analysis
splines	Regression Spline Functions and Classes
stats	The R Stats Package
stats4	Statistical Functions using S4 Classes
survival	Survival Analysis
tcltk	Tcl/Tk Interface
tools	Tools for Package Development
utils	The R Utils Package

기본 패키지는 따로 설치하지 않아도 된다.

18.10.2 이름 공간

모든 패키지는 이름 공간(namespace)을 가지고 있다. 이름 공간은 패키지 제작자가 내부 사용 용도로 함수와 데이터를 숨기거나 다른 제작자가 그 패키지에 사용되는 이름을 사용하지 않게 하거나 패키지에 속한 객체를 참조하고자 할 때 사용된다. 이름 공간에 사용하는 연산자는 :: 이다. 즉, 행렬의 전치는 base::t이다.

하나의 객체 또는 함수가 어디서 사용되는지를 알아보기 위해서는 getAnywhere 함수를 사용한다.

```
> ## 이름공간
>
> # t 함수를 갖는 패키지 목록
> getAnywhere(t)
2 differing objects matching 't' were found
in the following places
  package:base
  namespace:Matrix
  namespace:base
Use [] to view one of them
```

18.11 운영 시스템 관련 서비스 함수

운영 시스템 관련하여 많은 서비스 함수(facility)를 제공하고 있다.

18.11.1 파일과 디렉토리

디렉토리와 파일 목록은 list.files, dir 함수를 이용한다. 파일과 디렉토리 생성은 file.create, dir.create를 사용한다. 일시 파일이나 디렉토리는 tempfile 함수를 사용한다. 파일의 제거는 unlink 함수를 사용한다.

다음은 사용 예이다.

```
> ## 파일과 디렉토리
>
> # 현재 설정된 경로
> getwd()
[1] "D:/BANENE/R/KM/r_program"
>
> # 설정된 디렉토리의 디렉토리와 파일들
> # list.files()
> # dir()
>
> # 하위 디렉토리
> list.dirs()
[1] "."        "./png"
```

```
>
> # 디렉토리 생성
> dir.create("temp")
>
> # 디렉토리 제거
> unlink("temp", recursive = T)
>
> # 파일 존재 여부 확인
> file.exists('birth.R') == TRUE
[1] TRUE
```

18.11.2 파일 경로

파일의 경로(file path)는 사선('/')을 사용하거나 윈도우 OS인 경우는 역사선('₩')을 사용하여 지정한다.

```
> ## 파일 경로
>
> # 현재의 경로
> getwd()
[1] "D:/BANENE/R/KM/r_program"
>
> # 새로운 경로 지정
> setwd("d:/BANENE")
> # 또는 setwd("d:₩₩BANENE")
>
> # 경로 확인
> getwd()
[1] "d:/BANENE"
> dir.exists("d:/BANENE")
[1] TRUE
```

참고 문헌

순번	인용어	참고 문헌
1		Robert V. Hog and Allen T. Craig. (1978). Introduction to Mathematical Statistics. Fourth Edition. Macmillan Publishing Co., Inc.
2	INTROR	W.N. Venables, D.M. Smith and the R Core Team. (2019). An Introduction to R. Notes on R: A Programming Environment for Data Analysis and Graphics Version 3.6.0 (2019-04-26). https://cran.r-project.org/doc/manuals/r-release/R-intro.pdf
3		Rao, C.R. (1992). "R.A. Fisher: The founder of modern statistics". Statistical Science. 7: 34 - 48. doi:10.1214/ss/1177011442.
4	SMRW	Fisher, R.A. (1925). Statistical Methods for Research Workers. Oliver and Boyd (Edinburgh). ISBN 978-0-05-002170-5.
5		Aldrich, John (1997). "R.A. Fisher and the making of maximum likelihood 1912 - 1922". Statistical Science. 12 (3): 162 - 176. doi:10.1214/ss/1030037906.
6		김우철, 김재주, 박병욱, 박성현, 송문섭, 이영조, 전종우, 조신섭 공저. (1997). 일반통계학. 영지문화사
7		Shapiro, S. S.; Wilk, M. B. (1965). "An analysis of variance test for normality(complete samples)". Biometrika. 52 (3 - 4): 591 - 611. doi:10.1093/biomet/52.3-4.591. JSTOR 2333709. MR 0205384. p. 593
8		Gareth James, Daniela Witten, Trevor Hastie and Robert Tibshirani. (2017). An Introduction to Statistical Learning: with Applications in R (Springer Texts in Statistics). Springer
9		Jerome Friedman, Trevor Hastie and Rob Tibshirani. (2010). Regularization Paths for Generalized Linear Models via Coordinate Descent. Journal of Statistical Software
10		강봉주. (2019). 파이썬으로 실무에 바로 적용하는 머신런닝. 에이콘 출판사
11	KANG	강봉주. (2019). SAS Viya 기반의 실무에 바로 적용하는 머신러닝. 자유아카데미

찾아보기

ㄹ

ㅁ

ㅂ

ㅅ

ㅇ

ㅈ

R 기반의 통계분석 기초부터 활용까지

저　　자　강봉주
발 행 인　김지영
발 행 처　자유아카데미
주　　소　경기도 파주시 회동길 37-42
　　　　　파주출판도시
전　　화　031-955-1321
팩　　스　031-955-1322
홈페이지　www.freeaca.com
전자우편　main@freeaca.com (대표)
　　　　　editor@freeaca.com (편집)
　　　　　crm@freeaca.com (영업)
등　　록　제406-2003-017호, 1980. 7. 12
제1판1쇄　2019년 8월 31일 발행

ISBN 979-11-5808-226-0 93310